商业银行经营管理

潘思飚　韩宗英　于　舒　主编

北京理工大学出版社
BEIJING INSTITUTE OF TECHNOLOGY PRESS

内 容 提 要

本书将商业银行的主要工作融合到资产业务、负债业务、中间业务三大模块中，在本书的构架中，每一章都穿插了大量的案例，在讲解理论知识的同时，注重理论与实践相结合。本书理论力争系统性、通俗性，实践力求实用性、操作性。

本书既可作为财经类高职高专学生的教学用书，也可作为金融本科类在校学生以及金融从业人员的参考用书。

本书提供教学 PPT 以及示例文件，资料索取方式可参见书末的"配套资料索取示意图"，或与本书作者联系。

图书在版编目（CIP）数据

商业银行经营管理／潘思飔，韩宗英，于舒主编
. -- 北京：北京理工大学出版社，2023.4
ISBN 978 - 7 - 5763 - 2294 - 1

Ⅰ.①商… Ⅱ.①潘…②韩…③于… Ⅲ.①商业银
行—经营管理—高等学校—教材 Ⅳ.①F830.33

中国国家版本馆 CIP 数据核字（2023）第 066705 号

出版发行／北京理工大学出版社有限责任公司
社　　址／北京市海淀区中关村南大街 5 号
邮　　编／100081
电　　话／（010）68914775（总编室）
　　　　　（010）82562903（教材售后服务热线）
　　　　　（010）68944723（其他图书服务热线）
网　　址／http：//www.bitpress.com.cn
经　　销／全国各地新华书店
印　　刷／唐山富达印务有限公司
开　　本／787 毫米 × 1092 毫米　1/16
印　　张／17　　　　　　　　　　　　　　　责任编辑／王俊洁
字　　数／445 千字　　　　　　　　　　　　文案编辑／王俊洁
版　　次／2023 年 4 月第 1 版　2023 年 4 月第 1 次印刷　责任校对／刘亚男
定　　价／85.00 元　　　　　　　　　　　　责任印制／施胜娟

前　言

党的二十大报告指出："我国发展进入战略机遇和风险挑战并存、不确定难预料因素增多的时期，各种'黑天鹅''灰犀牛'事件随时可能发生。我们必须增强忧患意识、坚持底线思维，做到居安思危、未雨绸缪，准备经受风高浪急甚至惊涛骇浪的重大考验。"

金融是经济的核心，商业银行作为现代金融体系的主体，对国民经济活动的影响日益深刻。随着金融业全球化进程的加快，商业银行的经营模式、管理理论和管理方法均发生了巨大的变化。

商业银行经营管理是高等院校金融类专业的核心课程，也是高职学院金融专业的一门重要专业课程，所以各高等院校都非常重视它。尽管目前各种版本的教材很多，但它们大多理论性较强，实战性演练较少或没有，不适合现代化的教学需求，教学效果受到一定的影响。

为了提高教师的教学质量和学生的学习质量，针对商业银行这一特殊的服务行业在实际工作中出现的各种问题，作者根据几十年的金融教学实践以及在金融机构的大量调研，重新梳理了商业银行经营管理理论范式，全面、系统、深入地阐述了商业银行经营管理的有关概念、内容和方法，详细而全面地介绍了商业银行的业务及其操作程序，同时还介绍了商业银行在经营创新方面的内容。

本书的编写分工如下：

本教材是由讲授商业银行经营管理课程的骨干老师精心撰写，商业银行业务专家审核的一本教材，第一到三章由辽宁金融职业学院韩宗英教授编写，第四到六章由盘锦职业技术学院曾祥菲编写，第七到九章由沈阳大学应用技术学院金融系主任潘思飔编写。第十到十一章由辽宁金融职业学院副研究员于舒编写。全书由教授韩宗英定稿，沈阳市农业银行东陵支行行长佟本禹审核，辽宁金融职业学院于千程、郭瑞云也参与了编写工作，在此表示衷心感谢。

本书在编写中力图突出以下特点：

1. 规范性和现实性相结合

本书紧紧围绕商业银行的资产负债业务、中间业务、表外业务的经营管理等加以介绍，既体现了商业银行经营管理学科的规范性，又重视近年来商业银行业务的创新。

2. 系统性与实用性相结合

本书以商业银行的资产负债业务为主线，依次介绍了资本金业务、资产业务（贷款业务、证券业务）、负债业务、中间业务及表外业务，并对商业银行资产的证券化进行了专门介绍，特别是对商业银行的资产负债表进行了详细的分析，具有较强的系统性、适应性和实用性。

3. 理论性和可操作性相结合

商业银行经营管理的内容极其丰富，本书在编写过程中力求避免以空洞的理论说教，注重经营管理方法的介绍和案例分析，力争使读者学会和掌握其操作程序与方法，从而最终服务于我国商业银行经营管理的实践。

4. 尽力避免理论内容的堆砌

通过一事一例、一事一问和一事一题，使知识更容易被学生掌握。在版面的设计上，试图通过"教学互动"模块将注意力不集中的学生拉回课堂，启发学生思考，拓宽学生的知识领域；通过"案例透析"模块使学生联系真实案例，对所学知识进行检验；通过"视野拓展"模块将抽象、生涩的知识进行直观化和形象化处理，以激发学生的学习兴趣，调动其主动学习的积极性；通过"微课堂"模块将各章的重点与难点引入相关视频，从而帮助学生理解。另外，本书还准备了练习题，供学生课后对所学知识进行检验和巩固。

与本书配套的电子教案、电子课件、视频案例、习题答案、模拟试卷等教学资料的索取方式参见"更新勘误表和配套资料索取示意图"。

在编写过程中，我们参考了国内外大量相关教材、专著和其他资料，在此，谨向所有参考文献的作者致敬！

商业银行的改革还在不断探索之中，本书难免存在疏漏之处，敬请学术界同行和广大读者批评指正，并提出宝贵意见和建议，在此一并表示感谢！

编　者

目　录

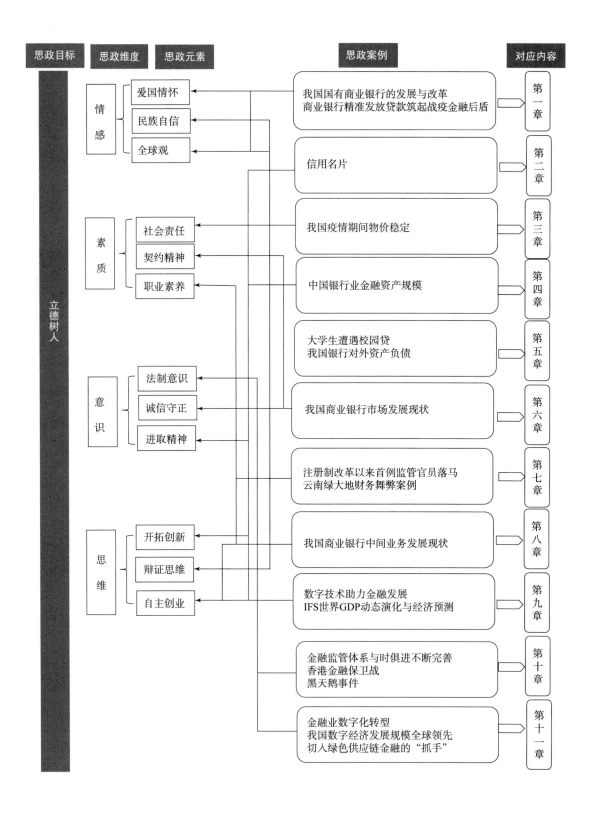

思政目标　思政维度　思政元素　　　　　　　思政案例　　　　　　　　对应内容

立德树人

情感
　爱国情怀
　民族自信
　全球观

素质
　社会责任
　契约精神
　职业素养

意识
　法制意识
　诚信守正
　进取精神

思维
　开拓创新
　辩证思维
　自主创业

我国国有商业银行的发展与改革
商业银行精准发放贷款筑起战疫金融后盾 —— 第一章

信用名片 —— 第二章

我国疫情期间物价稳定 —— 第三章

中国银行业金融资产规模 —— 第四章

大学生遭遇校园贷
我国银行对外资产负债 —— 第五章

我国商业银行市场发展现状 —— 第六章

注册制改革以来首例监管官员落马
云南绿大地财务舞弊案例 —— 第七章

我国商业银行中间业务发展现状 —— 第八章

数字技术助力金融发展
IFS世界GDP动态演化与经济预测 —— 第九章

金融监管体系与时俱进不断完善
香港金融保卫战
黑天鹅事件 —— 第十章

金融业数字化转型
我国数字经济发展规模全球领先
切入绿色供应链金融的"抓手" —— 第十一章

概　论

知识目标： 了解商业银行的产生和发展，掌握商业银行的性质和功能，了解商业银行的组织形式。

素质目标： 了解我国商业银行对我国经济发展发挥的积极促进作用，特别是在改革开放40多年以来取得的成就和发展，从而坚定道路自信、理论自信、制度自信和文化自信。

阿姆斯特丹银行的产生

1600 年，莎士比亚的《威尼斯商人》出版。安东尼奥是《威尼斯商人》中的一个富商，他的朋友巴萨尼奥向富家女鲍西娅求婚，为了充门面，向安东尼奥借 3 000 元钱，可是安东尼奥和别人合伙投资了几艘船出海，身边已无余钱，只能向犹太人夏洛克借。安东尼奥认为自己有这么多船，到时候肯定还得起，便答应如果还不起，就把身上一磅肉割下来。结果很不巧，船竟然都沉了，最后靠着大家的力量化险为夷，夏洛克的债务得到了偿付，安东尼奥没有流血受伤，有情人终成眷属，皆大欢喜。莎士比亚的年代，正是一个海外贸易、重商主义主宰全球的"大航海时代"的开始。

1602 年，荷兰联合东印度公司成立，1621 年，西印度公司成立。顾名思义，前者到东方去经商，后者往西方做贸易。问题是当时荷兰作为海上霸主，从南非到日本都有贸易，公司每年向海外派出 50 支商船队，所积累起来的金银货币，任何时刻都迫切地需要一个储存和流转的场所。另外，由于交易用的货币主要是黄金和金币，随着成交量的不断攀升，人们就不得不雇人扛着大量的黄金满街跑，几乎就是"满城尽扛黄金箱"，这样既不安全，又不方便，很可能这些金币今天交给了你，明天你交给了他，后天他又交给了我，转了一圈发现此前扛来扛去都白费劲了。于是大家就公推一些德高望重、人人都信得过的人代为保存黄金，同时发行一些"信用凭证"供大家使用，这些"信用凭证"可以证明自己确实拥有这些黄金，只要大家都信这个，交易就能够进行下去，这便是"信用"的本意。

1609 年，阿姆斯特丹银行建立，它支持着出海的商人们日益膨胀的野心，也充实着荷兰这个国家称霸一时的经济命脉，这是世界上第一个取消金银兑换业务而发行纸币的银行。

可见，在当时混乱的金属货币流通中，荷兰商业银行提供了一种少有的安全和便利，这种安全和便利使得阿姆斯特丹迅速成长为欧洲储蓄和兑换中心，为荷兰的对外贸易扩张提供了极大的支持。

第一节　商业银行的产生和发展

商业银行是商品经济和商品交换发展到一定阶段的必然产物，并随着商品经济的发展不断完善，商业银行经过几百年的发展演变，现在已经成为世界各国经济活动中最重要的资金集散机构，其对经济活动的影响力位居各国各类金融机构之首。

敲黑板

> 银行业最早的发源地是意大利，早在1272年，意大利的佛罗伦萨就已出现一家名为巴尔迪的银行，1310年，又出现佩鲁齐银行，比较著名的银行是1580年设立的威尼斯银行。

一、商业银行的产生

商业银行的产生与货币兑换、保管、借贷业务是分不开的。

（一）西方国家商业银行的产生

1. 早期的货币兑换业

早期银行业的产生与国际贸易的发展有着密切的联系。14—15世纪的欧洲，由于优越的地理环境和社会生产力的发展，各国与各地区之间商业往来日渐密切，尤其是位于地中海沿岸的意大利威尼斯、热那亚等地是当时的贸易中心，商贾往来、交易频繁。

然而，由于各国国内封建割据，不同国家、地区所使用的货币在名称、成色上存在很大的差异，不便交易，这必然会出现专门进行货币鉴定和兑换的需求，在此背景下，出现了货币兑换商，专门从事货币兑换业。

2. 近代的银行业

随着异地交易和国际贸易的进一步发展，商业往来的规模越来越大，货币兑换和收付的规模也随之变大。来自各地的商人为避免长途携带大量贵金属货币而产生的麻烦和风险，开始将自己的货币交存在货币兑换商那里，后来又发展为委托货币兑换商办理支付和汇兑业务。当货币兑换商同时办理货币的兑换、保管、收付、结算、汇兑等业务时，就发展成为货币经营业。

随着货币经营业的扩大，货币经营者手中集中了大量的货币资金，当他们发现大部分的货币余额相当稳定时，出于盈利的考虑，开始将闲置的资金贷放出去，以取得高额利息收入。为了扩大资金来源，货币经营者从过去被动为客户保管货币转变为主动吸收客户存款，并通过降低保管费、取消保管费直至支付存款利息吸引客户存款。当货币经营者同时开展存款、贷款、代理保管等业务时，意味着货币经营业转化成为银行业。

3. 现代商业银行的产生

现代商业银行的最初形式是资本主义商业银行，它是资本主义生产方式的产物。

1694年，英国政府为了同高利贷作斗争，以维护新生的资产阶级发展工商企业的需要，决定成立一家股份制银行——英格兰银行，并规定以5%~6%的低利率向工商企业发放贷款，而当时那些高利贷性质的银行利率一般都在20%~30%。英格兰银行以高达120万英镑股份资本的雄厚实力，很快就动摇了高利贷性质的银行在信用领域内的垄断地位，成为现代商业银行的典范。英格兰银行的成立，标志着现代商业银行的诞生。英格兰银行的组建模式很快被推广到欧洲其他国家，从此，现代商业银行体系在世界范围内开始普及。

随着社会化的大生产和工业革命的兴起，迫切需要能以合理的贷款利率和主要对工商企业服务的商业银行。因为近代银行过高的利率吞噬了产业资本家的全部利润，使新兴的资产阶级无利润可图，不能适应资本主义工商企业的发展需要，所以客观上迫切需要建立起能够服务、支持和推动资本主义生产方式发展的资本主义银行。现代商业银行是顺应资本主义生产方式的发展，在反对高利贷的斗争中发展起来的。

现代资本主义商业银行是通过以下两条途径产生的：

（1）由旧式高利贷性质的银行转变而来。

由旧式高利贷性质的银行逐渐适应新的经济条件而转变为资本主义商业银行，这种转变是早期商业银行形成的主要途径。

（2）按资本主义原则组建新的股份制商业银行。

这是现代商业银行形成的主要途径，大多数商业银行是按这一方式建立的。现代商业银行产生的两种途径如图1.1所示。

📖敲黑板

南北朝时期的寺庙典当业是中国关于银行业的较早记载。中国最早的汇兑业务出现在唐代。

宋真宗时期的"交子"，是我国早期的纸币；明朝末期，一些较大的经营银钱兑换业的钱铺逐渐发展成为钱庄；到了清朝时期，钱庄才逐渐开办存款、汇兑业务。

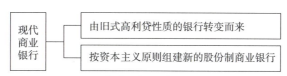

图1.1 现代商业银行产生的两种途径

（二）我国商业银行的产生

1897年，清政府在上海成立了中国通商银行，这标志着中国现代商业银行的产生。这家银行是以商办的面目出现的，但实际上受控于官僚、买办阶级。1904年，中国又组建了官商合办的户部银行，1908年改为大清银行，1912年又改为中国银行。此外，1907年，清政府又设立了交通银行，其性质也是官商合办。与此同时，大批股份制和私人独资兴办的民族资本商业银行也开始建立。在国民党统治时期，国民政府直接控制"四行"（中央银行、中国银行、交通银行和中国农民银行）、"两局"（中央信托局和邮政储金汇业局）、"一库"（中央合作金库）。

我国近代银行业，是在19世纪中叶外国资本主义银行入侵之后才兴起的。最早来到中国的外国银行是英国的东方银行，其后各资本主义国家纷纷来华设立银行。在华的外国银行虽然给中国国民经济带来了巨大破坏，但在客观上也对中国银行业的发展起了一定的刺激作用。

可见，中西方银行业的起源都是多元的，很难分清孰先孰后，孰轻孰重。商业银行产生的基本途径如图1.2所示。

图1.2 商业银行产生的基本途径

教学互动1.1

问：货币经营业务（兑换、保管和汇兑）的特点是什么？

答：其业务只涉及货币流通的技术性处理；所收存货币保证有100%的现金准备；客户需交付保管费。

问：铸币兑换业演变为银行业的特征有哪些？

答：保管凭条演变为银行券；100%全额准备制演变为部分准备；保管业务演变为存款业务。

二、现代商业银行的发展趋势

20世纪以来，世界经济进入以知识经济与网络经济为双重特征的新时代。随着生产和市场的社会化和国际化程度的提高，作为经济架构中最活跃的要素，商业银行的业务和体制也发生了深刻而巨大的变革，在金融体制、服务方式等方面进行了全面的改革和创新。

（一）金融体制自由化

金融体制自由化主要是指金融监管当局采取一系列较为宽松的法律和政策措施，促进金融市场、商业银行业务经营自由化，提高金融业监督管理的灵活性。

1. 金融市场自由化

金融市场自由化主要是指放宽有关税收限制或取消外汇管制，允许资金在国内外自由流动。

2. 商业银行业务经营自由化

商业银行业务经营自由化主要体现为商业银行业务的多样化和一系列金融新业务的产生。现代社会出现了许多新的金融资产和支付转账媒介。

（二）银行网点特色化

在互联网时代，从降低成本角度出发，银行已经不能通过高成本扩张和高投入装修来取得竞争优势，而是要借势互联网金融提升客户黏度，推动银行营业网点更加特色化。

1. 网点建设小而精

随着网上银行、手机银行等电子渠道的迅速发展，银行不再需要更多的大而全的网点，而要以建设社区支行、微型网点等精巧、低成本的网点形式来提高客户覆盖率。

（1）网点布局更注重客户定位。

银行基于业务发展的策略，对银行客户进行细分，找准目标客户群，然后根据银行客户的分层和定位，以及客户在地理区域的分布和流动状况，有针对性地定义网点分层服务策略、网点分类，以及不同网点的布局、功能、规模等要素。

（2）网点建设趋向于个性化。

随着金融创新的飞速发展，为了吸引客户、扩大市场，各种多元化的金融产品层出不穷，对金融服务的个性化要求不断上升。在个性化的服务中，传统的网点渠道必不可少，特别是在开户、获取咨询服务、满足非金融需求等涉及银行与客户之间深度互动交流的业务领域，其作用仍然是不可替代的，并且还需要进一步加强。多家银行开始尝试个性化的网点建设，如咖啡银行、茶馆银行、书吧银行等。

2. 网点功能智能化

与对公业务相比，零售业务更分散、更容易受到支付宝和余额宝等互联网金融业务的冲击。银行靠传统的维系零售客户群的办法已不能创造足够的价值，而通过银行网点的智能化转型可

敲黑板

兴业银行在设立社区支行方面坚持选址在中高档社区周边或商圈周边沿街位置，网点小型化、简单化，面积控制在200平方米以内，不办理现金业务。由于支行面积小、租金低，布设自助机器多，配备服务人员少，在保证服务质量和效率的前提下控制总体服务成本。同时，兴业银行实施错时营业，方便居民下班后办理金融业务。

敲黑板

位于美国俄勒冈州的安快银行（umpqua bank）在当地社区的网点突出了咖啡馆和零售商店的元素，强调个性的色彩，从网点的面积、布局、外观到服务流程，都进行了重新打造，以此营造出一种与所有的竞争对手都截然不同的，能带给客户全新体验的网点。

以更好地对零售客户群进行分层和分类，进行精准营销；可以加强线上线下业务的联动，推动互动式营销；可以优化前台后台、线上线下业务流程，提高运营效率。

（三）金融服务人性化

随着金融电子化和网络银行的发展，银行业务逐渐摆脱了客户与柜台人员面对面的业务办理方式，而代之以自动柜员机和银行产品营销服务网络，银行的金融服务更加人性化。

1. 对客户的人性化服务

客户办理不同的业务将不再需要像原来那样到不同柜台找不同的工作人员办理，而是直接由一个工作人员提供服务。这个人可能是银行的客户经理，为客户提供一站式服务；这个人也可能是银行的财务顾问，为客户提供全面的投资、理财顾问服务；这个人还可能是职业投资经理，为客户提供投资代理、委托服务。

2. 业务流程智能化

人工智能可以覆盖银行业的整个流程。运用大数据和人工智能，可以在线上构建贯穿反欺诈与客户识别认证、授权审批和定价分析、贷后管理与逾期催收的全流程风控模式。例如，人脸识别技术可以用在金融网点进行客流分析、要客识别、潜客挖掘、异常预警、消防预警，等等。而像语音识别（ASR）、自然语言处理（NLP）、智能机器人等人工智能（AI）技术也多有应用。

教学互动1.2

问：网络银行与人性化服务是否排斥？为什么？

答：不排斥。这是因为，市场的规模化和专业化使一般企业和投资者的专业知识、投资规模、时间和精力不足，网络银行与人性化服务在技术上可以相互促进。网络银行可以大大提高银行与客户的沟通效率和速度，人性化服务又可以促进银行与客户的相互沟通。两者相结合，可提高客户对银行服务的满意度，使客户与银行建立长期合作关系，并使这些客户对银行产生信任。

（四）金融竞争多元化

现代商业银行的竞争，既有银行同业、银行业与非银行业、国内金融与国外金融、网上金融与一般金融等的多元化竞争，也有服务质量和价格竞争以及金融产品的竞争。因此银行要在业务和金融产品等方面积极创新。

1. 银行业务全能化

20世纪80年代以来，随着各国金融监管当局对银行业限制的逐步取消，商业银行业务的全能化得到较大的发展。比如，金融监管当局取消了银行、证券、保险业之间的限制，允许金融机构同时经营银行、证券、保险等多种业务，形成了"金融百货公司"和"金融超级市场"。金融业由"分业经营、分业管理"的专业化模式向"综合经营、综合管理"的全能化模式发展。

2. 金融产品丰富化

随着社会资金、资源由国家、政府、企业向居民个人转移，金融产品也更多地向居民个人倾斜。居民个人金融产品异军突起，针对个人投资者的特色产品大量涌现，金融产品个性化、多元化、居民化将成为未来社会银行间竞争的焦点。

3. 银行机构集中化

银行的规模化经营以及现代科技手段的运用导致银行业出现银行机构集中化的趋势。

（1）银行机构日益大型化。

随着竞争的加剧，各大银行为增强竞争实力，提高抗风险能力，降低经营成本，必然向大型化、规模化扩展，以满足客户对金融产品和服务提出的新需求，能为银行股东带来更丰厚的利润。银行机构将通过兼并、重组、扩张等手段实现规模化和集中化，从而提高技术创新和使用新技术的能力。

（2）银行机构向国际化发展。

随着经济国际化和全球化的深入，银行业务的国际化和全球化将为银行的发展带来新的变革，以国际大银行为中心的兼并、重组将使银行机构向国际化发展，向更全面的功能转化。

20世纪以来，银行业兼并、重组的步伐加快，对全球银行业的规模格局、竞争格局、发展格局产生了巨大影响。银行机构规模化、集中化的途径有三种：一是兼并、重组；二是通过不同国家、不同类型的商业银行的业务合作来实现优势互补，规模发展；三是通过不同类型的金融机构的业务合作与兼容，实现市场的共同开发。

教学互动1.3

问：国家为什么允许私人资本进入银行业？

答：

（1）私人资本进入银行业有助于解决当地尤其是中小型企业融资的困境。

（2）私人资本进入银行业有助于打破银行业的垄断局面，促进金融改革，以实现信贷市场多层次化。

（3）私人资本进入银行业有助于减少闲置资金，提高资金的使用效率。

第二节 商业银行的性质和职能

商业银行名称的由来是因为银行在发展初期只承做短期放贷业务（一般不超过1年），放款对象为商人。今天的商业银行已被赋予更广泛、更深刻的内涵。我们所说的商业银行，指的是以获取利润为经营目标，以多种金融资产和金融负债为经营对象，具有综合性服务功能的金融企业。

一、商业银行的性质

（一）商业银行是企业

商业银行与一般工商企业一样，也是以营利为目的的。商业银行也具有从事业务经营所需要的自有资本，也需要独立核算、依法经营、照章纳税、自负盈亏，也把追求最大限度的利润作为自己的经营目标。就此而言，商业银行与工商企业没有区别。

（二）商业银行是特殊的企业

商业银行又是不同于一般工商企业的特殊企业。商业银行的特殊性主要表现在以下几个方面：

1. 商业银行的经营对象和内容具有特殊性

一般工商企业经营的是物质产品和劳务，从事商品生产和流通；而商业银行是以金融资产和负债为经营对象，经营的是特殊的商品——货币和货币资本，经营内容包括货币收付、借贷以及各种与货币运动有关的或者与之相联系的金融服务。

2. 商业银行对整个社会经济及所受社会经济的影响特殊

商业银行对整个社会经济的影响远远大于任何一个工商企业，同时商业银行受整个社会经济的影响也较任何一个工商企业更为明显。

3. 商业银行的责任特殊

一般工商企业只以营利为目标，只对股东和使用自己产品的客户负责；而商业银行除了对股东和客户负责之外，还必须对整个社会负责。

微课堂　我国金融体系

（三）商业银行是特殊的金融企业

1. 商业银行是最重要的金融机构

商业银行既是资金的供给者，又是资金的需求者，它几乎参与了金融市场的所有活动。作为资金的需求者，商业银行利用其提供的储蓄、支票转账等金融服务大量吸收居民个人、企事业单位、政府部门的闲置资金。此外，商业银行还可发行金融债券，参与同业拆借等。作为资金的供给者，商业银行主要通过贷款和投资为政府部门、企事业单位、个体工商户和居民个人提供资金。此外，商业银行还可以通过派生存款的方式扩张或缩减货币数量，对资金的供求关系产生影响。因此，世界各国（政府）都非常重视对商业银行的调控与管理。

2. 商业银行与中央银行和政策性金融机构不同

商业银行既有别于国家的中央银行，又有别于专业银行（西方国家指定的具有专门经营范围和提供专门金融服务的银行）和非银行金融机构。中央银行是国家的金融管理当局和金融体系的核心，具有较高的独立性，它不对客户办理具体的信贷业务，不以营利为目的。专业银行和各种非银行金融机构只限于办理某一方面或几种特定的金融业务，业务经营具有明显的局限性。而商业银行的业务经营则具有广泛性和综合性，它既经营"零售"业务（居民个人小额业务），又经营"批发业务"（大额信贷业务），其业务触角已延伸至社会经济生活的各个角落，成为"金融百货公司"和"万能银行"。

 **案例透析1.1**

这笔款该不该贷

某镇政府为了加速本镇的经济发展，决定投资一个5 000万元的项目，但遇到了资金不足的问题。镇长找到当地的农业银行，希望银行给予贷款。银行行长没有表态，因为该镇政府前几年的几个工程项目尚欠银行近亿元贷款，且无力偿还。镇长对行长说："反正银行的钱就是国家的钱，不用白不用。再说，即使损失了，银行多印些票子就行了。"

启发思考： 你认为银行行长应如何答复？并说明理由。

二、商业银行的职能

商业银行的职能是由它的特点所决定的，商业银行主要有以下四个基本职能：

（一）信用中介职能

信用中介职能是商业银行最基本也最能反映其经营活动特征的职能。这一职能的实质是通过商业银行的负债业务，把社会上的各种闲散资金集中到银行，再通过银行的资产业务，投向社会经济中资金不足的部门。商业银行的信用中介职能克服了企业及个人之间相互进行直接信用借贷的各种局限与困难。这种局限与困难主要表现在以下几点：

（1）当借出者的货币资本数量不能满足借入者的需求时，难以成交；

（2）当借出者借出货币资本的时间与借入者借入货币资本的期限不一致时，也难以成交；

（3）在借出者对借入者的信用能力不够了解时，也难以实现借贷行为。

而商业银行的存在克服了这些困难，并通过其信用中介职能对货币资本进行再分配，使货币资本得到充分有效的运用，加速了资本的周转，促进了生产的扩大。

（二）支付中介职能

支付中介职能是指商业银行利用活期存款账户，为客户办理各种货币结算、货币收付、货币兑换和转移存款等业务活动。这是商业银行的一项传统职能，通过这一职能，商业银行成为工商企业、政府、家庭、个人的货币保管者和货币支付者，这使得商业银行成为社会经济活动的出纳中心和支付中心，并成为整个社会信用链的枢纽。

支付中介职能的发挥给商业银行带来了大量的、廉价的信贷资金来源，有利于降低商业银行的负债成本；另外，这一职能的发挥有利于节约社会流通费用，加大生产资本的投入。支付中介职能的充分发挥，对增强商业银行的竞争优势——信息优势有着不可替代的作用。

（三）信用创造职能

商业银行的信用创造职能是建立在信用中介职能和支付中介职能的基础上的。商业银行的信用创造职能包括以下两方面的含义：

（1）商业银行利用其可以吸收活期存款的有利条件，通过发放贷款和从事投资等业务派生出大量存款（派生存款），从而扩大社会货币资金供给量；

（2）商业银行在办理结算和支付业务活动中能创造支票、本票和汇票等信用工具。这些信用工具的广泛使用，大大减少了现金的使用，节约了社会流通费用，加速了结算过程和货币资本的周转，规范了信用行为。同时，满足了社会经济发展对流通手段和支付手段的需要。

甲银行吸收存款提取部分比例准备金（法定准备率10%、超额准备率5%、现金漏损率5%）后向A客户发放贷款，形成客户在甲银行的贷款，A客户用存款进行转账支付，使乙银行B客户的存款增加，乙银行继续前面的过程。银行体系可以派生出数倍的存款货币。存款派生过程见表1.1。

表1.1 存款派生过程

银行名称	存款/万元	法定准备率/%	超额准备率/%	现金漏损率/%	贷款/万元
甲行	100	10	5	5	80
乙行	80	8	4	4	64
丙行	64	6.4	3.2	3.2	51.2
……	……	……	……	……	……
合计	500	50	25	25	400

（四）金融服务职能

金融服务职能是指商业银行利用其在国民经济中联系面广、信息灵通等特殊地位和优势，利用其在发挥信用中介职能和支付中介职能的过程中所获得的大量信息，借助电子计算机等先进手段和工具，为客户提供财务咨询、融资代理、信托租赁、代收代付等各种金融服务。

微课堂　商业银行的作用

商业银行通过金融服务职能，既提高了信息与信息技术的利用价值，加强了银行与社会的联系，扩大了银行的市场份额，也获得了服务费收入，提高了银行的盈利水平。

在现代经济生活中，金融服务职能已成为商业银行的重要职能。

📖 **敲黑板**

随着经济的发展，工商企业的业务经营环境日益复杂化，商业银行具备了为客户提供信息服务的条件，咨询服务、对企业"决策支援"等服务应运而生，工商企业生产和流通专业化的发展，又要求把许多原来的属于企业自身的货币业务转交给银行代为办理，如发放工资、代理支付其他费用等；个人消费也由原来的单纯钱物交易发展为转账结算，现代化的社会生活，从多方面对商业银行提出了金融服务的要求。

三、商业银行的经营原则

商业银行经营的高负债率、高风险性以及受到严格监管等特点决定了商业银行的经营原则不能是单一的，而只能是几个方面的统一。目前，各国商业银行已普遍认同了经营管理中所必须遵循的安全性、流动性、盈利性的"三性"原则，如图1.3所示。我国也在《中华人民共和国商业银行法》中明确规定，商业银行以安全性、流动性和效益性（即盈利性）为经营原则，实行自主经营、自担风险、自负盈亏、自我约束。

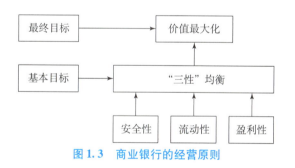

图1.3　商业银行的经营原则

（一）安全性、流动性、盈利性原则

1. 安全性

所谓安全性，是指商业银行在经营过程中其资产免遭损失的可靠程度。可靠程度越高，资产的安全性就越强；反之，则资产的安全性越弱。安全性的相对概念为风险性，即商业银行资产遭受损失的可能性。引起商业银行经营风险的因素大致有两类：一是市场风险，这是由影响市场波动因素的不确定性导致的，如利率升降、商品供求变化等；二是违约风险，这是借款人不能履约偿还贷款本金和利息的风险。风险会对商业银行经营产生不利影响，商业银行经营的绝对安全是不存在的，但商业银行应尽量采取措施，把经营风险降到最低。因此，商业银行应稳健经营，注重资产安全和风险防范。

视野拓展1.1

安全性的目的

商业银行作为一个专门从事信用活动的中介机构，为了保证银行的正常经营，经受不起较大的损失，因为商业银行自有资本较少。商业银行不直接从事物质产品和劳务的生产流通活动，不可能直接获得产业利润，银行的贷款和投资所取得的利息收入只是产业利润的一部分，如果商业银行不利用较多的负债来支持其资金运用，银行的资金利润率就会大大低于工商企业的利润率。

商业银行以负债的形式把居民手中的剩余货币集中起来，再分散投放出去，从中赚取利润。对于商业银行来说，对居民的负债是有硬性约束的，既有利息支出方面的约束，也有到期还本的约束。如果商业银行不能保证安全经营，到期按时收回本息的可靠性非常低，则商业银行对居民负债的按期清偿也就没有了保证，这会大大损害商业银行的对外信誉，更有甚者，若居民大量挤兑存款，则可能导致商业银行倒闭。另外，在现代信用经济条件下，商业银行是参与货币创造过程的一个非常重要的媒介部门。如果由于商业银行失去安全性而导致整个银行体系混乱，则会影响整个宏观经济的正常运转。

2. 流动性

流动性是指商业银行能够随时满足客户提现和必要的贷款需求的支付能力。

（1）流动性是实现盈利目标的前提。商业银行要保持足够的流动性来满足客户提现、贷款、投资的要求，于是，确保充足的流动性和清偿力便成为商业银行管理永恒的问题。

（2）保持良好的清偿力和流动性是商业银行妥善处理盈利性与安全性这对矛盾的关键。商业银行的流动性需求往往具有很强的即时性，要求商业银行必须及时偿付现金，以满足商业银行安全性目标的需要。

（3）高流动性资产必须有即时变现的市场和合理稳定的价格。即无论变现的时间要求多么紧迫，变现的规模有多大，市场都足以立即吸收这些资产，且价格波动不大；必须是可逆的，因而卖方能在几乎没有损失风险的情况下，恢复其初始投资（本金）。

（4）商业银行会掌握一定数额的现金资产和流动性较强的其他资产。现金资产一般包括库存现金、超额存款准备金以及同业存款，它们是满足商业银行流动性需求的第一道防线。其他资产通常是指短期票据及短期贷款，它们是商业银行满足流动性需求的第二道防线。

（5）商业银行在经营过程中出现流动性需求时，虽然可以通过资产的流动性安排来满足流动性需求，但更为积极的办法是通过负债来获取新的流动性。如向中央银行借款、发行大额可转让存单、同业拆借、利用国际货币市场融资等。

视野拓展1.2

银行的流动性

银行的流动性是指银行资产的流动性和负债的流动性。现实生活中，储户需要用钱时到银行提款，可谓天经地义，而面对好的贷款项目，银行当然也不愿坐失良机，存款变贷款本来就是其生财之道。可是没准当存款客户的钱已经转换为贷款客户的厂房、设备的这个节骨眼上，储户又偏偏跑来提款，银行自然周转不灵。一旦出现了这种场面，我们就会说："这家银行在流动性上出了问题。"

为了保持流动性以应付客户提现以及必要的贷款需求，银行必须掌握一定数额的现金资产和流动性较强的其他资产。如果资产能以较少的价格损失迅速地转变为所需现金，那么这种资产就具有流动性，一般而言，小银行筹措现金的能力有限，主要依靠短期资产满足流动性需要。

负债流动性是指银行及时获取所需资金的负债能力。如果商业银行在需要资金的时候能够以合理的成本及时获取所需资金，那么它就具有较好的负债流动性，否则，就缺乏流动性。

3. 盈利性

所谓盈利性，是指商业银行以获得利润为目的。企业经营都有一个共性，商业银行作为经营货币的企业，也不例外，其在业务经营活动中同样力求获得最大限度的利润。盈利能力越强，商业银行获得利润的能力就越强；反之就越弱。盈利能力提升，可以提升银行信誉，增强银行实力，从而吸引更多的客户，同时还可以增强商业银行应对经营风险的能力，避免因资本大量损失而带来破产倒闭的危险。

微课堂 商业银行挤兑

商业银行通过吸收存款、发行债券等负债业务，把企事业单位和居民个人的闲置资金集中起来，然后再把集中起来的资金通过发放贷款、经营投资等业务运用出去，弥补一部分企事业单位和居民个人暂时的资金不足。商业银行通过这种资金运动，把社会资金周转过程中暂时闲置的资金融通到资金暂时不足的地方去，解决了社会资金周转过程中资金闲置和资金不足并存的矛盾，使社会资金得到充分运用。这不仅可以对社会经济的发展起到有益的促进作用，而且商业银行还可以从资金运用中得到利息收入和其他营业收入，这些收入扣除付给存款人的利息，再扣除支付给商业银行员工的工资及其他有关费用后，余下的部分就形成了商业银行的利润。

（二）商业银行经营原则的矛盾及其协调

商业银行的经营原则既矛盾又统一。理论上，安全性、流动性、盈利性这三者的关系应当是：盈利性，即效益性是目的，皮之不存、毛将焉附，安全性是前提，只有保证资金安全无损，才谈得上获取盈利的可能，而流动性则是条件，只有保证资金正常流动，才能维持银行的信誉，使其各项业务活动顺利进行并取得最佳的经济效益，唯其如此，盈利性目的才能够最终达到。

1. 商业银行经营原则的矛盾性

商业银行经营的安全性、流动性和盈利性之间往往是相互矛盾的。

（1）流动性和安全性的矛盾。

在其他条件不变的情况下，银行的流动性越高，其资产的收益就越低。

①保持大量的现金资产（无论是以库存现金、同业存款或在央行存款）显然要减少其利润；

②在价格稳定的前提下，由于长期证券投资有较高的收益率，购买短期证券在增加流动性的同时，也就失去了获得较高收益率的机会；

③带来最大收益率的贷款其流动性最差，因为这种贷款要承担较高的违约风险或利率风险以及管理费用。

（2）盈利性和流动性的矛盾。

现金资产的流动性最强，但同时也受到盈利性缺乏的严重制约。贷款资产的运用则不可避免地要涉及银行与客户以及与竞争对手的关系。例如，如果商业银行拒绝贷款给某个客户，该客户的存款就会流向竞争对手；证券资产能够通过市场买卖很容易地转变为现金资产，同时又不损害自身的盈利性，但需要有规范有序的证券流通市场。

（3）安全性和盈利性的矛盾。

具有较高收益率的资产，其风险总是较大的（如长期贷款），为了降低风险，确保资金的安全，商业银行就不得不把资金投向收益率较低的资产。

2. 商业银行经营原则矛盾的协调性

不难看出，盈利性原则要求提高盈利性资产的运用率，而流动性原则却要求降低盈利性资产的运用率；资金的盈利性要求选择有较高收益的资产，而资金的安全性却要求选择有较低收益的资产。这样，就使得商业银行的安全性、流动性和盈利性之间产生了尖锐的矛盾。

这种矛盾关系就要求商业银行的管理者必须对以上三个原则进行统一协调。实际上，这三个原则之间存在着潜在的统一协调关系。

（1）从盈利性角度看。

商业银行盈利与否的衡量标准并不是单一地采用预期收益率的指标，还要综合考虑商业银行的安全性及其面临的风险。对各种风险因素进行综合计量后得出的收益率指标，才是商业银行的实际盈利状况。因此，盈利性与安全性之间存在统一的一面。

（2）从流动性角度看。

迷信流动性而忽视盈利性，无异于因噎废食；追逐盈利性而不顾流动性，只能是饮鸩止渴。这就要求商业银行做到既流动又相对盈利，如果商业银行将本应作为流动资产的资金全部投放到盈利性资产中去，则在短期内会提高商业银行资产的盈利性。但是当商业银行出现流动性需求或有新的投放高盈利性资产的机会时，原来投放在盈利性资产上的资金不能及时抽回，或抽回资金将遭受重大的损失，则商业银行会因保留流动资产不足而使增加的盈利最终损失殆尽。

（3）从安全性角度看。

安全性的反面是风险，安全性就是避免经营风险、保证资金安全，风险损失越小，安全性越强；反之，风险损失越大，安全性越弱。而流动性风险就是商业银行风险中很重要的一种。因此，商业银行的流动性管理实质上也是安全性管理的一个有机组成部分。从负债角度来看，安全性包括资本金的安全、存款的安全、各种借入款的安全等；从资产角度来看，包括现金资产的安全、贷款资产的安全、证券资产的安全等。

第三节　商业银行的组织形式

受国际国内政治、经济、法律等多方面因素的影响，世界各国商业银行的外部组织形式可以分为单一银行制、总分行制、控股公司制及连锁银行制。

一、商业银行的外部组织形式

（一）单一银行制

单一银行制也称独家银行制，是指银行业务分别由各自独立的商业银行经营，不设或有关章程不允许设立分支机构的一种商业银行组织形式，如图1.4所示。这种银行制度在美国非常普遍，是美国最古老的商业银行组织形式之一。

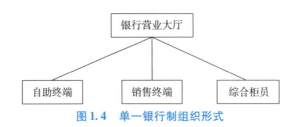

图1.4　单一银行制组织形式

美国是各州独立性较强的联邦制国家，经济发展不平衡，为了适应经济均衡发展的需要，反对金融权力集中，各州都立法禁止或限制银行开设分支机构，特别是跨州设立分支机构。近年来，开设分支行的限制有所放松，但也只有40%的州准许银行在本州范围内开设分支行，有1/3的州允许银行在同一城市开设分支行，而南部和中西部的一些州则不允许银行开设分支行。

1. 单一银行制的优点

（1）可以限制银行业的兼并和垄断，有利于自由竞争。

（2）在单一银行制下，一般银行规模都比较小，组织比较严密，管理层次少，有利于中央银行管理和控制。

（3）单一银行制还可根据实际需要在各地遍设银行，各银行的独立性和自主性很大，经营较灵活，对吸收本地资金比较容易。

（4）单一银行制特别有利于资金在本地的运用，可防止本地资金的大规模转移，有利于本地经济的发展。

2. 单一银行制的缺点

（1）在单一银行制下，由于银行一般规模较小，单位成本高，不能进行有效率的经营，特别是不能形成规模经济效益。

（2）由于单一银行制在经营的区域范围上受到较大的限制，资金一般容易集中于某一地区或某一行业，不太可能做到风险分散化。

（3）在单一银行制下，由于没有设立于各地的分行，故对客户的汇款等要求较难提供周到而全面的服务。

（4）商业银行不设分支机构，与现代经济的横向发展和商品交换范围的不断扩大存在着矛盾，同时，在电子计算机等高新技术的大量应用条件下，其业务发展和金融创新也受到限制。

（二）总分行制

总分行制（即总分支行制）也称分支行制，是指按照同一章程，在同一个董事会管理下，在大都市中设立总行，然后在本市、国内、国外普遍设立分支行的制度。这种银行制度源于英国的股份银行。按总行的职能不同，分行制又可以进一步划分为总行制和总管理处制。总行制银行是指总行除管理控制各分支行外，本身也对外营业。总管理处制是指总行只负责控制各分支行处，不对外营业，总行所在地另设对外营业的分支行或营业部，如图 1.5 所示。

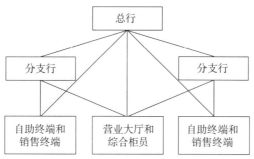

图 1.5　总分行制组织形式

1. 总分行制的优点

（1）分支机构多，分布广，业务分散，因而易于吸收存款，调剂资金，充分有效地利用资本；同时由于放款分散、风险分散，可以降低放款的平均风险，提高银行的安全性。

（2）银行规模较大，易于采用现代化设备，提供多种便利的金融服务，取得规模效益。

（3）实行总分行制，由于银行总数少，便于金融当局的宏观管理。

（4）在总分行制下，银行分支机构多，且分散于各地，可便于客户的汇款要求，汇兑成本也可保持在最低水平。

2. 总分行制的缺点

（1）实行这种制度往往容易导致银行业的垄断，而银行业的过分集中不利于提高效率；同时，银行规模过大，内部层次、机构较多，管理困难。

（2）分支行往往要将各地的资金吸收后转到大城市发放，这会牺牲地方产业的发展。

（3）当银行经营不善而出现危机时，往往会产生连锁反应，造成较大的危害。

目前，世界上大多数国家都实行总分行制，我国也是如此。

（三）控股公司制

控股公司制又称集团银行制，是指由某个集团（包括大银行）设立控股公司，再由该公司控制或收购若干独立的银行而成立的一种银行制度。集团控股模式的最初产生是为了解决商业银行业务发展中的实际问题，即规避跨地区设立分支机构的法律障碍，美国花旗银行就是一家银行性持股公司，目前控制了 300 多家银行，中国的中信集团、光大集团也属于这种形式，如图 1.6 所示。

图 1.6　控股公司制组织形式

控股公司制可分为以下两种类型：

1. 非银行性控股公司

它是通过企业集团控制某一银行的主要股份组织起来的，这种类型的控股公司在持有一家银行股票的同时，还可以持有多家非银行企业的股票。

2. 银行性控股公司

它是指大银行直接控制一个控股公司，并持有若干小银行的股份。

（四）连锁银行制

连锁银行制又称为联合银行制，是指由某一个人或某一个集团购买若干家独立银行的多数股票，从而控制这些银行的组织形式。这些银行在法律上是独立的，也没有股权公司的形式存在，但实际上它们通过连锁董事会等形式，将其所有权集中于同一家大银行或同一集团之手，其业务和经营策略均由一个人或一个决策集团控制，如图 1.7 所示。

连锁银行制与控股公司制作用相同，都是为了弥补单一银行制的不足、规避对设立分支行的限制而实行的，其中主要的差别在于连锁银行制中没有集团公司的形式存在，即不必成立控股公司。但连锁银行与控股公司相比，由于受个人或某一集团的控制，因而不易获得银行所需要的大量资本，在资本扩张、业务发展等方面的独立性和自主性较差。

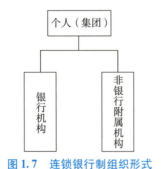

图 1.7　连锁银行制组织形式

微课堂　连锁银行

二、商业银行的内部组织机构

一国商业银行内部机构的设置，要受该国商业银行的制度形式、经营环境等各种因素的制约。即使在一个国家采取同一制度形式的商业银行，由于其经营规模、经营条件等方面存在的差异，各国商业银行内部机构的设置也会有所不同。但是，就总体来说，商业银行内部组织机构一般分为三大机构，即决策机构、监督机构和执行机构。下面以控股公司制的商业银行为例介绍其内部组织机构的设置，如图1.8所示。

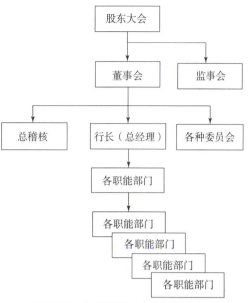

图 1.8　商业银行的内部组织机构

（一）决策机构

商业银行的决策机构包括股东大会和董事会。股东大会是商业银行的最高权力和决策机构，由全体普通股东组成。商业银行的任何重大决策都需经过股东大会通过才有效。它的权力是通过法定的投票表决程序选择和罢免董事、赞成或否决决策事项，从而间接地影响商业银行的经营管理，实现其控制权。

1. 股东大会

股东大会一般由董事会组织召开，董事长是股东大会的主席。如果部分股东要求召开股东大会，须经董事会研究决定。如果董事会认为有必要，可以直接召开股东大会。召开股东大会时，股东有权听取商业银行的一切业务报告，有权对商业银行的经营管理提出质询。但是每个股东的表决权是由其持有的股份决定的，因此，持有多数股份的大股东对商业银行的经营决策有决定性影响，而一般股东对经营决策的影响并不大，所以，股东大会的表决权实际上是操纵在少数几个大股东手里。

2. 董事会

董事会由股东大会选举产生，并代表股东执行股东大会的决议。董事会的职责：一是确定商业银行的经营目标和经营政策；二是选聘商业银行的高级管理人员；三是设立各种委员会，如执行委员会、审计委员会、贷款委员会、稽核委员会等，以贯彻董事会的决议，监督银行的业务经营活动。

（二）监督机构

商业银行的监督机构包括股东大会选举的监事会和董事会下设的稽核委员会。监事会由股东大会选举产生，执行对董事会、行长及整个商业银行管理的监督权。监事会的职责是检查执行机构的业务经营和内部管理，并对董事会制定的经营方针和决策、制度及其执行情况进行监督检查，并督促其限期改正。

（三）执行机构

商业银行的执行机构包括行长、副行长及各职能部门。行长是商业银行的执行总管，是商业银行内部的首脑。行长一般由具有经营管理商业银行的专门知识和组织才能、忠于职守、善于决策的人士担任。行长的职责是执行董事会的决议；组织商业银行的各种经营活动；组织经营管理班子，提名副行长及各职能部门的经理等高级职员的人选，并报董事会批准；定期向董事会报告经营情况；招聘和解雇有关员工，并对员工实行奖惩等。

商业银行的职能部门可以分为以下两个层次：

1. 业务部门

业务部门负责分支行层次业务经营的拓展，以最大限度地满足不同层次、不同类型客户的不同需求，有不断细化的趋势。

（1）零售银行业务部。主要负责零售银行业务的拓展，服务的客户对象包括大众客户、高端客户及特殊类型的客户。

（2）公司银行业务部。主要负责公司类型的客户，满足其投融资、结算等方面的需求。

（3）银行同业业务部。主要负责与商业银行、证券公司、保险公司、信托公司等之间的业务。

（4）国际银行业务部。主要开展国际投融资、进出口融资以及外币相关业务。

（5）电子银行业务部。主要负责自助金融服务、电话银行业务、手机银行业务及网上银行业务。

（6）银行柜台营业部。主要负责在银行柜台处理的现金业务和非现金业务。

2. 业务支持与保障部门

业务支持与保障部门主要负责各种业务品种的开发和管理，为业务部门、市场拓展部门和一线柜台提供支持手段。现代商业银行从节省成本和提高服务效率的角度出发，往往将业务支持与保障部门体系中的部分功能外包出去，交由专业性公司执行。

（1）支行管理部（或支行服务部）。主要负责统筹银行分布在各部门对支行的常规性管理和服务，从而可以将银行其他业务管理部门从常规性管理事务中解放出来，从事更加富有创造性的工作。

（2）放款部（或营业部、交收部）。独立于信贷审批部门和会计部门，负责放款出账等操作，一般清算、核算和出纳管理职能也放在这个部门。

（3）工作研究部。主要是对工作制度、业务流程和操作规范进行研究、评估和改进。银行市场研发部附带有这方面的职能；但实际上这方面的工作量相当大，由一个专门部门进行工作研究以配合银行的系统再造、业务流程重组已显得非常必要。

（4）押汇中心。实际上已发展成负责国际业务单证处理的操作部门。银行国际业务部门兼有押汇中心的操作职能和业务拓展部门的拓展职能，这只能是一种过渡时期的选择。

（5）风险管理部。国外银行的风险管理部主要负责为银行经营中可能遇到的各种风险设置风险控制指标、风险控制量化参数和风险控制对策，与银行的风险管理部职能有较大差异。银行风险管理部实际上履行的是国外商业银行中票据及抵押品管理部和信贷复核部的职能，它只是尽到了一部分信贷风险管理的职能。

（6）会计部。负责全行所有会计业务管理，但不负责核算、清算和稽核等事务，这些事务分别归入放款部或稽审部门。

（7）计划财务部。负责全行总体业务数据、财务数据的分析、财务预算、内部费用管理、资金管理和考核等工作。下属有管理会计组，负责对业务从收益性、风险性以及结构情况等方面进行分析。

（8）信贷管理部。对贷款既作实质性审查，也作形式性审查。

（9）人力资源管理部。负责全行人力资源发展规划和机构管理，制定人事组织管理规划及规章制度。

（10）法律事务部。除法律事务外，还负责部分贷后保全工作。有些银行法律事务部的职能放在其他部门，如办公室、公共关系部或放款部等。

（11）总务部。国外一般将总务、后勤、保卫等部门职能集成到一起。

视野拓展 1.3

中国商业银行发展大事记

一、1949 年以前的中国银行业

1897 年 4 月 26 日，中国最早的银行在上海成立。1908—1936 年期间，全中国银行数目最多的时候达到 330 家。中国当时正处于半封建、半殖民地的社会制度下，受外资银行的挤压，民族

银行业没有得到进一步发展。抗日战争爆发后，国内经济状况和社会环境急剧恶化，民族银行业迅速衰退，几乎处于停滞的状态。

二、1949—1979 年是中华人民共和国银行业发展的第一个时期

这个时期的银行体系我们称之为"大一统"的金融体制。1948 年 12 月，在石家庄成立中国人民银行，开始发行人民币。之后政府对旧的民族资本银行进行全面的公私合营，成立大一统的中国金融体系，这个体系运行了 30 年。它的特征可以归纳为以下几点：

（1）全中国只有一家银行——中国人民银行。

（2）银行集管理职能与经营职能为一身。

（3）银行按照国家的信贷计划向社会各界提供资金，是国家财政的会计和出纳。

三、1979 年以后的中国商业银行体制

1978 年改革开放后，在党中央、国务院的正确领导下，我国加快对银行业体制改革和客观发展规律的探索。40 多年间，我国银行业的改革可以分为三个阶段。

1. 第一阶段，二元银行体制的确立（1978—1993 年）

（1）1979—1984 年，中国农业银行、中国银行、中国人民建设银行以及中国工商银行相继成立，中国银行开始专门行使中央银行职能，打破了"大一统"的单一银行体制，确立了中央银行和专业银行各司其职的二元银行体制。

（2）1987—1988 年，中信实业银行、招商银行、深圳发展银行、福建兴业银行、广东发展银行等陆续成立。全国股份制银行的诞生，成为我国银行体系中一支富有活力的生力军。

1993 年年底，国务院颁布《关于金融体制改革的决定》，提出建立独立执行货币政策的中央银行宏观调控体系，建立政策性金融与商业性金融分离，以国有商业银行为主体、多种金融机构并存的金融组织体系。在此指引下，我国金融体制改革开始全面推进，并取得了良好成效。

2. 第二阶段，商业化改革的实施（1994—2003 年）

1994 年，设立国家开发银行、中国进出口银行和中国农业发展银行三家政策性银行，分别承担国家重点建设项目融资、进出口贸易融资和农业政策性贷款任务，有力地支持了国民经济的健康发展和国家重点战略的推进。

3. 第三阶段，股改上市的蝶变（2003 年至今）

2003 年后，建设银行、中国银行、工商银行、农业银行先后完成股份制改革和上市，四家大型国有商业银行实现了新的跃升和发展。

截至 2021 年 12 月末，银行业金融机构法人共计 4 602 家，其中包括 6 家国有大行、12 家股份制银行、128 家城商行、19 家民营银行、3 家政策性银行、3 886 家农村中小金融机构（农商行 1 596 家、农村合作银行 23 家、村镇银行 1 651 家、农信社 577 家、资金互助社 39 家）、1 家住房储蓄银行、41 家外资法人银行，以及 506 家非银行金融机构。

综合练习题

一、概念识记

1. 商业银行
2. 金融体制自由化
3. 商业银行性质
4. 商业银行职能
5. 单一银行制
6. 分支银行制

7. 集团银行制

8. 连锁银行制

二、单选题

1. 早期银行业产生于（　　）。

A. 英国　　　　　　B. 美国　　　　　　C. 意大利　　　　　　D. 德国

2. 1897 年在上海成立了（　　）银行，标志着中国现代银行的产生。

A. 交通银行　　　　　　　　　　　　B. 浙江兴业

C. 中国通商银行　　　　　　　　　　D. 北洋银行

3. 英国式的商业银行提供资金融通的传统方式主要有（　　）。

A. 短期为主　　　　B. 长期为主　　　　C. 债券　　　　D. 股票

4. 现代商业银行的发展方向是（　　）。

A. 金融百货公司　　　　　　　　　　B. 贷款为主

C. 吸收存款为主　　　　　　　　　　D. 表外业务为主

5. 商业银行是以（　　）为经营对象的信用中介机构。

A. 实物商品　　　　B. 货币　　　　C. 股票　　　　D. 利率

6. 商业银行的性质主要归纳为以（　　）为目标。

A. 追求最大贷款额　　　　　　　　　B. 追求最大利润

C. 追求最大资产　　　　　　　　　　D. 追求最大存款

7. 我国的中央银行是（　　）。

A. 工商银行　　　　B. 中国人民银行　　　　C. 建设银行　　　　D. 招商银行

8. 银行对挤兑具有天然的敏感性，挤兑会造成银行的困难主要是（　　）。

A. 流动性　　　　B. 盈利性　　　　C. 准备金率　　　　D. 贷款总额

9. 以下（　　）不是商业银行股东大会的权限。

A. 选举和更换董事、监事并决定有关的报酬事项

B. 审议批准银行各项经营管理方针和对重大议案进行表决

C. 修改公司章程

D. 审核银行业的监管制度

10. 最常见的导致银行破产的直接原因是（　　）。

A. 丧失盈利性　　　　　　　　　　　B. 丧失流动性

C. 贷款总额下降　　　　　　　　　　D. 准备金比率提高

三、多选题

1. 商业银行发展的传统方式有（　　）等。

A. 英国式　　　　　　B. 德国式　　　　　　C. 美国式　　　　　　D. 意大利式

2. 德国式银行提供的资金融通方式包括（　　）。

A. 短期贷款　　　　B. 长期贷款　　　　C. 股票　　　　D. 债券

3. 商业银行的特殊性主要表现在（　　）方面。

A. 商业银行的经营对象和内容具有特殊性

B. 商业银行对整个社会经济的影响以及所受社会经济影响的特殊

C. 追求利润最大化

D. 商业银行责任特殊

4. 商业银行的职能是（　　）。

A. 信用中介职能　　　　　　　　　　B. 支付中介职能

C. 信用创造职能　　　　　　　　　　D. 金融服务职能

5. 商业银行在其经营管理过程的目标有（　　　）。

A. 安全性　　　　　　B. 流动性　　　　　　C. 盈利性　　　　　　D. 准备金比例

6. 总分行制的优点包括（　　　）。

A. 分支机构较多，分布广，业务分散，因而易于吸收存款，调剂资金

B. 银行规模较大，易于采用现代化设备

C. 由于银行总数少，便于金融当局的宏观管理

D. 管理层次少，有利于中央银行管理和控制

7. 商业银行负债的流动性是通过创造主动负债来进行的，主要手段包括（　　　）。

A. 向中央银行借款　　　　　　　　B. 发行大额可转让存单

C. 同业拆借　　　　　　　　　　　D. 利用国际货币市场融资等

8. 单一银行制的优点是（　　　）。

A. 限制银行业垄断，有利于自由竞争

D. 管理层次少，有利于中央银行管理和控制

C. 有利于银行与地方政府的协调，能适合本地区需要，集中全力为本地区服务

D. 各银行独立性和自主性很大，经营较为灵活

9. 当挤兑发生时，银行应付这种流动性困难的方法包括（　　　）。

A. 提高准备金比率

B. 进行负债管理，即从市场上借入流动性

C. 进行资产管理，即变现部分资产

D. 提高贷款数额

10. 商业银行信用创造的能力要受到下列（　　　）因素的影响。

A. 原始存款规模的大小　　　　　　B. 贷款的需求程度

C. 中央银行存款准备金率的高低　　D. 商业银行备付金率的高低

四、判断题

1. 商业银行必须在保证资金安全和正常流动的前提下，追求利润的最大化。　　　（　　　）

2. 商业银行区别于一般企业的重要标志之一就是其高负债。　　　　　　　　　（　　　）

3. 信用创造是现代商业银行有别于其他金融机构的一个特点。　　　　　　　　（　　　）

4. 在整个商业银行体系，商业银行派生存款可以无限制创造。　　　　　　　　（　　　）

5. 审核银行业的监管制度不是商业银行股东大会的权限。　　　　　　　　　　（　　　）

6. 最常见的导致银行破产的直接原因是丧失流动性。　　　　　　　　　　　　（　　　）

7. 商业银行的优先股股东拥有表决权。　　　　　　　　　　　　　　　　　　（　　　）

8. 商业银行经营活动的最终目标是流动性。　　　　　　　　　　　　　　　　（　　　）

9. 商业银行的贷款资产被称为第一级准备。　　　　　　　　　　　　　　　　（　　　）

10. 商业银行的特殊性表现在追求利润最大化。　　　　　　　　　　　　　　　（　　　）

五、简答题

1. 根据你对我国银行业的认识，讨论我国银行业在国民经济中的地位。

2. 如何理解商业银行的性质？

六、应用题

【材料】

1. 2012 年 6 月 14 日，深圳发展银行正式公告，深圳发展银行已完成吸收合并平安银行的所有法律手续，深圳发展银行和平安银行已经正式合并为一家银行，并正式更名为平安银行。这场价值 220 多亿元的银行间并购案从此拉开了一场中国金融史上最大规模的混业经营尝试。合并以后，平安银行依托着平安集团强大的品牌优势和深圳发展银行原有的网点资源，迅速发展壮大，

在股份制商业银行当中的位置也逐渐名列前茅。

2. 四川省攀枝花市商业银行成立于 1997 年 11 月 28 日，是一家具有独立法人资格的股份制商业银行，注册资本金 15.62 亿元。2020 年 6 月 26 日，攀枝花市商业银行与凉山州商业银行通过新设合并方式共同组建一家商业银行。合并完成后，攀枝花市商业银行（简称攀枝花银行）不再具有法人资格，原有债权、债务、业务、人员全部由新设立的银行承继。

【问题】

分析银行合并重组浪潮的意义有哪些？

第二章

商业银行的资本金管理

学习目标

知识目标：了解商业银行资本金的概念、资本金构成、资本金功能；明确商业银行资本充足性的含义、资本充足率的测定；熟知《巴塞尔协议》的积极作用及缺陷；掌握商业银行从银行外部筹措资本和从银行内部筹措资本两种方式。

素质目标：了解制度管理的重要性，只有制度完善，才能更好地约束人的行为、规范人的行为，企业才能管理规范。

情境导入

打铁先得自身硬

商业银行的资金，由自有资金和外来资金组成。我们知道，银行业务最突出的特点，是借鸡生蛋，以钱挣钱。因此，自商业银行开张那天起，做的就是负债经营的买卖。当然，银行并非皮包公司，不能空手套白狼，总得有一部分压箱底的钱。这部分资金由银行成立时发行股票取得，是银行股东认购的股份资本，即银行的自有资金，也被称为资本金或资本净值。如果银行经营有方，生意兴隆，股东会按银行规程，再投些钱进去，加上银行利润中抽取的部分，比如公积金、未分配利润，几项加起来，银行自有资金会越滚越大。

常言道，打铁先得自身硬。商业银行资信有多高，实力有多大，一个重要的判断指标，是看自有资金在全部资金中的比率。这一比率称作实际资本率。按照世界权威机构——国际清算银行巴塞尔委员会的要求，具有良好资信的商业银行，实际资本率至少要在4%以上。此外，该委员会还设计了风险资本率，也就是把银行资产进行风险评估，然后计算自有资金和评估后资产的比率。国际清算银行规定，开展国际业务的商业银行，风险资本率应该保持在8%以上。上述两个比率不达标的银行，一般被认为存在一定的债务风险。所以商业银行的资本金具有以下三大功能：

（1）保护存款人利益。资本金为存款人提供了一个承受损失的缓冲器。

（2）满足银行经营。与一般企业一样，银行从事经营活动也必须具有一定的资金前提。首先，银行开业必须拥有一定的资本，满足各国法律规定的最低注册资本要求；其次，银行必须拥有营业所需的固定资产，这些固定资产只能用资本金购买。

（3）满足银行管理。各国金融管理当局为了控制商业银行，维护金融体系的稳定，一般都对银行的资本做了较为详细的规定。

商业银行适度的资本比例能够提高银行抵御金融风险的能力，确保银行持有足够储备金，不依靠政府救助，独自应对今后可能发生的金融危机。

第一节 资本金的构成及需要量的确定

在现代商业银行的监管框架下，资本能力的大小决定了银行的规模增长能力、风险抵御能力和市场竞争能力。资本管理已成为当今国际先进银行经营管理的核心内容之一。

资本作为商业银行防范风险的最后一道防线，决定了商业银行在经营过程中与其他企业一样，必须有资本。要视资本的多寡决定商业银行规模的大小，明确地讲，就是要视资本抵御风险的能力决定商业银行经营产品的种类、范围和总量。

微课堂 资本的作用

一、商业银行资本金的概念及特点

（一）商业银行资本金的概念

企业在业务发展初创时期以及创立之后，进行业务经营都需要筹集并投入一定量的资本金，并在以后的业务经营过程中不断地加以补充。我国的资本金是指企业在工商行政管理部门登记的注册资金。

商业银行资本金是指银行投资者为了正常的经营活动及获取利润而投入的货币资金和保留在银行的利润。

（二）商业银行资本金的特点

1. 商业银行资本金比例增加，其安全性也随之提高

从本质上看，属于商业银行的自有资金才是资本金（即资本），它代表着投资者对商业银行的所有权，同时也代表着投资者对所欠债务的偿还能力。但是，在实际运作中，一些债务也被当作银行资本，如商业银行持有的长期债券、资本票据等。这里是从所有者权益来理解资本的定义的。

商业银行的资本金包括两部分：一是商业银行在开业注册登记时所载明、界定银行经营规模的资金；二是商业银行在业务经营过程中通过各种方式不断补充的资金。

商业银行的资本金有两个特点：一是商业银行的资本金是商业银行业务活动的基础性资金，可以自由支配使用；二是在正常的业务经营过程中商业银行的资本金无须偿还。

2. 商业银行资本金与一般企业资本金不同

商业银行资本金与一般企业资本金的区别如表 2.1 所示。

表 2.1 商业银行资本金与一般企业资本金的区别

项目	商业银行	一般企业
资本金所包含的内容	所有者权益、债务资本（呆账准备金、坏账准备金）在资产负债表中的资产方，以"－"号来表示	所有者权益（产权资本、自有资金）＝资产总值－负债总值，也可称自有资金
资本金在全部资产中所占比例不同	资本金占其全部资产的比例为 10%~20%	自有资金在 34% 左右
固定资产的形成能力与其资本金的数量关联性	与资本金的关联性较大。 固定资产是形成较好的业务经营能力的必要物质条件，这些设施的资金占用时间较长，只能依赖于自有的资本金	与资本金的关联性不大。 固定资产既可以由其资本金形成，也可以由各种借入资金，包括商业银行的贷款来形成

二、商业银行资本金的构成

资本是商业银行的自有资金，它代表着所有者对银行的所有权。从会计的角度来看，可以把资本定义为：总资产与总负债的账面价值之差，即净值。但在实际业务中，人们更关注资本的市场价值，即资产的市场价值与负债的市场价值之差，因为资本的市场价值反映了银行用来抵御风险的实际资本额，存款人据此可以判断银行的存款是否有足够的可出售的资产作为担保，从而选择最佳的银行存款。商业银行资本金构成如表2.2所示。

表 2.2　商业银行资本金构成

核心资本	投入资本、资本公积、盈余公积、未分配利润
附属资本	贷款呆账准备金、坏账准备金、投资风险准备金、长期债券

对商业银行来讲，资本充足的确切含义是资本适度，而不是多多益善。

（一）核心资本

核心资本也称一级资本，是商业银行资本中最稳定、质量最高的部分，银行可以永久性占用，是银行资本的核心，从而获得了核心资本的名称。核心资本至少应占全部资金的50%。

 敲黑板

给资本分类是因为风险的问题，核心资本最稳定，属于自有资本，附属资本次之。比如你完全用自己的资金来经营，自然是盈亏自负，但是如果你赔光了借来的钱（如发行债券的筹资），就会被他人追债。

1. 永久性的股东权益

（1）投入资本，是指投资者实际投入银行经营活动的各种财产物资。股份制银行的投入资本称为股本。投入资本按照投资形式不同，可分为货币投资、实物资产投资和无形资产投资。按照投入的主体不同，可分为国家资本金、法人资本金、个人资本金和外商资本金。

（2）资本公积，包括资本（或股本）溢价、法定资产重估增值部分和接受捐赠的资产等形式所增加的资本。一般来说，资本公积也是投资者投入的资本。但是从法律意义上看，投入资本与资本公积有着明显的区别。前者是法定资本，不得随意抽回；后者是附加资本（或增收资本），由于某些原因（转增资本、投资减值、股权投资差额摊销）可能减少。

2. 公开储备

（1）盈余公积，是商业银行按照规定从税后利润中提取的，是商业银行自我发展的一种积累，包括法定盈余公积金（达到注册资本金的50%）和任意盈余公积金。

（2）未分配利润，是商业银行实现的利润中尚未分配的部分。未分配利润同盈余公积一样，都是通过银行经营活动而形成的资本。

教学互动 2.1

问：根据表2.3某银行的资产负债表，分析该银行核心资本数量是否适当？

答：

$$核心资本 = 普通股 + 非累积优先股 + 资本公积 + 未分配利润$$
$$= 212 + 1 + 603 + 331 = 1\ 147（万元）$$
$$附属资本 = 长期债券 + 贷款损失准备金 = 1\ 035 + 511 = 1\ 546（万元）$$
$$总资本 = 1\ 147 + 1\ 546 = 2\ 693（万元）$$
$$核心资本占比 = 1\ 147/2\ 693 = 43\%$$

附属资本的数额大于总资本数额的50%，该银行应该增加核心资本数量。

表 2.3　某银行的资产负债表　　　　　　　　　　　　万元

资产		负债及所有者权益	
现金	1 643	负债	
存放中央银行款项	66	1. 活期存款	4 214
存放同业	278	2. 储蓄存款	914
证券投资	2 803	3. 定期存款	11 366
		4. 其他短期债务	3 029
承兑	70	5. 长期债券	1 035
贷款总值	15 887	债务合计	20 558
减：损失准备金	511	所有者权益	
		1. 普通股	212
房产、设备总值	365	2. 非累积优先股	1
		3. 资本公积	603
		4. 未分配利润	331
其他资产	1 104	所有者权益总计	1 147
资产总计	21 705	负债及所有者权益总计	21 705

（二）附属资本

附属资本，是指附属于银行的所有资本。附属资本也称为补充资本或二级资本。它是商业银行的债务型资本。商业银行按财务规定提留的各项准备金是附属资本的重要组成部分，当发生损失时，商业银行可用它来进行补偿。

附属资本无法改变其相对固定的利息支出以及其他支出，如果数量过大，占比过高，会影响商业银行的对外形象。

1. 贷款呆账准备金

贷款呆账准备金，是指商业银行在从事放款业务的过程中，按规定以贷款余额的一定比例提取的，用于补偿可能发生的贷款呆账而设的准备金。

2. 坏账准备金

坏账准备金，按照年末应收账款余额的3‰提取，用于核销商业银行的应收账款损失。

3. 投资风险准备金

投资风险准备金，按照规定，我国商业银行每年可按上年末投资余额的3‰提取。如达到上年末投资余额的1%时，可实行差额提取。

4. 长期债券

长期债券，属于金融债券的一种，是由商业银行发行并还本付息的资本性债券，用来弥补商业银行资本不足。

商业银行资本金构成如图2.1所示。

敲黑板

我国对设立商业银行的最低资本要求是：设立分支机构的全国性商业银行，最低实收资本为20亿元；不设立分支机构的全国性商业银行，最低实收资本为20亿元；区域性商业银行，最低实收资本为8亿元；合作银行，最低实收资本为5亿元等。金融管理部门通过规定和调节各种业务的资本比率，就可以对其业务活动实施控制。

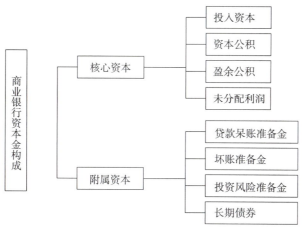

图 2.1　商业银行资本金构成

三、商业银行资本充足度

在商业银行的经营实践中，商业银行通常应使其资本水平保持在满足以下三个方面需要的最低限度：一是为防御正常经营风险而持有的最低放款损失准备；二是为使大额未保险存款人确信其存款得到安全保护而需要的最低资本量；三是为支持银行业务扩张所必需的最低资本量。

商业银行资本充足度包括数量充足与结构合理两个方面的内容。

（一）资本数量充足

资本数量充足是指商业银行资本数量必须超过金融管理当局所规定的能够保障正常营业并足以维持充分信誉的最低限度。资本不足是商业银行过分重视盈利，忽视安全经营的结果，说明该银行承担了过重的风险，破产或倒闭的潜在可能性很大。不过，商业银行的资本也不是越多越好。因为商业银行的资本越多，其用于支付普通股股息、优先股股息或债券债息的费用便越大，因而资本成本越高，相应加重了商业银行的经营负担。同时，过高的资本说明商业银行经营管理水平很差，缺乏存款等筹资渠道，或者没有把握住良好的投资机会，承担着沉重的机会成本。因此，对商业银行来讲，资本充足的确切含义是资本适度，而不是多多益善。

（二）资本结构合理

资本结构合理是指各种资本在资本总额中占有合理的比重，以尽可能降低商业银行的经营成本与经营风险，增强经营管理与进一步筹资的灵活性。《巴塞尔协议》要求核心资本在总资本中要达到50%以上。规模不同的商业银行其资本结构应该有所区别：小商业银行为吸引投资者及增强其经营灵活性，应力求以普通股筹措资本；而大商业银行则可相对扩大资本性债券，以降低资本的使用成本。资本结构还受商业银行经营情况变动的影响。贷款需求和存款供给是否充足，会大大影响资本结构。当贷款需求不足而存款供给相对充分时，商业银行增资的方式应以增加附属资本为主；反之，则应采取增加商业银行核心资本的做法。

视野拓展 2.1

中国银保监会《商业银行资本充足率管理办法》对风险权重的规定

《商业银行资本充足率管理办法》对信用风险提出了资本要求，在确定各类资产的风险权重方面采取了更加审慎的态度，具体如表2.4和表2.5所示。

表 2.4 表内资产风险权重

项目	权重/%
1. 现金类资产	
库存现金	0
2. 对中央政府和中央银行的债权	
（1）对中国人民银行的债权	0
（2）对评级为 AA－及以上国家和地区政府和中央银行的债权	0
（3）对评级为 AA－以下国家和地区政府和中央银行的债权	100
3. 对公用企业的债权（不包括下属的商业性公司）	
（1）对评级为 AA－及以上国家和地区政府投资的公用企业的债权	50
（2）对评级为 AA－以下国家和地区政府投资的公用企业的债权	100
（3）对我国中央政府投资的公用企业的债权	50
（4）对其他公用企业的债权	100
4. 对我国金融机构的债权	
（1）对我国政策性银行的债权	0
（2）对我国中央政府投资的金融资产管理公司的债权	
①金融资产管理公司为收购国有银行不良贷款而定向发行的债券	0
②对金融资产管理公司的其他债权	100
（3）对我国商业银行的债权	
①原始期限 4 个月以内（含 4 个月）	0
②原始期限 4 个月以上	20
5. 对在其他国家或地区注册金融机构的债权	
（1）对评级为 AA－及以上国家或地区注册的商业银行或证券公司的债权	20
（2）对评级为 AA－以下国家或地区注册的商业银行或证券公司的债权	100
（3）对多边开发银行的债权	0
（4）对其他金融机构的债权	100
6. 对企业和个人的债权	
（1）对个人住房抵押贷款	50
（2）对企业和个人的其他债权	100
7. 其他资产	100

表 2.5 表外项目的信用转换系数

项目	信用转换系数/%
等同于贷款的授信业务	100
与某些交易相关的或有负债	50
与贸易相关的短期或有负债	20

续表

项目	信用转换系数/%
承诺 原始期限不足 1 年的承诺 原始期限超过 1 年但可随时无条件撤销的承诺 其他承诺	0 0 50
信用风险仍在银行的资产销售与购买协议	100

上述表外项目中注意以下几点：

①等同于贷款的授信业务，包括一般负债担保、远期票据承兑和具有承兑性质的背书。

②与某些交易相关的或有负债，包括投标保函、履约保函、预付保函、预留金保函等。

③与贸易相关的短期或有负债，主要指有优先索偿权的装运货物作抵押的跟单信用证。

④承诺中原始期限不足 1 年或可随时无条件撤销的承诺，包括商业银行的授信意向。

⑤信用风险仍在银行的资产销售与购买协议，包括资产回购协议和有追索权的资产销售。

汇率、利率及其他衍生产品合约的风险资产，如表 2.6 所示，主要包括互换、期权、期货和贵金属交易。这些合约按现期风险暴露法计算风险资产。利率和汇率合约的风险资产由两部分组成：一部分是按市价计算出的重置成本，另一部分由账面的名义本金乘以固定系数获得。不同剩余期限的固定系数见表 2.6。

表 2.6 汇率、利率及其他衍生产品合约的风险资产   %

项目剩余期限	利率	汇率与黄金	黄金以外的贵金属
不超过 1 年	0.0	1.0	7.0
1 年以上，不超过 5 年	0.5	5.0	7.0
5 年以上	1.5	7.5	8.0

四、商业银行资本金的功能

商业银行资本金虽然在其总资产中占的比重不大，数量不多，但是它在商业银行的业务经营与管理活动中的功能却不可低估。商业银行资本金具有以下功能：

（一）营业功能

资本金是商业银行市场准入的先决条件。与一般企业一样，银行从事经营活动也必须具有一定的条件。首先，银行开业必须拥有一定的资本，满足各国法律规定的最低注册资本金的要求；其次，银行具备开业经营的条件是必须拥有营业所需的固定资产，这些固定资产只能用资本金购买，因为商业银行在获准开业之前，不能依靠外来资金购置营业设备。商业银行的自有资本为银行注册、组织营业以及尚未吸收存款前的经营提供了启动资金。更为重要的是，商业银行的资本充足性始终是政府和金融监管当局在审批银行开业资格、对银行业实施监管的重要指标。商业银行只有达到或超过一定的资本限额，才能获准开业，并且要在开业后的业务经营与管理过程中，随着资产业务的发展而不断补充银行资本，达到金融监管当局规定的最低资本充足率要求。

 案例透析2.1

资本金高低不同，风险各异

美国有两种银行，分别是高资本金银行（简称甲银行）和低资本金银行（简称乙银行），表

2.7 是两种银行 2000 年的资产负债简表。

表 2.7　资产负债简表　　　　　　　　　　　　万美元

项目	甲银行	乙银行
资产		
准备金	1 000	1 000
贷款	9 000	9 000
负债		
存款	9 000	9 600
资本金	1 000	400

美国次贷危机爆发后，它们发现不动产市场的热潮已过，自己的 500 万美元的不动产贷款已经一文不值。当这些坏账从账上划掉时，资产总值减少了 500 万美元，这样作为资产总值与负债总值之差的资本金也少了 500 万美元。表 2.8 所示为资产负债变化情况。

表 2.8　资产负债变化情况　　　　　　　　　　万美元

项目	甲银行	乙银行
资产		
准备金	1 000	1 000
贷款	8 500	8 500
负债		
存款	9 000	9 600
资本金	500	−100

启发思考：据此分析哪家银行经营状况较好？

（二）保护功能

资本金是保护存款人利益、承担银行经营风险的保障。商业银行大部分的经营资金来自存款，可以说商业银行是用别人的钱去赚钱的。如果银行的资产遭受了损失，资产收不回来了，存款人的利益必然会受到影响。而资本给存款人提供了一个承受损失的缓冲器，当银行的资产遭受损失时，首先由银行的收益去抵补，若收益不足以弥补，再动用银行的资本金，只要银行的损失不超过收益和资本之和，存款人的利益就不会受损害。所以说商业银行的资本金是保护存款人和债权人利益的重要保障。拥有数额较大的资本金，表明商业银行有能力承担较大的风险，不会轻易发生流动性危机和支付困难，即使在破产或倒闭时也能给予存款人和债权人较高的补偿。显然，资本金有助于树立公众对商业银行的信心：一方面，它向债权人显示了自己的实力；另一方面，也使商业银行向借款人表明，在任何时候商业银行都能够满足他们对贷款的需求。

（三）管理功能

资本金是抵御商业银行经营亏损、促进银行业务经营与发展的保证。商业银行的资本金可以有效地抵御外来风险的侵袭，弥补业务经营中的亏损，为商业银行避免破产提供了缓冲的余地。作为商业银行的重要资金来源，资本金还是商业银行进一步扩大经营规模、拓展业务范围、增加银行投资、调节银行扩张与可持续增长的资金保证。而且各国金融监管机构为了保持金融稳定，实施对商业银行有效的控制，一般都对商业银行的资本金做出具体规定或提出具体要求。

例如，金融当局规定了银行开业所必需的最低资本金、设立分支机构的最低资本金、银行兼并时的资本规模以及银行的资本充足比率等。通过对银行资本金的这些规定，使银行的业务活动受到约束，实现金融监管机构对商业银行的监督与管理。

第二节　资本充足性的国际标准

由于影响商业银行资本金需要量的因素有很多，因而资本充足度的测算是一项复杂而系统的工作，因此，各国都有自己的不同做法。

进入 20 世纪 80 年代以后，国际银行业发生了巨大的变革。跨国银行的扩张和金融资本的国际化，以及广泛兴起的金融创新，使得金融自由化、全球化趋势不断发展，银行业在国际范围内的竞争日趋激烈，银行业经营的风险也不断加大。为此，在世界范围内确定一个统一的银行资本充足性

微课堂　《巴塞尔协议》产生的背景

标准，有效监管各国的银行业，维护商业银行的稳健经营，防范银行经营风险，就显得十分必要。

在此背景下，国际联合监管的巴塞尔委员会成立，其核心目的只有一个，就是如何确定商业银行的适度资本充足性，统一各国金融管理部门的衡量标准，提高全球银行监管质量。

一、《巴塞尔协议Ⅰ》：统一监管、公平竞争

（一）《巴塞尔协议Ⅰ》的主要内容

银行资本的主要作用就是吸收和消化银行损失，使银行免于倒闭危机。

《巴塞尔协议Ⅰ》第一次建立了一套完整的国际通用的、以加权方式衡量表内与表外风险的资本充足率标准。其核心是规定商业银行的资本应与资产的风险相联系，商业银行的最低资本由银行资产结构形成的资产风险所决定，资产风险越大，最低资本金越高。

1. 规定资本标准和计量规则（分子项）

《巴塞尔协议Ⅰ》对各类资本按照各自不同的特点进行明确的界定，如表 2.9 所示，规定银行不仅要有实收的核心资本，还要有通过发行债券筹集的附属资本；并对核心资本和附属资本的范围和标准做了明确的规定。

表 2.9　《巴塞尔协议Ⅰ》中资本的分类及内容

核心资本/产权资本	实收资本和公开储备
附属资本/补充资本	非公开储备、混合资本债务工具及长期次级债、普通准备金或普通呆账准备金

2. 确定了各类资产的风险权重（分母项）

要计算风险资产，就要根据各类资产的风险程度确定一个风险权重，加权得到全部资产的风险含量，即风险资产。

商业银行的总资产里有很多资产是零风险权重，也有很多资产的风险权重很高。一般来说，风险权重越高的资产，收益也越高。各类资产可按照风险等级划分为不同档次，风险越小的业务，所需资本金越少。比如，借钱给政府的风险肯定比借钱给民营企业的风险要低得多。

$$总资本充足率 = [（核心资本＋附属资本)/\sum（资产 \times 风险权数)] \times 100\% \geq 8\%$$
$$核心资本充足率 = [核心资本/\sum（资产 \times 风险权数)] \times 100\% \geq 4\%$$

（1）将不同资产的风险权重按资产负债表内和表外项目风险权重确定不同的档次，如表2.10 和表 2.11 所示。

表 2.10 表内项目风险权重

风险权重/%	项目
0	库存现金及在本国中央银行的存款；以本币定值发放并以本币筹集的对中央政府和中央银行的债权
0、10、20、50（各国自定）	对国内公共部门机构（不包括中央政府）的债权和由这些机构担保的贷款
20	对多边发展银行的债权，以及由这类银行担保或以这类银行发行的债券作抵押的债权；托收中现金
50	以借款人租住或自住的居住性房产作全额抵押的贷款
100	对私人机构债权

表 2.11 表外项目风险权重

信用转换系数/%	项目
0	短期（1 年以内）的、随时能取消的信贷额度
20	短期（1 年以内）的、与贸易有关的、并有自行清偿能力的债权，如担保信用证、有货物抵押的跟单信用证等
50	期限在 1 年以上的、与贸易有关的或有项目（如投资保证书、认股权证、履约保证书、即期信用证和证券发行便利等承诺或信贷额度）
100	直接信用的替代工具（如担保、银行承兑、回购协议）；有追索权的资产销售；远期存款的购买

（2）在计算风险资产时，对于资产负债表内（简称表内）的项目，以其账面价值直接乘以对应的风险权重即可得出风险资产的数额；对于资产负债表外（简称表外）的项目，则应利用信用转换系数换算成资产负债表内相应的项目，然后再按同样的风险权重计算。

教学互动 2.2

问：某银行对企业的长期信贷承诺为 100 万元，那么银行对此资产折算为风险资产的数额为多少？

答：因其为资产负债表外项目，则必须先用信用转换系数换算成资产负债表内相应的项目，然后再按同样的风险权重计算。

信用转换系数为 50%，则其转换为资产负债表内项目的金额为：

$$100 \times 50\% = 50（万元）$$

其对应的风险权重为 100%，则这 50 万元资产的风险资产为：
$$50 \times 100\% = 50（万元）$$

敲黑板

按照《商业银行资本充足率管理办法》中对风险权重的划分，我国国债的风险权重为 0，外国国债评级在 AA－ 以下的风险权重是 100%，评级在 AA－ 以上的外国国债风险权重为 50%。

教学互动 2.3

问：A 银行资本总额为 200 万元，根据表 2.12 和表 2.13，计算 A 银行的资本充足率，判断其是否符合《巴塞尔协议 I》的规定。

答：表内风险权数资产为：

$$160 \times 0 + 400 \times 0 + 240 \times 20\% + 200 \times 50\% + 1\ 400 \times 100\% = 1\ 548\ （万元）$$

表外风险权数资产为：

$$220 \times 100\% \times 20\% + 280 \times 50\% \times 100\% = 184\ （万元）$$

资本充足率 = 资本总额 ÷ 风险资产总额 = $200 \div (1\ 548 + 184) \times 100\% = 11.5\%$

因为 $11.5\% > 8\%$，A 银行实现了资本充足率，符合《巴塞尔协议》规定。

表 2.12　A 银行表内项目及风险权重

项目	金额/万元	对应的风险权重/%
现金	160	0
短期政府债券	400	0
国内银行存款	240	20
家庭住宅抵押贷款	200	50
企业贷款	1 400	100
合计	2 400	—

表 2.13　A 银行表外项目及信用转换系数、对应的风险权重

项目	金额/万元	信用转换系数/%	对应的风险权重/%
用于支持政府发行债券的备用信用证	220	100	20
对企业的长期信贷承诺	280	50	100
表外项目合计	500	—	—

教学互动 2.4

问：1988 年达成的《巴塞尔协议 I》，其目的和实质是什么？

答：《巴塞尔协议 I》的目的主要有两个：一是制定统一的资本充足率标准，以消除各国商业银行间的不平等竞争；二是通过制定统一的商业银行资本与风险资产的比率及一定的计算方法和标准，为国际银行业的监管提供一个有效的工具，以保证各国金融体系的稳定与安全，进而保障国际金融业健康、有序、稳定地发展。

《巴塞尔协议 I》的实质内容是对银行的杠杆率做最大的规定，即最大不得超过 12.5 倍的杠杆，通过限制银行的资本结构来控制银行的信用风险，并通过股本吸收非预期损失，来弥补可能出现的信用违约风险。不仅如此，由于表外业务也可能产生或有负债，所以表外业务也通过信用转换系数来转到表内再加权。

《巴塞尔协议 I》的核心内容是确定了衡量各国商业银行资本金充足率的标准。也正因为如此，许多人直接就将《巴塞尔协议 I》称为"规定资本金充足率的报告"，如图 2.2 所示。

（二）《巴塞尔协议 I》的缺陷

《巴塞尔协议 I》的重大缺陷是风险权数过于粗糙，仅有四挡（0、20%、50%、100%），且完全不能识别同档位下不同机构的风险，一刀切的做法使其缺乏风险敏感性，这导致商业银行仍有空间进行监管套利。比如，将所有的公司债券归为一组，不加区别地施加同样的风险权重，这样导致的一个后果是，在同等条件下，银行将倾向于持有风险更大的垃圾债，从而提高资本回报率。这有点类似于经济学中劣币驱逐良币的现象。比如，同样的 10 亿元，无论贷给一个 AAA 评级的大型上市公司，还是贷给一个 BB 评级的中小企业，风险加权资本的要求都是相同

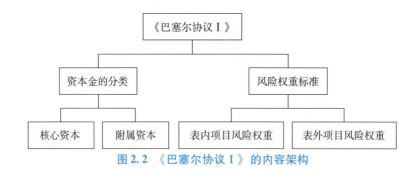

图 2.2 《巴塞尔协议Ⅰ》的内容架构

的，商业银行自然会倾向于放贷给后者，从而收取更高的利息，提高资本收益率。从某种程度上说，这也是纵容银行进行资本套利。

另外，《巴塞尔协议Ⅰ》只考虑了信用风险，而事实上商业银行要承担许多非信用性质的风险，包括市场风险、操作风险。

因此，《巴塞尔协议Ⅱ》作为替代协议应运而生。

二、《巴塞尔协议Ⅱ》：全面监管、激励相容

（一）《巴塞尔协议Ⅱ》的主要内容

《巴塞尔协议Ⅱ》的主要内容体现在三大支柱上。

1. 第一大支柱——最低资本要求

商业银行在经营过程中面临信用风险、市场风险、操作风险、流动性风险、科技风险、外包风险、模型风险、法律风险、战略风险、声誉风险……《巴塞尔协议Ⅱ》在第一大支柱中思考了信用风险、市场风险和操作风险（市场风险的计量需要第二大支柱的配合），并分别量化其对银行的资本要求。

风险资本计算的公式为：

$$资本充足率 = （总资本 \div 风险加权资产） \times 100\% \geqslant 8\%$$
$$核心资本比率 = （核心资本 \div 风险加权资产） \times 100\% \geqslant 4\%$$

微课堂 金融监管

注：
①风险加权资产：可以理解为打折后的资产；②总资本：核心资本＋附属资本；③风险加权资产：信用风险加权资产＋（市场风险＋操作风险）×12.5；④≥8%：对每100元钱的资产准备8元钱的资本；⑤≥4%：对每100元钱的资产准备8元钱的资本，核心资本不能低于4元钱。

（1）信用风险的计量方法。

信用风险是指受信方拒绝或无力按时全额支付所欠债务时，给信用提供方带来损失的可能性。信用风险的计量方法有标准法和内部评级法。

①标准法。

标准法是指银行根据外部评级结果，以标准化处理方式计量信用风险，并且资产的金额允许根据风险大小做调整（打折），比如有的没有风险、有的风险很高，即我们所说的风险权重。权重层级分为0、20%、50%、100%、150%五级。标准法的一项重大创新是将逾期贷款的风险权重规定为150%。各类资产按照风险等级进行划分，风险越小，则所需资本金越少。

《巴塞尔协议Ⅱ》在《巴塞尔协议Ⅰ》的基础上，进一步考虑了市场风险和操作风险。对于风险管理水平较低的一些银行，新协议推荐其采用标准法来计量风险和银行资本充足率。标准法对于交易的各种风险都以外部信用机构评级为基础确定风险权重。

②内部评级法。

内部评级法是银行采用自身开发的信用风险内部评级体系计量信用风险。当其内部风险管理系统和信息披露到达一系列严格的标准后，银行可采用内部评级法。

内部评级法包括初级内部评级法和高级内部评级法。初级内部评级法仅允许银行使用自己的内部模型测算与每个借款人相关的违约概率，其他数据由银行监管部门提供；高级内部评级法允许银行测算其他必需的数据。（按照内部评级法的规定，商业银行先将银行账户中的风险划分为公司业务风险、国家风险、同业风险、零售业务风险、项目融资风险和股权风险六大风险。然后，银行根据参数或内部估计确定其风险因素，并计算出银行所面临的风险）。

（2）市场风险的计量方法。

市场风险是指因市场价格（如利率、汇率、股票、商品等）的变动，而使商业银行表内和表外业务发生损失的风险。市场风险的计量方法有标准法和内部模型法。

①标准法。

标准法是指商业银行在计算市场风险时，通过计算资产组合面临的利率风险、汇率风险、股权风险以及商品风险而得出的指标。例如，汇率风险和股权风险的资本要求是不得低于8%，商品风险的资本要求是不低于15%。

②内部模型法。

信用风险的内部评级法在市场风险中叫内部模型法。内部模型法是指允许商业银行使用内部风险管理部门开发的风险计量模型计量市场风险。只有经过银行监管部门的批准，商业银行才可以使用这一方法。

比如用于评估商业银行股票交易、外汇交易以及商品和期权等市场交易风险。简而言之，就是商业银行拿钱当炒家的这部分资产都必须单独计提风险资本。由于商业银行经营这些业务是杠杆经营，而且资本充足率要求不低于8%，即杠杆的理论最大限度为12.5倍。为了限制风险，要求商业银行经营这些业务的资产必须乘以12.5。市场风险的计量需要第二大支柱的配合。

（3）操作风险的计量方法。

操作风险是指由于不完善或有问题的内部程序、人员及系统或外部事件而造成损失的风险。在量化操作风险时，《巴塞尔协议Ⅱ》给出了基本指标法、标准法和高级计量法三种处理方法。

①基本指标法。

基本指标法是指资本要求可依据某一单一指标（如总收入）乘以一个百分比的计量方法。

②标准法。

标准法是指将银行业务划分为投资银行业务、商业银行业务和其他业务后，各乘以一个百分比。

③高级计量法。

信用风险的内部评级法在操作风险中叫高级计量法。高级计量法是指由商业银行自己收集数据，计算损失的概率。

教学互动2.5

问：对比并说明《巴塞尔协议Ⅰ》和《巴塞尔协议Ⅱ》计算风险资产方法的不同。

答：《巴塞尔协议Ⅰ》计算资产（包括对政府、银行、企业的债权）的风险权重时，主要是根据债务人所在国是不是经济合作与发展组织（OECD）成员来区分的；《巴塞尔协议Ⅱ》则是根据外部评级的结果来确定资产风险权重的。

2. 第二大支柱——监管机构监督检查

监管机构监督检查就是确认银行资本充足率公式计算是否正确，有没有隐瞒风险。

第二大支柱明确和强化了各国金融监管机构的三大职责：全面监管银行资本充足状况、培育银行的内部信用评估体系、加快制度化进程。监管方法是现场检查与非现场检查并用。

（1）商业银行定期对其面临的各种风险开展内部资本是否充足的评估。不同的商业银行可以根据自身的情况采取不同的内部风险控制方法。这样一来，监管机构监管的重点就从单一的外部监管方法转变为以商业银行的自我监管和监管机构的外部监管相结合的监管方法，从而使监管工作更加科学和灵活。

（2）监管机构对商业银行定期进行监督

敲黑板

对于一般的商业银行，监管机构要求商业银行每半年进行一次信息披露；而对那些在金融市场上活跃的大型商业银行，监管机构则要求它们每季度进行一次信息披露；对于市场风险，监管机构要求有关金融机构在每次重大事件发生之后都要进行相关的信息披露。

检查并在必要时进行干预。这样做的目的是在商业银行和监管机构之间形成有效的对话机制，以便在发现问题时可以及时、果断地采取措施来降低风险和补充资本。

3. 第三大支柱——市场约束

市场约束即市场纪律，市场约束的核心是信息披露。

信息披露旨在通过市场的力量来约束商业银行，要求商业银行提高信息透明度，使外界对其财务、管理等有更好的了解。简单地说，就是要求银行把所有风险相关的内容对资本市场的所有投资人公开，接受监督。

信息披露的内容包括资本结构、资本充足率、信用风险、市场风险和操作风险等，使市场参与者更好地了解银行的财务状况和风险管理状况，从而能对银行施以更为有效的外部监督。

监管机构通过财务指标和非财务指标对商业银行提出了定性和定量的信息披露要求。对于一般的商业银行，监管机构要求商业银行每半年进行一次信息披露；而对那些在金融市场上活跃的大型商业银行，监管机构则要求它们每季度进行一次信息披露；对于市场风险，监管机构要求有关金融机构在每次重大事件发生之后都要进行相关的信息披露。

市场约束其实是对第一大支柱和第二大支柱的补充。

《巴塞尔协议Ⅱ》的框架如图2.3所示。

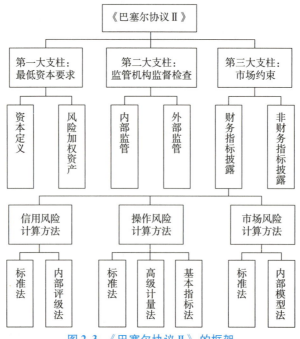

图2.3 《巴塞尔协议Ⅱ》的框架

（二）《巴塞尔协议Ⅱ》的不足

1.《巴塞尔协议Ⅱ》覆盖的风险不全

《巴塞尔协议Ⅱ》主要强调资本这个单一维度，虽然给出了精细化的风险资产权重的计算方案，也给出了信用风险、市场风险、操作风险的各种计量方法，但是并没有覆盖银行的整个风险问题。实际上除监管的信用风险、市场风险和操作风险外，银行还存在交叉风险、流动性风险等问题。

2. 风险计量的复杂性和精确性存在一定的缺陷

部分大型银行凭借内部模型可用于监管资本计量的便利，推出了基于资产证券化、结构化融资以及信用衍生产品的各种金融创新，利用银行在风险计量模型和内部信息方面的不对称性进行监管资本套利，结果导致了系统性风险的大量累积。《巴塞尔协议Ⅱ》推出三年后，就发生了全球金融危机，《巴塞尔协议Ⅱ》再次陷入被批评的旋涡。

三、《巴塞尔协议Ⅲ》：审慎监管、多元补充

（一）《巴塞尔协议Ⅲ》的内容

《巴塞尔协议Ⅲ》制定了更加严格的银行业监管标准。

敲黑板

1. 增加资本数量的要求

《巴塞尔协议Ⅲ》中增加的资本数量的要求有以下两条：

（1）最低资本要求中的核心一级资本要求从4%提升至6%；

（2）另加0~2.5%的逆周期资本缓冲率，因此，总资本充足率的要求高达10.5%。

《巴塞尔协议Ⅲ》为什么要增加资本数量呢？大家都知道，商业银行总有业绩好的时候和业绩差的时候，如果商业银行在业绩好的时候不补充资本，没有增加资本充足率，都通过分红和奖金发出去了，那么商业银行在业绩差的时候就没有资本金来补充资本。因此，只能强制商业银行在业绩好的时候补充资本。

银行业是一个高风险行业，商业银行的当期利润并不能完全体现商业银行的当期业绩，更多风险并没有在当期的经营结果中反映出来。比如，今年的利润高，不一定是因为今年的业绩好，更有可能是因为经营的风险没有在今年反映出来，而是积累到明年了。

在资本数量既定的情况下，商业银行的资本充足率水平会随着风险资产规模的变动而变动，这种变动往往与经济周期一致。银行信贷能力呈现在经济上行期增强、在经济下行期下降的顺周期变动，会放大实体经济周期波动的幅度。

而在资本监管中设置逆周期资本的要求（在0~2.5%之间），监管机构可以根据宏观经济运行状况，相应调整这部分监管资本，同时，在拨备要求方面，启动动态准备金计提机制，根据经济运行情况，增加或减少商业银行的超额拨备，超额的部分也构成了逆周期调节空间。由此，修正了资本监管的顺周期性，更好地实现宏观审慎调控。

2. 增加资本的质量要求

《巴塞尔协议Ⅲ》在明确定义一级资本构成的同时，还修改了《巴塞尔协议Ⅱ》中对"商誉"等概念含混不清的定义和说明。商誉是一种无形资产，它通常能增加商业银行的价值，但它又是一种虚拟资本，价值的概念比较模糊。所以《巴塞尔协议Ⅲ》修改了以下内容：

（1）商誉、少数股东权益、递延所得税不能计入核心一级资本。

（2）从总资本中扣除对从事银行业务和金融活动的附属机构的投资。

《巴塞尔协议Ⅱ》与《巴塞尔协议Ⅲ》中对最低资本要求的对比如表2.14所示。

表 2.14 《巴塞尔协议Ⅱ》与《巴塞尔协议Ⅲ》中对最低资本要求的对比   %

风险加权资产的百分比	资本要求		额外的资本要求
	一级资本	总资本	反周期超额资本
	最低要求	最低要求	总资本要求	
巴塞尔协议Ⅱ	4	8		
巴塞尔协议Ⅲ	6	8	10.5	0~2.5

3. 建立流动性覆盖率的监管标准

在严重的情况下,银行可能面对如下状况:银行的负债面临挤兑压力,而银行的资产难以变现。这样,就需要银行能提前预测手中无变现障碍的资产是否足以应对这种危机。

流动性覆盖率 = 优质流动性资产储备 ÷ 未来30日的资金净流出量 ≥ 100%

流动性覆盖率这一指标的意义在于,在某商业银行处于一种短期严重变现压力的情况下,该商业银行所持有的无变现压力的优质流动性资产(如库存现金、存放于央行的超额准备金、政府债券)的数量是否能足以覆盖该压力状况下的资金净流出。

《巴塞尔协议Ⅲ》对《巴塞尔协议Ⅱ》的内容进行了优化。且新增了必要的监管内容,但并未改变三大支柱体系的架构,如图 2.4 所示。

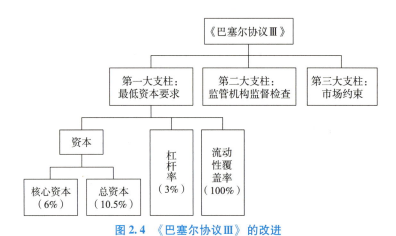

图 2.4 《巴塞尔协议Ⅲ》的改进

(二)《巴塞尔协议Ⅲ》的不足

《巴塞尔协议Ⅲ》虽然对银行的资本金和风险加权资产进行了规定,但是各个银行对于风险的认定是不一样的,这就导致了其用自己的公式去计算风险加权资产。2017 年 12 月 7 日,巴塞尔银行监管委员会公布了对《巴塞尔协议Ⅲ》的诸多修订改革,对风险加权资产的计算规定了全世界统一的计算公式。如果使用全世界统一的计算公式,则全世界各地银行对于风险反应的弹性,就获得统一的标准,这样有利于在全球化的背景下对金融风险的评估。当然这个评估是建立在重新计算风险加权资产、提高资本金水平这一前提下的,而提高资本金水平,对于银行的盈利性带来了巨大的挑战。

可见,从《巴塞尔协议Ⅰ》到《巴塞尔协议Ⅲ》,其颁布、完善、发展的核心是银行到底需要多少资本和银行如何计量和管理风险,最终决定银行用多少资本来抵补非预期的风险损失,如图 2.5 所示。

总体说来,《巴塞尔协议Ⅲ》是针对银行资本充足率和流动性的一项综合银行监管指标体系。该协议的制定过程充分体现了监管者对于以往金融危机的反思,即在现有约束的基础上,不

图 2.5 《巴塞尔协议》的核心内容

仅上调了针对商业银行的资本金充足率的要求，而且新增了资本缓冲的要求，更注重商业银行资本的质量，并配合以流动性的约束，其目的在于确保商业银行经营的稳健性，进而保障整个金融体系的稳定并防止类似金融危机的再次上演。

首先，《巴塞尔协议》不仅是金融机构（尤其是银行业）的一个监管标准，而且是各国普遍接受的一个标准；其次，它是不断发展和完善的，《巴塞尔协议》从未停止过改革的步伐，而每一次的改进都是由于金融实践的发展突破了既有的标准，甚至可以说，是每一次的金融危机推动促使了《巴塞尔协议》的改进与完善。从 1988 年的《巴塞尔协议Ⅰ》，到 2004 年《巴塞尔协议Ⅱ》的正式实施，再到 2010 年的《巴塞尔协议Ⅲ》的推出，《巴塞尔协议》的内容不断丰富，所体现的监管思想也在不断深化。

微课堂 《巴塞尔协议Ⅰ》

微课堂 《巴塞尔协议Ⅱ》

微课堂 《巴塞尔协议Ⅲ》

第三节 资本金的筹集方式与选择

商业银行的资本筹集是满足银行对其资本金需要量的重要环节。商业银行在进行资本筹集前，应通过对银行经营环境、活动及各种要素条件进行分析，制定经营计划，然后根据经营计划及具体情况确定资本金需要量，最后通过对各种资本筹集渠道的比较、选择，决定如何筹集所需资本。

商业银行资本的筹集方式主要有从银行外部筹集和从银行内部筹集两种。

一、从银行外部筹集资本

商业银行大量的资本是从外部筹集的，其方式主要包括发行股票（普通股和优先股）、资本性票据与债券。

（一）发行普通股

1. 发行普通股的优点

这种资本筹集方式对商业银行来说具有以下优点：

（1）没有固定的股息负担，商业银行具有主动权和较大的灵活性。

（2）没有固定的返还期，不必向股东偿还本金，银行可以相对稳定地使用这部分资本。

（3）发行比较容易。尽管收益不固定，但一般情况下其收益率要高于优先股和附属债券，而且股息收益随通货膨胀的增加而增加，因而具有保值功能，所以普通股更容易为投资者所接受。

2. 发行普通股的缺点

（1）影响原有股东对银行的控制权与获得的收益率。因为通过普通股筹资，会增加银行普通股股东的数量，稀释原有股东所拥有的控制权和收益率，从而使原有股东，特别是原有大股东对银行的控制权减弱。并且由于新增资本并不会立即带来银行盈利上的增加，就使得每股所分得的股息减少，因而银行通过普通股筹资时，可能会遭到原有银行股东的反对。

（2）普通股的发行成本与资金成本比较高，会给银行带来一定经营管理上的压力。一般来说，由于普通股的影响较大，各个国家的有关管理当局对普通股的发行限制较为严格，需要满足各种有关条件，这就导致银行的资本发行成本较大。另外，由于普通股的风险较大，在正常经营状况下，银行对普通股股东支付的股利，通常要高于对债券和优先股收益的支付。

（二）发行优先股

1. 发行优先股的优点

从银行经营管理者来看，通过发行优先股筹集资本至少有以下优点：

（1）既可以使银行筹集到所需资金，又可以避免由于新增股东而分散对银行的控制权和减少普通股股东的收益率，并有利于减缓普通股股价的下跌。

（2）其股息不是绝对固定的债务负担。当银行当年利润不足以派息时，某些类型的优先股，如非累积性的优先股，则可以不必支付股息（并且也无权在下期盈利中要求支付），而在进行破产清算时，如果银行没有剩余资金，也可以不必偿还这部分资金。同时，发行优先股的成本较低，对银行经营管理的压力相对较小。

（3）可以使银行获得财务杠杆效应。因而这种筹集资本的方式，在商业银行经营状况较好时，可使普通股的收益率增加，进而给普通股股东带来更高的收益。

正因为优先股可以为商业银行的普通股股东带来明显的好处，所以一旦需要增加资本金时，银行首先想到的就是增加优先资本，如优先股。

2. 发行优先股的缺点

银行通过优先股筹集资本也有以下缺点：

（1）优先股的使用减少了银行经营的灵活性。由于多数类型优先股的股息是比较固定的，不论银行的经营状况如何，银行都要对优先股股东支付股利。在银行盈利状况不好的情况下，会使银行负担加重。

（2）一般来说，优先股的股息支付要求比资本性债券和票据的收益支付要求更高，因此，发行优先股的资金成本比发行资本性债券和票据的资金成本要高，加之许多国家规定，银行对优先股支付的股息是税后列支，而其他债务资本的利息可以在税前列支，这使得优先股的实际成本率大大高于其他债务资本的实际成本率。

（3）银行过多地发行优先股，会降低银行的信誉。因为这类资本属于债务性资本，或多或少地带有借入资本的性质与特征，对商业银行的保障程度不高。如果发行得过多，甚至会导致普通股在银行资本总量中所占的比重下降，商业银行的信誉就会被削弱。因此商业银行一般不敢过分加大优先股在银行资本金中的比例，而金融监管当局也会对其加以控制，以保证银行业的稳健经营。

（三）发行资本性票据和债券

1. 发行资本性票据和债券的优点

（1）与发行优先股一样，通过发行资本性票据和债券筹集资本，对原有普通股股东的控制权与收益率的影响不大，并且在银行经营状况较好时，可以为普通股股东带来财务杠杆效应，使普通股股东的收益率有较大的增长。

（2）通过发行资本性票据和债券筹集资本，其资本发行成本和银行的经营成本都比较低。一般来说，各国金融管理机构对资本性票据和债券的发行和管理限制较少，发行手续比较简便，发行成本较低。并且银行通过资本性票据和债券筹集的资金，一般可以不必保持存款准备金和参加存款保险，这就使商业银行的经营成本相对降低，而其所需支付的利息也可以在税前列支，这又进一步降低了银行的经营成本。

2. 发行资本性票据和债券的缺点

（1）与股票资本尤其是普通股股票相比，资本性票据和债券这类债务性资本不是商业银行的永久性资本，而是有一定的偿还期限，因此也就限制了银行对这类资本的使用。

（2）资本性票据和债券的利息是银行的一种固定负担，如果银行盈利状况不好，商业银行不仅不能对其支付利息，而且由于过大的债务负担，容易导致银行破产，因此这种筹资方式的经营风险比较大。基于此种原因，各国银行管理当局对这类债务性资本在商业银行的资本总额中所占的比例均有严格的规定，有的甚至还将其排斥在银行资本金之外。因此，银行不能过多地采用这种方式来筹集资本。

二、从银行内部筹集资本

从银行内部筹集资本主要是通过增加留存盈余的方式进行的。其具有以下优点：

（1）商业银行只需将银行的税后净利转入留存盈余账户，即可增加银行资本金，从而可节省商业银行为筹集资本所需花费的费用。这种方式简单易行，因此被认为是商业银行增加资本金最廉价的方法。

（2）银行留存盈余作为未分配利润保存在银行，其权益所有者仍为普通股股东。也就是说，其可以被看作银行股东在收到股息以后又将其投入银行，并且股东不必为这部分收入缴纳个人所得税。同时，由于不对外发行普通股股票，普通股股东不会因此而损失控制权。因而这种筹集资本的方式在很多情况下对普通股股东特别有利。

但是，银行留存盈余的权益人是普通股股东，因而这种筹集资本的方式牵扯到银行所有者的利益，是一个比较复杂、敏感的问题。另外，通过增加留存盈余，银行资本金不会使普通股股东遭受控制权的损失，但是，过多地留存盈余会使市场上的股价下跌，从而构成银行未来发展不利的因素。因此，商业银行需要根据具体情况来确定留存盈余的比例大小以及通过留存盈余获得银行资本金的合理数量。

三、商业银行资本筹集应考虑的因素

面对众多的资本筹集方式，银行在抉择时必须兼顾以下两个方面：一是满足监管要求，二是符合股东利益。为此，若要避开监管要求，从银行股东利益出发，筹集资本应考虑以下因素：

（1）所有权控制。即新增资本是否稀释了原有股东对银行的控制权。

（2）红利政策。即新增资本对银行的股利分发将产生何种影响，股东是否愿意接受这种影响。

（3）交易成本。即考虑增资所需交易成本占新增资本的比例是否合算。

（4）市场状况。即要审时度势，根据市场状况采取相应的筹资方式。

（5）财务风险。即新增资本后对银行财务杠杆率的影响，是提高还是降低了银行的财务风险水平。具体选择何种方式筹集外部资本，要以对各种方案的细致的财务分析和各种方案对银行每股收益的影响为基础。

案例透析2.2

假定某银行需要筹集 2 000 万美元的外部资本。该银行目前已经发行的普通股为 800 万股，总资产将近10亿美元，权益资本6 000万美元。假设该银行能够产生1亿美元的总收入，经营费用超过8 000万美元。现在该银行可以通过三种方式来筹集所需要的资本，如表2.15所示。

表2.15　某商业银行资本筹集方式比较　　　　　　　　　　　　　万元

项目	出售普通股	出售优先股	出售资本票据
估计收入	10 000	10 000	10 000
估计经营费用	8 000	8 000	8 000
净收入	2 000	2 000	2 000
资本票据的利息支出	—	—	200
税前净利润	2 000	2 000	1 800
所得税（35%）	700	700	630
税后净收益	1 300	1 300	1 170
优先股股息	—	160	—
普通股股东净收益	1 300	1 140	1 170
普通股每股收益（美元）	1.3	1.43	1.46

第一种，以每股10美元的价格发行200万股新股；

第二种，以8%的股息率和每股20美元的价格发行优先股；

第三种，以票面利率10%来出售2 000万美元的次级债务资本性票据。

启发思考：如果银行的目标是使每股收益最大化，那么应选择何种方式来筹集所需的资本？

综合练习题

一、概念识记

1. 资本金

2. 核心资本

3. 附属资本

4.《巴塞尔协议》

5. 资本充足度

二、单选题

1. 按照《巴塞尔协议Ⅰ》的要求，商业银行的资本充足率至少要达到（　　　）。

A. 4%　　　　　　　B. 6%　　　　　　　C. 8%　　　　　　　D. 10%

2. （　　　）是介于银行债券和普通股之间的筹资工具，有固定红利收入，红利分配优于普通股。若银行倒闭，持有者有优先清偿权，但无表决权。

A. 普通股　　　　　B. 优先股　　　　　C. 中长期债券　　　D. 债券互换

3. 下列不属于《巴塞尔协议Ⅲ》三大支柱的是（　　　）。

A. 最低资本要求　　B. 监管审核　　　　C. 市场约束　　　　D. 公司治理结构

4. 商业银行的核心资本由（　　　）构成。

A. 股本和债务性资本　　　　　　　　　　B. 普通股和优先股

C. 普通股和公开储备　　　　　　　　　　D. 股本和公开储备

5. 下列属于债务性资本工具的是（　　　）。

A. 优先股　　　　　　　B. 普通股　　　　　　C. 可转换债券　　　　D. 资本溢价

6. （　　　）是指银行借款人或交易对象不能按事先达成的协议履行义务的潜在可能性；也包括由于银行借款人或交易对象信用等级下降，使银行持有的资产贬值。

A. 利率风险　　　　　　B. 汇率风险　　　　　　C. 信用风险　　　　　D. 经营风险

7. 根据我国有关法律规定，设立全国性商业银行的注册资本最低限额是（　　　）人民币。

A. 20 亿元　　　　　　B. 10 亿元　　　　　　C. 5 亿元　　　　　　D. 1 亿元

8. （　　　）国际清算银行通过了《关于统一国际银行资本衡量和资本标准的协议》（即《巴塞尔协议》），规定应以国际上的可比性及一致性为基础制定各自的银行资本标准。

A. 1986 年　　　　　　B. 1988 年　　　　　　C. 1994 年　　　　　　D. 1998 年

9. 以下（　　　）不属于商业银行附属资本。

A. 公开储备　　　　　　B. 非公开储备　　　　C. 债务资本　　　　　D. 混合资本工具

10. 以下（　　　）不属于银行外部筹集资本的方法。

A. 股利分配　　　　　　B. 出售银行贷产　　　U. 发行股票　　　　　D. 发行债券

E. 发行大额存单

三、多选题

1. 下列各项中属于商业银行核心资本的是（　　　）。

A. 实收资本　　　　　　B. 资本公积　　　　　　C. 未分配利润　　　　D. 重估储备

2. 我国商业银行附属资本包括（　　　）。

A. 各项损失准备　　　　B. 长期次级债券　　　C. 普通股溢价　　　　D. 营业外收入

3. 商业银行可以利用的资本工具有（　　　）。

A. 普通股　　　　　　　B. 优先股　　　　　　C. 次级债券　　　　　D. 可转换债券

4. 《巴塞尔协议Ⅱ》中特别强调的风险是（　　　）。

A. 法律风险　　　　　　B. 操作风险　　　　　　C. 市场风险　　　　　D. 信用风险

E. 声誉风险

5. 资本充足性的含义是（　　　）。

A. 资本多多益善　　　　　　　　　　　B. 资本适度

C. 资本构成合理　　　　　　　　　　　D. 最适度的资本可准确无误地计算出

6. 《巴塞尔协议Ⅱ》的突出特点是提出了"三大支柱"的概念，三大支柱是指（　　　）。

A. 资本充足率　　　　　B. 最低资本要求　　　C. 资产风险权重　　　D. 监管机构监督检查

E. 市场约束

7. 下列属于资本范畴的有（　　　）。

A. 公开储备　　　　　　B. 未公开储备　　　　C. 重估储备　　　　　D. 债务性资本工具

E. 一般准备金

8. 商业银行提高资本充足率的措施有（　　　）。

A. 留存盈余　　　　　　　　　　　　　B. 发行股票

C. 发行资本性票据和债券　　　　　　　D. 压缩资产规模

E. 调整资产结构

9. 商业银行资本的作用有（　　　）。

A. 吸收银行的经营亏损　　　　　　　　B. 缓冲意外损失

C. 保护银行的正常经营　　　　　　　　D. 为银行的注册、组织营业提供资金

E. 为存款进入前的经营提供启动资金

10. 《巴塞尔协议Ⅲ》的内容主要有（　　　）。

A. 严格资本要求　　　　　　　　　　　B. 建立国际统一的流动性监管框架

C. 缓解银行体系顺周期性　　　　　D. 防范系统性风险和关联性风险

E. 建立跨境处置机制

四、判断题

1. 商业银行资本金的多少标志着商业银行资金实力是否雄厚，反映自身承担风险能力的大小。　　　　　　　　　　　　　　　　　　　　　　　　　　　　　　　　　　　　（　　）

2. 商业银行长期次级债务的债权人与银行一般存款人具有相同的本息要求权。　（　　）

3. 银行资本充足就意味着银行没有倒闭的风险。　　　　　　　　　　　　　　（　　）

4. 普通准备金是为了已经确认的损失，或者为了某项特别资产明显下降而设立的准备金，属于银行的附属资本。　　　　　　　　　　　　　　　　　　　　　　　　　　　　　（　　）

5. 可转换债券的转换不会改变银行资本的总量，但会改变核心资本和附属资本的比重。
　　　　　　　　　　　　　　　　　　　　　　　　　　　　　　　　　　　　（　　）

6.《巴塞尔协议Ⅱ》规定，商业银行的核心资本充足率仍为4%。　　　　　　（　　）

7.《巴塞尔协议Ⅰ》规定，银行附属资本的合计金额不得超过其核心资本的50%。（　　）

8.《巴塞尔协议Ⅱ》对银行信用风险提供了两种方法：标准法和内部模型法。　（　　）

9. 商业银行计算信用风险加权资产的标准法中的风险权重由监管机关规定。　（　　）

10. 我国国有商业银行目前只能通过财政增资的方式增加资本金。　　　　　　（　　）

五、简答题

1. 商业银行资本受到监管的原因是什么？

2. 商业银行资本的作用是什么？

六、计算题

1. 假设某商业银行的核心资本为600万元，附属资本为500万元，各项资产及表外业务项目如表2.16所示。

表2.16　商业银行资产及表外业务

项目	金额/万元	信用转换系数	风险权重/%
现金	850		0
短期政府债券	3 000		0
国内银行存款	750		20
住宅抵押贷款	800		50
企业贷款	9 750		100
备用信用证支持的市场债券	1 500	1.0	20
对企业的长期贷款承诺	3 200	0.5	100

根据以上资料，暂不考虑市场风险与操作风险，请计算该银行的资本充足率是多少？是否达到了《巴塞尔协议Ⅰ》规定的资本标准？

2. 某商业银行的核心资本为69 165万元，附属资本为2 237万元，加权风险资产总额为461 755万元；根据以上数据，计算该银行的资本充足率是多少？是否符合比例管理指标的要求？

七、应用题

通过以下公告，分析二级资本债的含义、作用，回答包商银行事件对你有哪些启示？

关于对"2015年包商银行股份有限公司二级资本债"

本金予以全额减记及累积应付利息不再支付的公告

2020年11月11日，我行接到《中国人民银行　中国银行保险监督管理委员会关于认定包商银行发生无法生存触发事件的通知》，根据《商业银行资本管理办法（试行)》等规定，人民银行、银保监会认定我行已经发生"无法生存触发事件"。我行根据上述规定及《2015 年包商银行股份有限公司二级资本债券募集说明》（该债券简称"2015 包行二级债"）减记条款的约定，拟于 10 月 13 日（减记执行日）对已发行的 65 亿元"2015 包行二级债"本金实施全额减记，并对任何尚未支付的累积应付利息（总计：585 639 344.13 元）不再支付。我行已于 11 月 12 日通知中央国债登记结算有限责任公司，授权其在减记执行日进行债权注销登记操作。

特此公告

包商银行股份有限公司

2020 年 11 月 13 日

公章

第三章

现金资产管理

知识目标： 了解现金资产的含义及构成、现金资产管理的意义；掌握资金头寸及其构成；熟知资金头寸的预测；掌握商业银行现金资产管理的原则。

素质目标： 形成守法守纪的意识，养成守法守纪的习惯。

中央银行再贷款"窗口"的关与开

某股份制商业银行 A 分行行长在星期二上午审阅星期一营业终了轧出的头寸表时，发现该行在中央银行的超额准备金仅有 270 万元。经过询问了解到头寸短缺的主要原因是春节将至，客户提存增加，导致该行在中央银行的存款急剧下降。更严峻的是，昨日同业清算表明，A 分行应支付中国农业银行 B 分行的清算逆差高达 760 万元。

为此要迅速弥补资金缺口，而通常弥补资金缺口的顺序是：自有资金→组织存款→系统内申请资金调拨→同业拆借→向资金市场借款→发行金融债券→再贴现→向中央银行借款。经分析，系统内申请资金调剂、同业拆借、向资金市场借款和向中央银行借款是弥补资金缺口的可行途径。

当天下午，A 分行首先向上级行申请调入资金，但由于其他分行欠缴应汇差资金，该收的资金未收到，上级行目前没有能力进行资金调剂。

次日上午，A 分行又向本市略有结余资金的中国建设银行请求同业拆借，但建行几天后有数笔大额存款到期，目前结余资金不能动用。

次日下午，A 分行又从资金市场获悉，要求拆入的银行为数众多，有意向拆出者甚少，于是，从这一渠道获取资金的希望也落空。

第三日上午，A 分行带着最后的希望来到中央银行申请借款，在讲明是因为需要支付将被罚款的同业清算资金后，中央银行立即同意借款 800 万元，为期 5 日。

10 天之后，基层营业机构报来几家企业申请生产周转贷款 820 万元的计划，A 分行在本行可用资金不足的情况下，直接向中央银行申请借款 800 万元。但这次中央银行的答复是目前再贷款"窗口"对其关闭。

为什么仅隔 10 天，同样是 800 万元的贷款申请，遭遇却大相径庭呢？

这是因为中央银行的再贷款"窗口"通常为商业银行提供两种产品：一是日拆性借款。一般只有几天，借款不会使流通中的货币量增加，资金来源主要是各家商业银行在中央银行的存款余额；二是季节性借款。一般约几个月，资金来源主要是中央银行提供的基础货币，这种借款会引起流通中货币的数倍扩张，所以中央银行对其审查比较严格。

这一案例表明：A 分行在资金调度的安排上必须符合规定，案例中 A 分行第一次申请的是日拆性借款，所以得到了满足。但第二次申请借款是为了投放生产周转贷款，而生产贷款属于季节性信用需求，若中央银行同意借款，就等于在流通中提供了新的基础货币，这与当时年底中央银行收缩信用规模的信贷政策不符，所以遭到了拒绝。

第一节 现金资产概述

商业银行经营的对象是货币，其资金来源的性质和业务经营的特点决定了商业银行必须保持合理的流动性，以应付存款提取及贷款的需求。直接满足流动性需求的现金资产管理是商业银行资产管理最基本的组成部分。

一、现金资产的含义

现金资产是指商业银行持有的库存现金以及与（库存）现金等同的可随时用于支付的银行资产，商业银行的现金资产应保持一个合理的适度水平。

（一）现金资产是商业银行资产业务中最具流动性的部分

现金资产具有高流动性、低盈利性的特征。高流动性资产要求必须有即时变现的市场，必须有合理稳定的价格，无论变现的时间要求多么紧迫，变现的规模有多大，市场都足以立即吸收这些资产，且价格波动不大；该资产必须是可逆的，因而卖方能在几乎没有损失风险的情况下，恢复其初始投资（本金）。现金是 100% 变现，即现金本身就是现金。

（二）现金是维护商业银行支付能力的第一道防线

合适的现金能够满足法定存款准备金的要求，保持清偿力，保持流动性（实现市场时机选择）以及同业清算及同业支付。

二、商业银行流动性的需求和供给

（一）银行流动性供给影响因素

银行流动性供给影响因素 = 存款流入 + 非存款服务收入 + 客户偿还的贷款 + 银行资产销售 + 货币市场借款 + 其他

（二）银行流动性需求影响因素

银行流动性需求影响因素 = 存款提取 + 已承诺的贷款要求 + 银行借款的偿还 + 其他经营费用 + 向银行股东支付的红利 + 其他

（三）银行净流动性头寸影响因素

银行净流动性头寸影响因素 = 银行流动性供给 – 银行流动性需求

三、保持清偿力和流动性的意义

商业银行经营的高负债率、高风险性以及受到严格监管等特点决定了商业银行在经营管理中必须遵循安全性、流动性、盈利性的"三性"原则，保持良好的清偿力和流动性是银行妥善处理盈利性与安全性这对矛盾的关键。

一方面，银行的资产和负债的期限结构和数量结构经常不匹配，于是，确保充足的流动性便成为银行管理永恒的问题，对银行实现盈利目标有重大意义；另一方面，银行流动性需求往往具有很强的即时性，要求银行必须及时偿付现金，以满足银行安全性目标的需要。

教学互动 3.1

问：银行能否把持有的资金全部投资出去以换取收益呢？什么是流动性？

答：不能。

（1）因为存款人有随时到银行提取存款或汇款而无须事先通知银行的权利，这种权利受法律保护。

（2）银行必须留有足够的现金，以满足存款人随时提取存款和汇款的需求。这是银行流动性的第一层含义；一家资金实力足够强的银行，当客户向银行提出贷款申请，并符合银行的贷款申请标准时，银行能够随时向客户提供贷款，这是银行流动性的第二层含义。

四、商业银行现金资产的构成

现金资产是维护商业银行支付能力的第一道防线，也称为一级储备。从构成上来看，商业银行的现金资产主要包括以下三类：

（一）准备金

准备金是商业银行为满足日常提款要求和支付清算需要而保留的流动性最高的资产。它由商业银行的库存现金和存放在中央银行的存款准备金（简称准备金）两部分组成，其中后者占主要部分。

微课堂　法定准备金与
超额准备金

1. 库存现金

库存现金即留存在商业银行金库中的现钞和硬币。其主要作用是应付客户提款和银行本身的日常开支。由于库存现金不带来收益，故库存现金数量要适度，其数量应随银行所在地区、客户习惯、季度以及银行本身工作效率的状况而确定。

2. 在中央银行的存款准备金

存款准备金是商业银行现金资产的主要构成部分，包括两部分：一是按照中央银行规定的比例上交的法定存款准备金；二是准备金账户中超过了法定存款准备金的超额存款准备金。

法定存款准备金是指法律规定商业银行必须存在中央银行的存款，法定存款准备金的比例通常是由中央银行决定的。超额存款准备金也称为备付金，是金融机构存放在中央银行、超出法定存款准备金的部分，主要用于支付清算、头寸调拨或作为资产运用的备用资金。

视野拓展 3.1

法定存款准备金管理，主要是准确计算法定存款准备金的需要量并及时上交准备金。

西方商业银行，计算法定存款准备金的需要量有两种方法：

（1）滞后准备金计算法。适用于对非交易性账户存款的准备金计算。也就是根据前期存款负债的余额确定本期准备金的需要量，按

敲黑板

美国实行 14 天计算法。我国实行按旬计算法，即旬末按对公对私不同科目计算法定存款准备金总量平均数，旬后第五日调整，不足部分及时补足。

照这种方法，美国的银行应根据两周前的 7 天作为基期，以基期的实际存款余额为基础，计算出该实际存款余额的平均数，作为准备金持有周应持有的准备金数值。滞后准备金计算法适用于对非交易性账户存款的准备金计算。

（2）同步准备金计算法。是指以本期前两周的日均存款余额为基础计算本期的准备金需要量的方法。例如，美国银行的通常做法是：确定两周为一个计算期，如从 2 月 4 日（星期二）到 2 月 17 日（星期一）为一个计算期，计算在这 14 天中银行交易性账户存款的日平均余额。准备

金的保持期从2月6日（星期四）开始，到2月19日（星期三）结束。在这14天中的准备金平均余额以2月4日到17日的存款平均余额为基础计算。同步准备金计算法适用于对交易性账户存款的准备金计算。

中国的银行按10天为周期来计算准备金余额。

（二）同业存款（同业存放）

同业存款即同业存放，是由于银行同业间业务的往来需要而形成的，包括存放在国内商业银行、国内其他存款机构和国外银行的存款余额。这部分资金的占用，为的是维系同这些银行之间的业务往来关系，包括汇兑、兑换、借贷和委托代理等。

（三）托收中现金（未达款）

托收中现金（未达款）也叫在途资金，是指商业银行在本行通过对方银行向外地付款单位或个人收取的票据。因为票据清算过程需要一定的时间，当商业银行收到客户交来的票据时，不能立即获得资金，只能记入资产负债表的托收未达款资产项目，待收到资金后，再把它转入准备金存款账户。商业银行现金资产的构成如图3.1所示。

图3.1　商业银行现金资产的构成

第二节　商业银行资金头寸

资金头寸（又叫现金头寸，简称头寸）的预测是对银行流动性需要量的预测，取决于银行存贷款资金运动的变化，预测资金头寸主要是为了预测存贷款的变化趋势。

一、资金头寸的含义

资金头寸是银行系统对可用资金的调度。简单地说，是指商业银行能够运用的资金。也就是下级行在上级行开设账户的余额。同等的下级行之间的资金清算都是通过在上级行的存款准备金账户进行结算的，不同行之间的资金清算都是通过各个总行在中国人民银行（简称央行或人行）开立的存款准备金账户进行结算的（一般把这个账户称为央行准备金账户）。

敲黑板

清算窗口就是大额日终了之后留给缺钱银行筹集资金完成清算的时间，在大额支付系统清算窗口时间内：①缺钱的银行可以筹资；②如果所有银行都完成清算了，清算窗口就关闭了；③如果没筹到钱，则退回该笔业务，关闭窗口；④如果没筹到钱，而这笔业务又是非得完成的，给大额罚息贷款，完成清算，关闭窗口。

所以，在清算窗口时间内对客户来说是办不了业务的。

例如，A行和B行，在央行的存款准备金都是1 000万元。现在A行的一个客户要给B行的一个客户转账1 500万元，一般都是通过央行的大额支付系统。这时A行在央行的存款准备金账户（也就是央行头寸）只有1 000万元，少了500万元。那么就出现大额清算窗口了，这笔业务在央行那边因为头寸不足，只能是排队状态。A行如果补足500万元，那么就能转账成功了。

所以，银行资金头寸管理非常关键，如果管理不当，则会出现资金头寸不足，客户资金无法转账的情况，从而受到央行的处罚。

二、资金头寸的构成

商业银行的资金头寸可分为基础头寸和可用头寸。

（一）基础头寸

基础头寸是指商业银行的库存现金与在中央银行的超额准备金之和，是商业银行可以随时动用的资金。

基础头寸中，库存现金和超额准备金是可以相互转化的，商业银行从其在中央银行的存款准备金中提取现金，就增加库存现金，同时减少超额准备金；相反，就会减少库存现金而增加超额准备金。但在经营管理中这两者的运动状态又有所不同：库存现金是为客户提现保持的备付金，它将在银行与客户之间流通；而在中央银行的超额准备金是为有往来的金融机构保持的清算资金，它将在金融机构之间流通。此外，这两者运用的成本、安全性也不一样。

（二）可用头寸

可用头寸是指商业银行可以动用的全部可用资金，它包括基础头寸和银行存放同业的存款。法定存款准备金的减少和其他现金资产的增加，表明可用头寸增加；相反，法定存款准备金增加和其他现金资产的减少则意味着可用头寸减少。银行的可用头寸实际上包括以下两方面的内容：

1. 支付准备金（备付金）

支付准备金（备付金）是指用于应付客户提存和满足债权债务清偿需要的头寸。

2. 可贷头寸

可贷头寸是指商业银行可以用来发放贷款和进行新的投资的资金，它是形成银行盈利资产的基础。其计算公式为：

$$可贷头寸 = 全部可用头寸 - 规定限额的支付准备金$$

$$可用头寸 = 基础头寸 + 存放同业存款 = 备付金限额 + 可贷头寸$$

图 3.2 所示为商业银行资金头寸示意图。

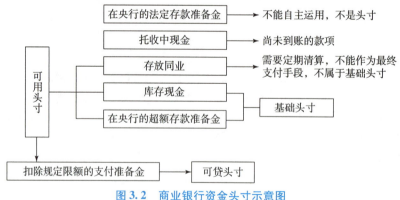

图 3.2 商业银行资金头寸示意图

三、资金头寸的预测

资金头寸的预测就是对银行流动性需要量的预测。流动性风险管理是银行每天都要进行的日常管理。而积极的流动性风险管理首先要求银行准确地预测未来一定时期内的资金头寸需要量或流动性需要量。为此，需要银行管理者准确地计算和预测资金头寸，为流动性管理提供依据。

引起资金头寸变动的因素有很多，具体如表 3.1 所示。在影响商业银行流动性变化的众多业务中，存贷款业务的变化是影响银行流动性的主要因素。任何存款的支出和贷款的增加，都会减少银行的资金头寸；反之，存款的增加和贷款的减少则会增加银行的资金头寸。所以，资金头寸的预测主要是预测存贷款的变化趋势。

表 3.1　引起资金头寸变动的因素

资金来源（增加头寸）	资金运用（减少头寸）
贷款利息和本金	新发放的贷款
变现债券和到期债券	购买债券
存款增加	存款减少
其他负债增加	其他负债减少
发行新股	收购股份

（一）短期预测和中长期预测

短期头寸预测和中长期头寸预测的关注点不同。

1. 短期头寸预测

短期头寸预测期短，应周全考虑直接影响头寸变化的各项因素，主要考虑在央行超额存款准备金的变化，可用公式表示为：

$$资金头寸 = 预计的存款 - 应缴存款准备金 - 预计的贷款$$
$$= 预计的存款 \times (1 - 存款准备金率) - 预计的贷款$$

在现有资金头寸均衡的前提下，只需要对资金头寸增量变动进行分析。

$$资金头寸增量 = 预计的存款增量 - 应缴存款准备金增量 - 预计的贷款资金头寸增量$$
$$= 预计的存款增量 \times (1 - 存款准备金率) - 预计的贷款增量$$

（1）如计算的结果为负数，表明银行的贷款规模呈上升趋势，银行需要补充资金头寸，若存款供给量不能相应增加，就需要从其他渠道借款筹资；

（2）如计算的结果为正数，则情况恰好相反，表明银行还有剩余的资金头寸，可通过其他渠道把富裕的头寸转化为盈利性资产。

2. 中长期头寸预测

中长期头寸预测期长，商业银行在进行预测时，还应结合考虑其他资金来源和运用的变化。预测的公式为：

$$中长期资金头寸 = 可贷头寸余额 + 存款增量 + 各种应收债权 + 新增借入资金 - 贷款增量 -$$
$$法定存款准备金增量 - 各种应付债务 + 内部资金来源与运用差额$$

（1）测算结果如果是正数，表明预测期末资金头寸剩余，在时点可贷头寸余额为正的情况下，可增加对盈利性资产的投放额度；

（2）若可贷资金头寸为零或负数，则表明预测期期末资金匮乏，即使时点可贷头寸余额为正，也不可过多安排期限较长的资金投放。

（二）存款变动预测和贷款变动预测

资金头寸的多少取决于银行存贷款资金运动的变化，预测资金头寸主要是为了预测存贷款的变化趋势。

1. 存款变动预测

由于存款是商业银行的被动负债，存款变化的主动权更多地掌握在客户的手中，因此商业银行无法直接控制存款的变化数量和趋势。但是可以摸索存款变化的规律。

（1）稳定性存款与易变性存款。

通常可将存款按其变化规律分为两类：稳定性存款与易变性存款。

稳定性存款（stable deposit）指商业银行在一定时期内不会被提取的存款。稳定性存款是商业银行可以长期利用的资金，银行不必为应付存款人的随时提取而保持充足的存款周转金。如到期不能自动转存的定期存款和金融债券，这类存款因为有契约，所以无须预测稳定性。

易变性存款（volatile deposit）是稳定性存款的对称，指商业银行在 1 年内随时可能被提取的存款。这类存款随时可能被提取或有可能被提取，如活期存款、定活两便存款、零存整取存款，以及到期可以自动转存的存款等。它是存款预测的对象。

对于易变性存款，商业银行必须保持充足的存款准备金，以应付存款人的提取。易变性存款包括季节性存款和脆弱性存款两部分。

①季节性存款。季节性存款的提款次数和金额受生产周期或季节性因素的影响，存款数额呈现规则起伏；

②脆弱性存款。脆弱性存款在一般的情况下不会被提取，但易受特殊原因或为应付难以预测的经营往来，而存在随时被提取的可能。

（2）核心存款与波动存款。

银行存款按照总额稳定水平可以划分为长期稳定部分和短期波动部分，其中长期稳定部分称为核心存款（core deposits），其余部分则称为波动存款（volatile deposits）。核心存款不一定为定期存款，它只是存款中保持稳定的部分。

把存款的最低点连接起来，就形成了核心存款线，核心存款线以上的曲线为易变性存款线或称季节性存款线，这条曲线以上的存款容易被提取，从而引起现金需求上升。

银行存款的流动性需求通过易变性存款线来反映。虽然这一曲线只是大致反映存款的变化，但可以为存款准备金的需要量决策提供重要的依据。图 3.3 中所示为存款变化趋势。

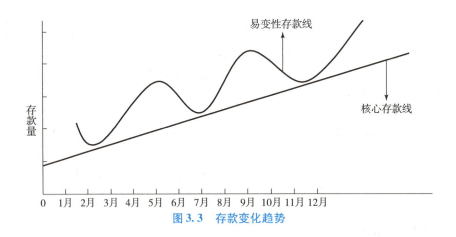

图 3.3　存款变化趋势

2. 贷款变动预测

贷款需求变化和存款需求变化有所不同，商业银行只有在可用头寸供给有保证的情况下，才有可能去满足新增贷款的需求，如果没有相应的可用头寸供给，商业银行则可以延缓或拒绝贷款要求。因此，贷款需求的变化，完全可以由商业银行自身主动地加以调控。

但是，贷款发放后，即使有贷款合同约束，贷款也不一定能够如期如数归还，这更多地取决于客户有无还款能力和还款意愿，贷款本息一经拖欠，就会影响银行的资金头寸。所以，从某种程度上讲，贷款对于商业银行来讲也是被动的，商业银行也必须对贷款的变化作出预测。

图 3.4 中贷款的变化趋势由贷款需求的最高点连接而成，它表示商业银行贷款需要量的变化趋势。而贷款波动线则在贷款趋势线以下，表示不同点上贷款需要量的变化幅度和期限。在一定时期内低于上线的贷款数，是商业银行为满足季节性和周期性变化需要而应持有的可贷头寸。

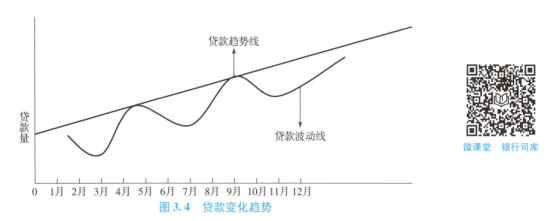

图 3.4 贷款变化趋势

（三）商业银行的综合预测

除去以上分别对存款和贷款变化趋势进行的预测之外，商业银行还应当综合存款和贷款的变化，进行综合预测。

1. 根据贷款增量和存款增量预测

在一定时期，某商业银行所需要的资金头寸量，是存款增量和贷款增量之差，可用公式表示为：

资金头寸增量 = 预计的存款增量 − 应缴存款准备金增量 − 预计的贷款资金头寸增量

= 预计的存款增量 ×（1 − 存款准备金率）− 预计的贷款增量

（1）如计算的结果为正数，表明银行还有剩余的资金头寸，可通过其他渠道把富裕的头寸转化为盈利性资产；

（2）如计算的结果为负数，表明银行的贷款规模呈上升趋势，银行需要补充资金头寸，若存款供给量不能相应增加，就需要从其他渠道借款筹资。

2. 根据资金来源和运用的变化趋势预测

商业银行在进行中长期头寸预测时，除主要考虑存贷的变化趋势外，还应考虑其他资金来源和运用的变化趋势，只有这样，才能使头寸预测更加全面和准确。预测的公式为：

中长期资金头寸 = 可贷头寸余额 + 存款增量 + 各种应收债权 + 新增借入资金 − 贷款增量 −

法定存款准备金增量 − 各种应付债务 + 内部资金来源与运用差额

（1）测算结果如果是正数，表明预测期末资金头寸剩余，在时点可贷头寸为正的情况下，可增加对盈利性资产的投放额度。

（2）若时点可贷头寸为零或负数，则表明预测期期末资金匮乏，即使时点可贷头寸为正，也不可过多安排期限较长的资金投放。

案例透析 3.1

表 3.2 是某银行资金头寸需要量的预测表。该银行根据国民经济发展的有关信息，估计未来 1 年中每个月的存贷款变化情况和应缴存款准备金变化情况。

表 3.2　某银行资金头寸需要量预测　　　　　　　　百万元

月份	存款总额	存款的变化	所需存款准备金变化	贷款总额	贷款的变化	头寸剩余（＋）或不足（－）
12	593			351		
1	587	－6.0	－0.42	356	＋5.0	－10.58
2	589	＋2.0	＋0.14	359	＋3.0	－1.14
3	586	－3.0	－0.21	356	－3.0	＋0.21
4	591	＋5.0	＋0.35	365	＋9.0	－4.35
5	606	＋15.0	＋1.05	357	－8.0	＋21.95
6	620	＋14.0	＋0.98	345	－12.0	＋25.02
7	615	－5.0	－0.35	330	－15.0	＋10.35
8	616	＋1.0	＋0.07	341	＋11.0	－10.07
9	655	＋39.0	＋2.73	341	＋0.0	＋36.27
10	635	－20.0	－1.4	361	＋20.0	－38.6
11	638	＋3.0	＋0.21	375	＋14.0	－11.21
12	643	－5.0	－0.35	386	＋11.0	－6.35

注：表中的存款准备金率是按7%计算的。

启发思考：根据表3.2预测每个月的头寸（流动性）需要，并分析针对该表中测算的银行未来资金头寸余缺状况，银行管理者应当如何处理？［提示：1月头寸：－6－5－（－0.42）＝－10.58］

第三节　现金资产管理的原则及办法

一、现金资产管理的原则

商业银行必须正确计算和预测资金头寸，为其流动性管理提供可靠依据。在遵从总量适度原则、适时调节原则和安全保障原则的前提下，对库存现金、在中央银行的存款准备金、同业存款和托收中现金分别进行管理。

（一）总量适度原则

总量适度原则是指银行现金资产的总量必须保持一个适当的规模，既保持充足的流动性，又不能影响资产的盈利性。适当的规模是指由银行现金资产的功能和特点决定的，在保证银行经营过程流动性需要的前提下，银行为保持现金资产所付出的机会成本最低时的现金资产数量。总量适度原则是商业银行现金资产管理的最重要的原则。

（二）适时调节原则

适时调节原则是指银行要根据业务过程中的现金流量变化，及时地调节资金头寸，确保现金资产的规模适度。为此，需注意以下几点：

（1）实现现金出纳业务操作规范化；

（2）掌握储蓄现金收支的规律；

（3）充分发挥中心库的调节作用，尽可能把当天收进的现金用于抵用第二天的现金支出；

（4）上缴的现金当天入账，回收的残破币及时清点上缴，减少库存现金等。

（三）安全保障原则

商业银行现金资产主要由其在中央银行和同业银行的存款及库存现金构成。银行在现金资产特别是库存现金的管理中，必然要求健全安全保卫制度，严格业务操作规程，确保资金的安全无损。

二、现金资产管理的方法

商业银行在遵从总量适度原则、适时调节原则和安全保障原则的前提下，对库存现金、在中央银行的存款准备金、同业存款和托收中现金分别进行管理。

（一）库存现金的管理

在电子货币快速发展的今天，现金仍然是我国不可或缺的商品交换媒介，现金的使用需求依然巨大，商业银行作为现金流通的媒介，维持有序的货币流通环境，保障单位、居民的现金使用需求，是其基本的社会责任，因此必须备付一定的现金库存。

1. 影响商业银行现金库存规模的因素

影响商业银行现金库存规模的因素有外部监管部门方面的，有银行内部管理方面的，还有社会形态、金融环境方面的。

（1）外部影响因素，如人民银行的政策和管理规定、人们的现金使用习惯、城市交通及网点位置等。

（2）内部影响因素，如商业银行内部现金管理的水平、业务发展情况、客户类型等。

2. 库存现金的测算方法

库存现金集中反映了银行经营的资产流动性和盈利性状况。库存现金越多，流动性越强，盈利性就越差。为了保证在必要的流动性前提下，实现更多的盈利，就需要把库存现金压缩到最低程度。银行在金库中保持多少数量的现金资产是适度的呢？不同的银行由于所处地域不同、客户群体不同、业务季节不同，客户提取现金的需要量都会有所不同。商业银行可以通过历史数据预测客户的习惯，预测现金持有量，从而在满足流动性要求的同时满足盈利性的要求。

商业银行测算库存现金持有量基于如下三个方面的信息：

（1）历史同期库存现金规模；

（2）季节性变化规律；

（3）银行业务的发展速度。

商业银行通过科学预测现金库存需求量，制定库存现金指标，并与管理人员的业绩挂钩，从而达到降低现金数量的目标。一个好的现金管理制度在约束金库管理员行为、规范操作，有效降低库存现金量方面的作用非常明显。

 敲黑板

储蓄业务的现金收支一般具有以下规律：一是在营业过程中，客户取款的概率在正常情况下基本相等；二是在多数情况下，上午客户取款的平均数一般大于下午；三是在一般情况下，每个月出现现金净收入和净支出的日期基本固定不变。解决压低库存现金的技术性问题，要在压缩现金库存所需增加的成本和所能提高的效益之间进行最优选择。

3. 库存现金的日常管理

银行必须在分析影响库存现金数量变动的各种因素的情况下，准确测算库存现金的需要量，及时调节库存现金的存量。同时，应加强各项管理措施，确保库存现金的安全。

（1）制定管理制度。从经营的角度讲，银行的库存现金显然是最为安全的资产。但事实上，库存现金也有其特有的风险。这种风险主要来自被盗和自然灾害的损失，同时也来自业务人员清点的差错，还可能来自银行内部不法分子的贪污。因此，银行在加强库存现金适度性管理的同时，还应当严格库房的安全管理，在现金清点、包装、入库、安全保卫、出库等环节，采取严密的责任制度等，确保库房现金不受损失。

（2）提高管理水平。现金管理风险是商业银行最主要的经营管理风险，属于操作风险。银行防范风险的主要措施包括以下几种：

①双人管理制度。商业银行所有现金操作必须由两人以上协作完成。

②网点安全防范体系。现金存放地配备保安人员，现金操作环境配备防抢、防盗设备，连接公安部门报警系统，等等。

③交接制度。为了防止现金在交接环节中出现问题，银行制定了严格的进出库制度、库款交接制度。

④查库制度。银行金库每日早晨出库，晚上进库，进出的库箱多则数十个，少则十几个。为了保证现金数量的准确性，银行往往采取突击、随机查库制度。库房管理主任、更高一级的管理人员会不定期突击检查库房，核实库房登记与现金实物的数量。

⑤运钞制度。在公众场合，银行的运钞车常常成为犯罪分子袭击的对象。运钞车需要经常更换路线，并配备有足够防范能力的警卫。

视野拓展 3.2

某银行营业室综合柜员，在49天内从容盗用银行资金2 180万元而未被察觉。如果不是其分行对其管辖的支行进行突击检查，营业室综合柜员挪用、盗用银行资金一案，也许根本无人知晓。

巨额钱款被盗用，为何这么长时间没被发现？

经了解，原因是这家银行的内部预警、内部监管出现问题。作案期间的某一日，现金库存达到2 152万元，远远超过上级核定现金库存200万的近十倍。营业室副主任在综合柜员作案期间查过6次库，但都没有做实际盘查，只是登记了核查登记簿，填写"账实相符"。后期银行构建了双重防线，从制度层面、技术层面有效规范和监控行为风险。

（二）在中央银行的存款准备金的管理

法定存款准备金管理，主要是准确计算法定存款准备金的需要量和及时上交准备。

商业银行在中央银行开立存款账户，并在账户中保持足够的余额是为了满足央行法定存款准备金制度和日常结算资金清算的双重需要。早期的法定存款准备金账户是独立管理的，现在我国商业银行，法定存款准备金账户和超额存款准备金账户合并，同业拆借、回购协议、再贷款等也通过这个账户实现。商业银行从中央银行账户中提取现金和缴存现金也通过这个账户进行。

敲黑板

央行对银行存款准备金的考核周期是按旬考核：①每月的5—14日、15—24日和25—下月4日为考核周期；②每旬末10日、20日、30/31/29日银行的一般存款余额即为存款准备金计算的基数。但在科技发达的今天，缴费系统增加了提醒功能，在缴纳管理上实际上是按日考核的，是以当天存款计算准备金，准备金账户里余额不足，银行第二天会补足，按旬考核的要求只在欠缴处罚的时候使用。

1. 法定存款准备金的缴纳

商业银行法定存款准备金管理体系要求所有商业银行必须按央行公布的法定存款准备金率足额缴纳法定存款准备金。商业银行对中央银行的法定存款准备金要求必须无条件服从。因此对法定存款准备金的管理，主要是准确计算其需要量和及时上缴应缴纳的准备金。

教学互动 3.2

问：如果存款准备金率为 7%，金融机构每吸收 100 万元存款，要向央行缴存多少存款准备金？可发放贷款是多少？如果将存款准备金率提高到 7.5%，那么金融机构的可贷资金是多少？

答：金融机构要向央行缴存 7 万元的存款准备金，可以用于发放贷款的资金为 93 万元。如果将存款准备金率提高到 7.5%，那么金融机构的可贷资金为 92.5 万元。

2. 存款准备金的计算

$$存款准备金 = 库存现金 + 商业银行在中央银行的存款$$
$$法定存款准备金 = 法定存款准备金率 × 存款总额$$
$$超额存款准备金 = 存款准备金 - 法定存款准备金$$

世界各国金融管理当局对基础存款和存款准备金率有不同的规定，典型的国家是美国。

（1）美国对存款准备金的计算。

美国对不同的存款种类（如交易账户存款、非交易账户存款）规定了不同的存款准备金率。如表 3.3 所示。

表 3.3　美国某商业银行资产负债简表　　　　　　　　万元

资产	金额	负债	金额
现金		存款	
库存现金		交易账户存款	10 000
在中央银行存款	1 700	非交易账户存款	50 000
在其他金融机构存款			
在途资金			

如果央行规定交易账户法定存款准备金率为 10%，非交易账户存款准备金率为 1%，根据表 3.3 中所示的数据，计算美国某商业银行超额存款准备金和应缴纳的法定存款准备金为：

交易账户的存款余额为 10 000 万元，应缴法定存款准备金 1 000 万元（10 000×10%）。

非交易账户存款余额为 50 000 万元，应缴法定存款准备金 500 万元（50 000×1%）。

银行应上缴的法定存款准备金是 1 500（1 000 + 500）万元。表 3.3 中某商业银行在中央银行存款是 1 700 万元，那么该银行的超额存款准备金是 200（1 700 - 1 500）万元。

（2）中国对存款准备金的计算。

中国采取较简单的基础存款计算方法，所有类别存款采用一个存款准备金率。通过表 3.4 的例子，可以对此有进一步的了解。

表 3.4　中国某商业银行资产负债简表　　　　　　　　万元

资产	金额	负债	金额
现金		存款	
库存现金		交易账户存款	10 000
在中央银行存款	5 200	非交易账户存款	50 000
在其他金融机构存款			
在途资金			

注：法定准备金率为 10%。

由于存款流出，中国某银行在中央银行的存款准备金余额减少 5 200 万元，低于按 10% 存款准备金率计算的 6 000 万元的法定存款准备金。而央行存款准备金是每旬一调整，该银行需要立即向央行的存款专户中补存一定数量（800 万元）的存款，才能达到央行规定的要求，否则会受到央行的处罚。

$$应缴法定存款准备金 = 1\ 000 + 5\ 000 = 6\ 000（万元）$$
$$央行存款专户现有存款准备金 = 5\ 200（万元）$$
$$应补缴法定存款准备金 = 6\ 000 - 5\ 200 = 800（万元）$$

假设某日该银行的客户向其他银行转账支付 1 000 万元，支票转账资金通过央行清算系统划转到其他银行。

3. 法定存款准备金的调整

（1）同业借款；

（2）短期证券回购及商业票据或其他资产出售；

（3）通过向中央银行融资；

（4）商业银行系统内的资金调度；

（5）其他资产交易。

（三）同业存款的管理

1. 保持同业存款的目的

除了库存现金和在中央银行的存款准备金外，大多数商业银行还在其他金融机构保持一定数量的活期存款，即同业存款。一些较大的银行一般都是双重角色：一方面它作为其他银行的代理行而接受其他银行的同业存款；另一方面，它又是被代理行，将一部分资金以活期存款的形式存放在代理行。这就形成了银行之间的代理业务。银行之间开展代理业务，需要花费一定的成本，商业银行在其代理行保持一定数量的活期存款，主要目的就是支付代理行代办业务的手续费。

2. 同业存款需要量的测算

商业银行同业存款的需要量，主要取决于以下几个因素：

（1）使用代理行的服务数量和项目。如果使用代理行服务的数量和项目较多，同业存款的需要量也较多；反之，如果使用代理行服务的数量和项目较少，同业存款的需要量就也较少。

（2）代理行的收费标准。收费标准越高，同业存款的需要量就越大。

（3）可投资余额的收益率。如果同业存款中可投资余额的收益率较高，同业存款的需要量就少；否则，同业存款的需要量就多。

（四）托收中现金的管理

托收中现金（也称在途资金，或在途货币资金）是指企业与所属单位或上下级之间汇解款项，在月终尚未到达，处于在途的资金。比如 A 公司 12 月 31 日给 B 公司汇款 100 万元，A 公司已将付款申请提交银行，而由于银行交换票据需要时间，这笔款在 12 月 31 日并未到达 B 公司，这就属于托收中现金。

1. 托收中现金假账形态

托收中现金假账形态主要表现为情况不真实、不合理。表现为了虚列销售收入，虚增托收中现金或收到存款或收到托收中现金不作转账处理，挪作他用或者贪污。

2. 托收中现金的审查

（1）确定托收中现金的真实性。一般审查汇出单位的汇款通知书，确定是否确实存在这笔款项，金额是否正确等。

（2）审查托收中现金到达后，是否及时入账，有无长期不入账而挪作他用的情况。商业银行现金资产管理的核心任务是保证银行经营过程中的适度流动性，也就是说，银行一方面要保证其现金资产能够满足正常的和非正常的现金支出需要,另一方面又要追求利润的最大化。

三、现金资产管理的意义

银行的库存现金越多、流动性越强,则盈利性越差。要保证在必要流动性的前提下更多地盈利,就需将库存现金压缩到最低限度。为此,银行必须在分析影响库存现金数量变动的各种因素的情况下,准确测算库存现金的需要量,及时调节存量,并加强各项管理措施,确保库存现金的安全。

(1) 存款准备金管理制度是中央银行调节社会信用规模、控制银行贷款规模的重要手段。准备金本来是为了保证支付的,但它却带来了一个意想不到的副产品,就是赋予了央行创造货币的职能,可以影响金融机构的信贷扩张能力,从而间接调控货币供应量。这已成为中央银行货币政策的重要工具,是传统的三大货币政策工具之一。如果商业银行押金交的比以前多了,那么银行可以用于自己往外贷款的资金就减少了。

从整个国家的范围看,所有商业银行吸收的存款规模庞大,总额常常以万亿计。在这样的基数下,法定存款准备金率每个百分点的变动都会引起法定存款准备金成百上千亿元的变动。

(2) 超额存款准备金是商业银行在中央银行存款账户上超过法定存款准备金的那部分存款,是商业银行最重要的可用头寸,是用来进行贷款、投资、清偿债务和提取业务周转金的准备资产。对超额存款准备金的管理重点,就是要在准确测算其需要量的前提下,适当控制其规模,以尽量减少持有超额存款准备金的机会成本,增加银行的盈利收入。

(3) 商业银行对同业存款的管理,要准确地预测其需要量,使之能保持一个适度的量。因为同业存款过多,会使银行付出一定的机会成本;而同业存款过少,又会影响委托他行代理业务的展开,甚至影响本行在同业之间的信誉等。

(4) 商业银行对托收中现金的管理,是指商业银行通过对方银行向外地付款单位或个人收取的票据的管理。托收中现金在收妥之前,是一笔占用的资金,又由于通常在途时间较短,收妥后即成为同业存款,所以将其视同现金资产。

银行现金资产管理的任务,就是要在保证经营过程中流动性需要的前提下,将持有现金资产的机会成本降到最低程度,作为银行经营安全性和盈利性的杠杆,服务于银行整体经营状况最优化的目标。

微课堂　头寸员的一天

教学互动3.2

问:商业银行现金资产主要分布在哪里?

答:商业银行现金资产主要由其在中央银行和同业银行的存款及库存现金构成。其中,库存现金是商业银行业务经营过程中必要的支付周转金,它分布于银行的各个营业网点。

综合练习题

一、概念识记

1. 现金资产

2. 准备金

3. 存放同业

4. 托收现金

5. 基础头寸

6. 可用头寸

二、单选题

1. 以下不属于商业银行可用头寸的是（　　　）。

A. 库存现金　　　　B. 法定存款准备金　　C. 超额存款准备金　　D. 同业存款

2. 商业银行存放在代理行和相关银行的存款是（　　　）。

A. 存款准备金　　　B. 贷款　　　　　　　C. 同业存款　　　　　D. 库存现金

3. 在下列各种情况中，会增加银行可用头寸的是（　　　）。

A. 客户用现金存入银行　　　　　　　B. 银行向客户发放贷款

C. 拆入资金用于客户大额提现　　　　D. 提高法定存款准备金

4. 下列各项资产中，流动性最强的资产是（　　　）。

A. 现金资产　　　　B. 贷款资产　　　　　C. 证券资产　　　　　D. 固定资产

5. 商业银行现金资产由库存现金、托收中现金、同业存款和（　　　）组成。

A. 现金性资产　　　　　　　　　　　B. 存款货币

C. 在中央银行的存款准备金　　　　　D. 流通中现金

6. 在近期资金紧但远期资金较松的情况下，银行可采用（　　　）方式调度资金。

A. 向中央银行借款　　B. 发行股票　　　C. 回购协议　　　　　D. 发行债券

7. 商业银行保存在金库中的现钞和硬币是指（　　　）。

A. 现金　　　　　　B. 库存现金　　　　　C. 现金资产　　　　　D. 存款

8. 现金资产管理的首要目标是（　　　）。

A. 现金来源合理　　　　　　　　　　B. 现金运用合理

C. 将现金资产控制在适度的规模上　　D. 现金盈利

9. 中央银行上调法定存款准备金率对商业银行的可能影响是（　　　）。

A. 法定存款准备金减少　　　　　　　B. 超额存款准备金不变

C. 超额存款准备金增加　　　　　　　D. 超额存款准备金减少

10. 商业银行灵活调度头寸最主要的渠道或方式是（　　　）。

A. 贷款　　　　　　B. 同业拆借　　　　　C. 存款　　　　　　　D. 证券回购

三、多选题

1. 现金资产包括（　　　）。

A. 库存现金　　　　　　　　　　　　B. 托收中的现金

C. 在中央银行的存款准备金　　　　　D. 同业存款

2. 银行持有现金资产的目的是保证银行的（　　　）。

A. 安全性　　　　　B. 流动性　　　　　　C. 盈利性　　　　　　D. 安全性和流动性

3. 流动性需求可以被分为（　　　）。

A. 短期流动性需求　　B. 长期流动性需求　　C. 周期流动性需求　　D. 临时流动性需求

4. 基础头寸包括（　　　）。

A. 库存现金　　　　　　　　　　　　B. 在中央银行的法定存款准备金

C. 在中央银行的超额存款准备金　　　D. 同业存款

5. 商业银行的流动性是指（　　　）。

A. 银行资产在不发生损失的情况下迅速变现的能力

B. 银行资产损失很小的情况下迅速变现的能力

C. 银行以最小成本变现的能力

D. 银行以最小的筹资成本随时获得所需资金的能力

6. 商业银行的流动性需求主要来自（　　　）。

A. 客户提现　　　　　　　　　　　　B. 新增存款

C. 收回贷款　　　　　　　　　D. 客户的合理贷款需求

E. 偿还借款

7. 当商业银行现金资产不能满足正常的业务需要时，必须有多种资金流入渠道，如（　　）。

A. 向中央银行借款　　B. 向同业借款　　C. 吸收存款　　　D. 收回贷款

E. 出售资产

8. 商业银行在中央银行的存款由两部分构成，分别是（　　）。

A. 准备金　　　　　B. 法定存款准备金　　C. 超额准备金　　D. 备用金

9. 商业银行保持现金资产的目的是（　　）。

A. 满足客户提存　　　　　　　　B. 实现盈利的需要

C. 满足法规的要求　　　　　　　D. 日常业务的需要

10. 超额存款准备金是商业银行最重要的可用头寸，银行可以用来（　　）。

A. 进行投资　　　B. 清偿债务　　　C. 贷款　　　　D. 提取业务周转金

E. 应付客户提现

四、判断题

1. 库存现金的主要作用是银行用来应付客户提现和银行本身的日常零星开支。库存现金的经营原则就是保持适度的规模。（　　）

2. 存款准备金已经演变成为中央银行调节信用的一种政策手段，在正常情况下一般不得动用，缴存法定比率的准备金不具有强制性。（　　）

3. 银行流动性的强弱取决于资产迅速变现的能力，因此保持资产流动性的最好办法是持有可转换的资产。政府发行的长期证券就是典型的可转换资产。（　　）

4. 一级储备主要包括库存现金、在央行的存款准备金、同业存款及托收中的现金等项目。（　　）

5. 资本性债券不需要法定准备金，偿还期较长，具有良好的稳定性，因此可用于长期贷款、购买长期证券和固定资产。（　　）

6. 商业银行流动性管理的关键是持有尽量多的流动性头寸，避免出现流动性危机。（　　）

7. 代理行存款即同业存款，主要用于同业间、联行间业务往来的需要，并可作支票清算、财政部国库券交易和电汇等账户的余额。（　　）

8. 商业银行持有二级准备的主要目的是在必要时出售这部分资产而获取流动性，并非由此取得利润。（　　）

9. 现金是商业银行保持流动性的一级准备，短期证券投资是二级准备。（　　）

10. 托收中现金，是指已签发支票送交中央银行或其他银行但相关账户尚未贷记的部分。（　　）

五、简答题

1. 商业银行现金资产由哪几部分构成？各部分的作用是什么？

2. 简述银行现金资产管理的目的与原则。

六、计算题

1. 某银行在预测期内各类负债额、新增贷款额、法定准备率以及要提取的流动性资金比例如表3.5所示。计算该银行流动性需求总额是多少？假设目前对准备金要求如表3.6所示，若某银行的净交易账户为9 982万美元，请计算所需要的法定准备金是多少？

表 3.5　现金资产简表

项目	金额/万元	法定准备金率/%	法定准备金/万元	提留流动性资金比例/%
流动性货币负债	9 000	8	720	95
脆弱性货币负债	7 500	5	375	30
稳定性货币负债	12 000	3	360	15
新增贷款	360			100

表 3.6　法定准备金账户

净交易账户/百万美元	准备金率/%
$0 ~ $6.6（含）	0
$6.6 ~ $45.4（含）	3
$45.4 以上	10

2. 在美国的佛蒙特州（Vermont）有一家社区小银行，名为 Lyndonville。截至 1997 年年底，其资产规模仅为 1.25 亿美元，另外一家总部设在纽约的摩根信托银行同期总资产 730 亿美元，是 Lyndonville 的资产规模的 584 倍。表 3.7、表 3.8 是两个银行的资产负债表。请分析以下两家银行的流动性策略有什么区别？为什么会产生这样的差别？（案例来自《美国商业银行流动性风险和外汇风险管理》）

表 3.7　Lyndonville 资产负债表（2014 年 12 月 31 日）

百万美元

资产		负债与资产净值	
现金和同业存款	2.8	活期存款	28.3
证券投资	14.9	定期存款	85.5
联邦资金出售	3.2	其他负债	0.3
贷款	97.9	股本	11.4
其他	6.7		
总资产	125.5	总负债	125.5

表 3.8　摩根银行资产负债表（2014 年 12 月 31 日）

亿美元

资产		负债和股本	
现金	1.1	存款	
同业生息存款	1.7	国内无息存款	3.1
证券	36.7	国内有息存款	2
联邦资金出售和反向回购协议	5.2	海外存款	26.9
贷款	20.7	购买资金	28.1
应收承兑票据	1	应付承兑票据	1
其他	6.7	其他负债	6.8
		股本	5.2
总额	73.1	总额	73.1

第四章

商业银行资产业务（一）
——贷款业务

学习目标 \\\\\

知识目标：了解商业银行信贷业务的组织架构；熟知信贷部门的岗位职责与贷款流程；掌握信贷业务受理条件；会写调研报告，会进行财务分析和非财务分析。

素质目标：加强传统道德教育，树立正确的消费观，培养学生具备良好的诚实守信品行，树立良好的诚信新风。

情境导入 \\\\\

2020 年我国贷款总额增加 19.63 万亿元

中国人民银行发布的金融统计数据显示，2020 年全年我国人民币贷款增加 19.63 万亿元，同比多增 2.82 万亿元。我国住户贷款增加 7.87 万亿元，其中以个人住房按揭贷款为主的住户中长期贷款增加 5.95 万亿元；企（事）业单位贷款增加 12.17 万亿元。

贷款增长较快，反映我国货币政策传导顺畅，市场机制运行良好。在银行信贷供给的流动性、资本、利率约束得到进一步缓解的情况下，银行贷款投放的意愿和能动性较强，市场机制作用充分发挥，货币政策传导效率明显提升，前期出台的各项货币政策措施能够更快、更有效地传导至实体经济，贷款增长数倍于央行投放的流动性，有利于解决实体经济实际困难。

贷款较快增长，可以提高企业和居民的购买力，从供需两端支持经济发展。在现代银行货币体系下，贷款创造存款，货币就是贷款创造出来的，货币政策逆周期调节的目标就是为了增加贷款，进而增加货币。广义货币就是现金加上企业、个人和其他存款。存款增加意味着货币增加，有效缓解了企业和居民的现金流压力，企业和居民的购买力增强，企业可以去投资，去组织生产，增加就业岗位，发放工资等，居民可以去消费，增加对企业产品和服务的需求，对经济的拉动作用会逐步体现出来。

贷款增长较快，体现出我国经济韧性巨大，我国经济稳中向好、长期向好的基本态势没有改变。贷款增长较快，还反映贷款需求较为旺盛。这表明我国经济的韧性强、回旋余地大，随着疫情防控向好态势进一步巩固，复工复产逐步接近或达到正常水平，各项经济活动正在恢复，市场信心增强，经济复苏明显领先于其他经济体。

无论是传统银行还是现代银行，贷款作为商业银行主要业务的地位始终没有变化。随着经济的发展、科技的不断更新及社会的不断进步，贷款产品与日俱增，为规范商业银行的贷款业务，建立健全贷款管理秩序，维护借贷双方的合法权益，商业银行要遵循既定的程序制度，规范贷款合同，明确贷款方式。

第一节　信贷业务部门的岗位职责与贷款流程

为实现商业银行组织机构正常运行，达到其管理目标，必须规定岗位工作任务和责任范围。信贷业务部门的岗位职责是规范员工职务行为、实现专业分工和协作、保障商业银行信贷业务高效运行的直接要素。

案例透析4.1

十分钟的悲剧

2008年9月15日上午10时，拥有158年历史的美国第四大投资银行——雷曼兄弟公司向法院申请破产保护，消息瞬间通过电视、广播和网络传遍地球的各个角落。令人匪夷所思的是，在如此明朗的情况下，德国国家发展银行10时10分居然按照外汇掉期协议的交易，通过计算机自动付款系统，向雷曼兄弟公司即将冻结的银行账户转入了3亿欧元。毫无疑问，3亿欧元将是肉包子打狗——有去无回。

转账风波曝光后，德国社会各界大为震惊、一片哗然，舆论普遍认为，这笔损失本不该发生，因为此前一天，有关雷曼兄弟公司破产的消息已经满天飞。可是为什么德国国家发展银行却发生这样的悲剧呢？调查结果显示了被询问人员在这十分钟内忙了些什么：

首席执行官乌尔里奇·施罗德：我知道今天要按照协议预先的约定转账，至于是否撤销这笔巨额交易，应该让董事会开会讨论决定。

董事长保卢斯：我们还没有得到风险评估报告，无法及时做出正确的决策。

董事会秘书史里芬：我打电话给国际业务部催要风险评估报告，可那里总是占线，我想还是隔一会儿再打吧。

国际业务部经理克鲁克：星期五晚上准备带上全家人去听音乐会，我得提前打电话预订门票。

国际业务部副经理伊梅尔曼：忙于其他事情，没有时间去关心雷曼兄弟公司的消息。

负责处理与雷曼兄弟公司业务的高级经理希特霍芬：我让文员上网浏览新闻，一旦有雷曼兄弟公司的消息就立即报告，现在我要去休息室喝杯咖啡了。

文员施特鲁克：10:03，我在网上看到了雷曼兄弟公司向法院申请破产保护的新闻，马上就跑到希特霍芬的办公室，可是他不在，我就写了张便条放在他办公桌上，估计他回来后会看到的。

结算部经理德尔布吕克：今天是协议规定的交易日子，我没有接到停止交易的指令，那就按照原计划转账吧。

结算部自动付款系统操作员曼斯坦因：德尔布吕克让我执行转账操作，我什么也没问就做了。

信贷部经理莫德尔：我在走廊里碰到了施特鲁克，他告诉我雷曼兄弟公司的破产消息，但是我相信希特霍芬和其他职员的专业素养，一定不会犯低级错误，因此也没必要提醒他们。

公关部经理贝克：雷曼兄弟公司破产是板上钉钉的事，我想跟乌尔里奇·施罗德谈谈这件事，但上午要会见几个克罗地亚客人，等下午再找他也不迟，反正不差这几个小时。

启发思考：

（1）德国国家发展银行在信贷制度和信贷流程方面是否存在差错？

（2）从董事长到操作员，他们共同的错误在哪里？分析可能改变结局的环节有哪些？

一、信贷业务的组织架构

信贷业务即授信业务，信贷业务部门与信贷管理部门分别为信贷业务的前台、中台、后台部门，前台、中台、后台部门及其相关岗位职责的相互独立与相互制约，以及后台部门的配套支持工作是信贷业务正常开展和风险有效控制的重要保障。

尽管各家商业银行在管理上不尽相同，但基本上将全部岗位划分为前台、中台和后台。前台、中台、后台的划分不一定很精确，有些存在着交叉。

（一）前台

前台一线人员主要分布在商业银行的各营业部和营业网点，是直接面对客户的部门和人员，负责拓展市场和客户关系管理工作，为客户提供一站式、全方位的服务。如公司业务部门、国际业务部门及支行，工作人员如柜员、客户经理、大堂经理、呼叫中心职员等都是前台岗位。

微课堂　银行授信

（二）中台

中台是通过分析宏观市场环境和内部资源的情况，制定各项业务发展政策和策略，为前台提供专业性的管理和指导，并进行风险控制。

中台是授信业务的管理部门，如信用审批部、贷后管理部及放款中心、法律合规部等。

（三）后台

后台全力为一线的营销工作提供业务支持和技术保障以及共享服务，包括会计处理、IT 支持等，集中处理贷款审批的中心也可以纳入后台范畴。

信贷业务的组织架构如图 4.1 所示。

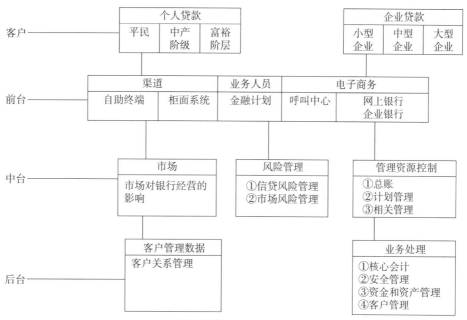

图 4.1　信贷业务的组织架构

二、信贷业务部门的岗位职责

微课堂 商业银行业务

(一) 信贷业务部门的主要职责

(1) 受理客户信贷业务申请，收集有关授信信息资料。

(2) 对客户的合法性、合规性、安全性和盈利性进行信贷前调查，并对调查资料的真实性负责。

(3) 对有权审批行（人）审批后的信贷业务，同客户签订借款合同和担保合同。

(4) 对客户进行贷后管理。

(5) 负责信贷业务风险分类的基础工作以及相关信贷业务报表的统计分析和上报工作。

(6) 会同有关部门组织、落实公司客户代收、代付等中间业务的市场营销。

(7) 负责搜集与本部门相关的信息资料，并加以汇总、分析，与有关部门共享，并及时向领导提出建议。

(二) 信贷管理部门的主要职责

(1) 依据法律和银行信贷政策制度与条件，对信贷业务部门提供的客户调查材料的完整性、合规合法性进行审查，提出是否授信以及授信额度、利率、还款期限、还款方式及保全措施等审查意见。

(2) 对客户部提供信贷政策制度的咨询以及法律援助。

(3) 对信贷政策和管理制度执行情况进行检查。

(4) 对发放后的贷款进行检查。

(5) 负责辖内授信业务风险分类与认定。

(6) 负责信贷资产质量检测考核、金融债券的管理和风险资产的出资。

(7) 负责相关信贷业务报表的统计分析和上报工作。

(三) 信贷业务后台部门的主要职责

1. 会计部门

会计部门的主要职责是配合信贷部门，做好信贷资金的管理、运作、收息、收贷、财务、费用开支及现金管理工作，以及负责搜集与本部门相关的信息资料，并加以汇总、分析，与有关部门共享，并及时向领导提出建议。

2. 稽核部门

稽核部门的主要职责是对会计、出纳、信贷等业务的执行情况和业务办理情况进行稽核，以及对有价证券、印章、密押、重要空白凭证的保管、领用、使用、销号、交接情况进行稽核。

三、信贷业务的受理条件

(一) 个人贷款

1. 贷款对象

个人贷款是指贷款人向符合条件的自然人发放的用于个人消费、生产经营等用途的本外币贷款。

2. 个人贷款应具备的条件

(1) 借款人为具有完全民事行为能力的中华人民共和国公民或符合国家有关规定的境外自然人。

(2) 贷款用途明确合法。

(3) 贷款申请数额、期限和币种合理。

(4) 借款人具备还款意愿和还款能力。

（5）借款人信用状况良好，无重大不良信用记录。

（6）贷款人要求的其他条件。

（二）对公贷款

1. 贷款对象

对公贷款的对象应当是经工商行政管理机关（或主管机关）核准登记的企（事）业法人、其他经济组织。授信对象申请授信，应当具备产品有市场、生产经营有效益、不挤占挪用信贷资金、恪守信用等基本条件。

2. 对公贷款应当符合的条件

（1）依法办理工商登记的法人已经向工商行政管理部门登记并连续办理了年检手续；事业法人依照《事业单位登记管理暂行条例》的规定已经向事业单位登记管理机关办理了登记或备案；对于外商投资企业，还须持有外商投资企业批准证书。

（2）有合法稳定的收入或收入来源，具备按期还本付息的能力。

（3）已在或将在银行开立基本存款账户或一般存款账户等。

（4）按照中国人民银行的有关规定，应持有贷款卡（号）的，必须有效持有中国人民银行获准的贷款卡（号）。

（5）除国务院规定外，有限责任公司和股份有限公司对外股本权益性投资累计额未超过其净资产总额的50%。

（6）借款人的资产负债率等财务指标符合银行的要求。

（7）申请中期、长期贷款项目授信的，项目的资本金与项目所需总投资的比例不低于国家规定的投资项目的资本金比例。

微课堂　信贷业务

四、贷款流程

（一）贷款受理

贷款人应要求借款人以书面形式提出个人贷款申请，并要求借款人提供能够证明其符合贷款条件的相关资料。

1. 个人贷款申请材料清单

（1）合法有效的身份证件，包括居民身份证、户口本、军官证、警官证、文职干部证、港澳台居民还乡证、居留证件或其他有效身份证件。

（2）借款人还款能力证明材料，包括收入证明材料和有关资产证明等。

（3）合法有效的相关合同（如购房合同）。

（4）涉及抵押或质押担保的，需提供抵押物或质押权利的权属证明文件以及有处分权人同意抵（质）押的书面证明。

（5）涉及保证担保的，需保证人出具同意提供担保的书面承诺，并提供能证明保证人保证能力的证明材料。

（6）银行规定的其他文件和资料。

2. 企业客户在申请信贷时，应当提供的基本资料

（1）营业执照（副本及影印件）和年检证明。

（2）法人代码证书（副本及影印件）。

（3）法定代表人身份证明及其必要的个人信息。

（4）近三年经审计的资产负债表、损益表、业主权益变动表以及销量情况。

（5）税务部门年检合格的税务登记证明和近两年税务部门纳税证明资料复印件。

（6）合同或章程（原件及影印件）。

（7）董事会成员和主要负责人、财务负责人名单和签字样本等。

（8）企业管理部门的批准证书、合同、章程及有关批复文件。

（9）其他必要的资料（如海关等部门出具的相关文件等）。

（二）客户经理初步审查

1. 准入条件审查

受理贷款时审查其主体是否符合银行贷款准入条件，是决定贷款的关键性问题。如果客户主体不符合规定要求，则可直接退回，无须再进入下一审查环节。

按照有关法律和银行管理规定，准入条件审查主要有以下三个方面：

（1）确认客户真实性。

审查公司类客户其经营证照是否真实，有无涂改等造假现象；是否在有效期限内；是否办理年检等。个人客户要审查其身份证是否真实。

（2）审查贷款项目的政策性、合法性。

属于特种行业的，审查其是否持有有效的特种行业从业许可证；属于房地产开发企业的，审查其是否持有齐全的资质证件；审查贷款项目是否符合国家政策，是否为高耗能、高污染、产能过剩行业的劣质企业以及商业银行已退出的领域；

审查个人经营项目是否合法合规；审查公司或个人经营是否正常，有无亏损；审查产品销售合同是否真实等。

2. 资料完整性审查

主要是对照信贷业务操作流程所列的申报资料目录查看资料，审查是否齐全完整，特别是关键性资料是否缺漏，缺漏资料应做理由充分的说明。

3. 资料合规性审查

（1）审查调查报告中调查人是否签字。

审查调查人员应两人以上。所有签名只能由本人手写，不能代签，不许盖私人名章。

（2）审查上报的资料内容是否衔接一致，资料是复印件的，审查其是否模糊不清等。

银行业务部门人员进行资格审查后，应进行内部意见反馈，及时、全面、准确地向上级领导汇报了解到的信息，必要时可以通过其他渠道，如人民银行信贷咨询系统，对客户资信情况进行初步查询。

经初步判断符合信贷业务申请条件的，受理人应在收齐资料后当日将贷款申请材料移交信贷业务经办行调查人进行调查；不符合贷款条件的，将申请资料退还借款申请人，并向借款申请人说明情况。

案例透析4.2

借款人不具备主体资格，银行债权无从追讨

2015年6月，借款人李先生向银行申请商用房贷款20万元，期限10年，用于购买商用房一套。在审查相关材料之后，银行经办人员未发现异常，该行如约发放贷款。一年后，该笔贷款连续逾期6个月，催收后仍未还款，随后该行将其诉至法院。

法院在审理过程中发现，借款人李先生在申请贷款前患有精神病，至今未愈，其子女提供了相关的有效证明。据此法院以借款人不具备完全民事行为能力为由，判定该行借款合同无效，对其请求不予支持。

启发思考：此案例给你的启发有哪些？

（三）信贷业务调查

贷前调查是企业申请贷款的一个重要步骤，调查的数据要求全面、真实、具体，确保企业的

贷款用途、合法合规性、行业及企业经营管理情况、财务状况和担保情况符合银行贷款业务的要求；确保个人贷款申请内容和相关情况的真实性、准确性、完整性。

贷款人受理借款人贷款申请后，应履行尽职调查职责，信贷业务调查人员采取现场或非现场的方式调查。

1. 个人贷款调查

个人贷款调查应以实地调查为主，间接调查为辅，采取现场核实、电话查问以及信息咨询等途径和方法。贷款人在不损害借款人合法权益和风险可控的前提下，可将贷款调查中的部分特定事项审慎委托第三方代为办理，但必须严格要求第三方的资质条件。贷款人不得将贷款调查的全部事项委托第三方完成。

贷款人应建立并严格执行贷款面谈面签居访制度。通过电子银行渠道发放低风险质押贷款的，贷款人至少应当采取有效措施确定借款人真实身份。

贷款调查包括但不限于以下内容：

（1）借款人基本情况；

（2）借款人收入情况；

（3）借款用途；

（4）借款人还款来源、还款能力及还款方式；

（5）保证人担保意愿、担保能力或抵（质）押物价值及变现能力。

 案例透析4.3

分析张扬的犯罪之路

张扬，原任 A 市 K 县某支行行长。其主要工作：一是负责营销；二是协同支行的客户经理来共同完成信贷业务前期调查工作。

一天，张扬遇见了一个久违的老同学，一起晚餐时了解到这位老同学在经营牲畜养殖场，年销售额可达 400 万元。该同学提出了一个请求：他的养殖场有一笔尾款尚未收结，希望能借助张扬的银行关系为自己贷款 300 万元以解燃眉之急，6 个月后便可归还。张扬听后虽然知道自己银行的公司贷款业务尚未完全开办，但碍于情面还是满口答应。

回来后，张扬考虑到自己的这位同学心思缜密，上学时，和自己关系亲密，不会骗自己。于是，他决定用本行现有的小额贷款集中使用的形式，为其贷出本笔款项。他安排手下人员为其摸底调查，通过自身关系找到 60 个人向其表明需要帮忙贷款的意愿，并承诺该贷款没有风险。这些人出于对银行和张扬的信任，同意了帮忙贷款的请求，并愿意根据他设计的话术回答任何问题。

随后，张扬通知支行信贷经理，陪同他完成了"基本调查"，以及从贷前调查到审贷会审批通过的流程。张扬顺利为同学贷款 300 万元。

6 个月后，张扬要求该同学还款，可他却以各种理由拖延，之后再打电话则是无法接通。张扬感觉大事不妙，通过后期调查了解到，该同学早已欠下巨额外债，养殖场已濒临倒闭，并且早已逃走。最终张扬因涉嫌挪用资金罪被起诉。

启发思考：

分析张扬为什么会走上犯罪道路？

2. 公司贷款调查

银行对公司贷款调查的内容很多，主要有以下几项：

（1）企业的基本资料，包括企业管理者情况、股东情况、历史背景、发展情况等。

（2）企业的行业情况，包括国家宏观政策、行业发展状况、行业特点、企业在该行业中的地位等。

（3）企业的经营情况，包括企业的采购、生产、销售及合法经营情况。

（4）企业的管理情况，包括企业文化、管理者素质、员工素质、管理方式等。

（5）企业的财务情况，包括企业财务报表以及对账单等相关财务数据及佐证信息。

（6）企业的需求情况，包括企业资金需求的目的、还款来源等。

（7）企业的信用状况，包括企业的交易记录以及企业在人民银行等相关信用记录。

（8）企业的担保情况，包括对房产或其他抵（质）押物或担保方的调查。

对于公司信贷业务调查，必要时可聘请外部专家或委托专业机构开展特定的信贷调查工作。

3. 财务数据分析

详见第三节。

4. 撰写调查评价报告

（1）调查人按照规定的格式与内容撰写调查评价报告，为审批人员决策提供可靠依据。

（2）调查人同意后，整理授信材料并于当日报送授信审批部门，同时在信贷管理系统中录入授信申请资料信息、调查意见和授信方案。调查人不同意的，将授信资料退回授信申请人。

案例透析4.4

北郊香料厂挪用信用证打包贷款

北郊香料厂于2010年开始建设，该公司注册资本金132万元。2016年以前该企业生产经营状况良好，所生产的天然香料油在省内有一定的知名度，曾经是当地香料油的出口骨干企业，因企业产品外销良好而被商务部授予自营进出口业务经营权，经营业绩在几年内均保持良好记录。

根据借款人提供的2020年年末财务报表反映：企业总资产935万元，总负债892万元，流动资产811万元，流动负债793万元，资产负债率95.4%，流动比1.02，速动比0.77。

北郊香料厂于2020年8月在C银行开立结算账户，结算往来一直正常，此前曾两次办理打包贷款，能够正常还本付息，与C银行建立了正常的业务合作关系。此间企业经营良好，所生产的香料油出口一直呈上升态势，并于2020年6月被外经贸部批准为自营进出口企业。

2021年2月3日，北郊香料厂第三次向C银行申请150万元信用证打包贷款，期限两个月，用途为购买出口原料。北郊香料厂向C银行提出借款申请后，国际业务部门的业务人员按操作程序，对相关的信用证开立银行做了调查。开证行是香港（中国）汇丰银行，有着较高的信誉度和支付能力。信用证贸易背景真实可靠，所列条款清晰无误，没有发现软条款。根据以往业务惯例，贷款调查人只根据国际业务部门的信用证调查情况撰写了调查报告，未对借款人其他的债务情况做进一步调查，对不履行信用证的后果估计不足，没有提出相应的抵（质）押担保要求，也未提出风险控制措施，只是按格式化的贷款调查报告内容填写了调查报告，最终结论是："此笔贷款符合总行、分行信用证打包贷款规定，借款人具有较高的银行信誉，同意贷款。"

2021年3月12日，经办行发放了该笔贷款。当时北郊香料厂申请借款的用途是出口产品的原料采购，还款来源为出口结汇收入。该笔贷款是用香港汇丰银行开具的即期信用证做质押，借款人未提供其他资产抵押或保证担保。

北郊香料厂在获取贷款后未执行信用证条款，没有将贷款用于出口产品所需原料采购，也没有生产信用证规定的出口产品，而是将贷款挪作他用，致使信用证到期后未能按期交单并一再延期进而作废，没有实现预期的出口销售。而C银行信贷部门与国际业务部门工作脱节，没有按信用证打包贷款的要求进行严格的封闭操作，没有进行贷后检查，没有监督企业的资金使用，导致贷款发放后就处于失控状态，最终还款来源落空。

启发思考：

分析造成案例中所提到的这笔贷款逾期的主要原因。

（四）贷款审查与审批

1. 贷款审查

贷款审查人应对贷款调查内容的合法性、合理性、准确性进行全面审查，重点关注调查人的尽职情况和借款人的偿还能力、诚信状况、担保情况、抵（质）押比率、风险程度等。贷款风险评价应以分析借款人现金收入为基础，采取定量和定性分析方法，全面、动态地进行贷款审查和风险评估。贷款人应建立和完善借款人信用记录和评价体系。

案例透析 4.5

某房地产开发商一次性向广东发展银行某分行上报客户按揭贷款申请10笔，从申请资料上看，这10个客户的工作单位各不相同，打电话核实也没有发现问题。但该行查询个人征信系统时发现，这10位借款人所在工作单位都是该开发商。经再次核实，证明这是开发商为了融资而虚报的一批假按揭。该行果断拒绝了这批贷款申请。

启发思考：总结如何做一名合格的贷款审查人？

2. 贷款审批

贷款审查人根据调查人的报告对贷款人的资格进行审查和评定，复测贷款风险度，提出意见，按规定权限审批或报上级审批。

（五）贷款签约与发放

1. 合同签订

对贷款进行审批后，贷款人应与借款人签订书面借款合同，需担保的，还应同时签订担保合同。贷款人应要求借款人当面签订借款合同及其他相关文件，签署合同后授信即生效。

2. 贷款发放

贷款人应按照借款合同约定，通过贷款人受托支付或借款人自主支付的方式对贷款资金的支付进行管理与控制。

（1）贷款人受托支付是指贷款人根据借款人的提款申请和支付委托，将贷款资金支付给符合合同约定用途的借款人交易对象。

（2）借款人自主支付是指贷款人根据借款人的提款申请将贷款资金直接发放至借款人账户，并由借款人自主支付给符合合同约定用途的借款人交易对象。

敲黑板

采用贷款人受托支付的，贷款人应要求借款人在使用贷款时提出支付申请，并授权贷款人按合同约定方式支付贷款资金。贷款人应在贷款资金发放前审核借款人相关交易资料和凭证是否符合合同约定条件，支付后做好有关细节的认定记录。贷款人受托支付完成后，应详细记录资金流向，归集保存相关凭证。采用借款人自主支付的，贷款人应与借款人在借款合同中事先约定，要求借款人定期报告或告知贷款人贷款资金支付情况。贷款人应当通过账户分析、凭证查验或现场调查等方式，核查贷款支付是否符合约定用途。

案例透析 4.6

某银行网点柜员办理×××万元贷款业务时，发现提款审核表上借款人发出提款通知日期与提款通知书上填写的日期不一致，便下发查询。网点收到查询，经核实情况属实后，与信贷部门沟通，信贷部门重新提供借款人发出提款通知日期与提款通知书上填写日期一致的提款审核表，并追加影像。因这笔业务借款金额较大，最终被风险监控中心确认为风险事件。

启发思考：分析以上案例为什么最终被风险监控中心确认为风险事件？

（六）贷后管理

在贷款发放后，银行应定期对客户的基本情况进行检查、跟踪，发现风险隐患。

1. 银行对个人的贷后管理内容

个人贷款支付后，贷款人应对贷款资金使用、借款人的信用及担保情况变化等进行跟踪检查和监控分析，确保贷款资产安全。

（1）贷款人应区分个人贷款的品种、对象、金额等，确定贷款检查的相应方式、内容和频度。

（2）贷款人应定期跟踪分析评估借款人履行借款合同约定内容的情况，并作为与借款人后续合作的信用评价基础。

（3）贷款人内部审计等部门应对贷款检查职能部门的工作质量进行抽查和评价。

2. 银行对企业的贷后管理环节

（1）授信检查。

一般来说，授信检查的种类包括首次检查、全面检查和重点检查三种。

①首次检查。贷款发放后15日内，客户经理要进行首次检查，重点检查贷款的使用是否符合合同的约定用途。

②全面检查。除了首次检查外，每个月或每个季度还要进行全面检查。主要检查客户的基本情况，包括客户行业状况、经营状况、内部管理状况、财务状况、融资能力和还款能力等方面的变化情况、信贷业务风险变化情况和授信担保的变化情况。

③重点检查。授信后一旦发现客户出现新的或实际已经影响贷款偿还的重大风险事项，从发现之日起2日内银行要进行重点检查。

上述每种检查后，最终都要形成授信检查报告。

（2）授信检查后处置。

①风险预警。根据授信检查的情况，判断授信总体风险状况，提出和上报预警。

②问题处理。信贷人员根据授信后检查情况、风险预警情况，制定相应的风险防范措施。

（3）授信资产质量分类。

按规定，贷款发放后，商业银行的授信经营管理人员要按照规定的标准、方法、程序对授信资产质量进行全面、及时和准确的评价，并将信贷资产按风险程度划分为不同的档次。

（七）贷款回收与处置

一般来说，贷款到期前一段时间，银行会通知客户做好还款手续；到期前几天，银行会检查其账户资金是否落实，避免由于客户自身资金问题导致还款出现逾期，影响其在人民银行的资信状况。贷款到期日，企业或个人归还本息。

1. 贷款收回

（1）个人贷款的收回。

贷款人应当按照法律法规规定和借款合同的约定，对借款人未按合同承诺提供真实、完整信息和未按合同约定用途使用、支付贷款等行为追究违约责任。经贷款人同意，个人贷款可以展期。1年以内（含）的个人贷款，展期期限累计不得超过原贷款期限；1年以上的个人贷款，展期期限累计与原贷款期限相加，不得超过该贷款品种规定的最长贷款期限。贷款人应按照借款合同约定，收回贷款本息。对于未按照借款合同约定偿还的贷款，贷款人应采取措施进行清收，或者协议重组。

（2）企业贷款的收回。

短期授信到期前一周，中长期授信到期前一个月，授信人员要发送到期贷款通知书；到期收回贷款后，要进行会计账务处理，登记贷款卡，退还抵押物权利凭证，登记信贷台账。对于到期未能收回的信贷业务，要按照规定加紧催收；对于问题信贷和不良贷款，要采取相应的措施，积极进行处置。

授信到期前，如果不是因为借款人本身的原因，客户可申请授信展期。一般情况下，一笔授信只能展期一次。允许展期的条件如下：

①国家调整价格、税率或贷款利率等因素影响借款人经济效益，造成其现金流量明显减少，还款能力下降，不能按期归还贷款的；

②因不可抗力影响偿还；

③受国家宏观经济政策影响，银行本应按借款合同发放贷款未到位影响借款人正常生产经营；

④借款人生产经营正常，原贷款期限过短。

2. 档案管理

为提高信贷业务管理水平，切实保障债权人的权益，商业银行要加强信贷业务档案管理。信贷业务档案主要内容包括营业执照（复印件）、贷款调查报告、借款申请书及贷款审批书、借款合同、结算户和专用基金户存款余额登记簿、贷款发放回收余额登记簿、主要经济指标、财务活动登记簿、自有资金增减变化表等。

第二节　商业银行实地调研

实地调研是指由调研人员亲自深入客户现场搜集第一手资料（简称一手资料）的过程。当市场调研人员得到足够的第二手资料（简称二手资料）时，就必须收集原始资料。

二手资料收集过程迅速而简单，成本低，用时少，范围广，可是不一定适用，有时候二手资料中包含一些错误和偏差，也有可能是过时数据，甚至可能包含一些分析者的感情因素，或故意隐瞒一些真实数据。所以需要调研人员实地调研。实地调研能收集到较真实可靠的一手资料，可信度较高。

敲黑板

一手资料是指自己亲手收集的资料，比如获得的实物资料，或亲自进行的调查研究资料，但不包括从别人的文字材料中获取的信息。二手资料是指用间接或直接的方式从其他人那里获取的资料，比如参考其他人的文献、节目之类而获利的资料。

一、实地调研的重要性

古语云："纸上得来终觉浅，绝知此事要躬行。"

实地调研主要包括对客户进行实地考察（面访）获得的信息和印象，通过实地访问，调研人员可以了解到客户管理层的构成，弄清董事会成员及各部门主管的姓名、履历乃至工作风格，了解"客户的客户"的情况，了解客户所处的竞争环境、客户对产品开发和营销的计划，还可以借参观厂区的机会，观察员工的精神面貌，厂区的规划布置、生产的秩序效率等，这种直接观察所得的结论对信用决策的作用非常大，只有实地访问才能做到。

二、实地调研的原则

实地调研应该遵循三个原则：客观性原则、谨慎性原则、重要性原则。

1. 客观性原则

客观性原则是指对于客户提供的信息或者调研人员的个人判断，都必须提供合法、合规、合理的书面依据。

2. 谨慎性原则

谨慎性原则是指调研人员不能片面听取客户的口头介绍和承诺，对现场调研的细节问题应仔细关注，对异常问题要反复甄别，对没有确切依据的数据要保守计算。

3. 重要性原则

重要性原则是指受调研时间的限制，对于一般性的问题可采取抽样的方式进行调研，对于异常以及重点的问题应该全面核实，取得充分的依据。

三、财务因素分析和非财务因素分析

实地调研的最大好处就是调研人员能够在行为现场观察并且思考，在调研时最重要的是进行财务分析和非财务分析。

财务因素分析和非财务因素分析犹如西医的体检和中医的望、闻、问、切，既相互独立、相互区别、自成一体，又相互联系、互相补益，缺一不可；二者你中有我，我中有你，相互印证，相互补充，不能绝对割裂。

（一）财务因素分析

财务因素分析主要是根据借款人提供的财务报表，揭示其财务状况、现金流特征、偿债能力和未来发展趋势，为做出正确的信贷决策提供依据，侧重于定量分析。

优点是简单直观，精确度高，可以通过数学公式、模型进行复核、验证。缺点是对客户提供的资料要求高，如果收集的资料不全或不真实，财务因素分析可能严重失真。

1. 财务报表基本状况及规范性分析

（1）通过客户提供的资料以及与客户的沟通，了解客户的注册资本及出资人情况、业务经营范围及主营业务情况、是否存在关联方关系及关联交易、有无对外大额担保、有无未决诉讼情况。

（2）通过对财务报表数据的观察，了解企业资产负债的总额和结构，收入总额和来源，净利润以及现金流量等，从而对客户基本财务状况做出总体判断。

（3）核对财务数据的表面规范性和逻辑关系，并对财务报表中反映的一些主要科目进行简单分析。

2. 会计报表分析

财务分析是依据企业提供的财务报表来完成的。企业的会计报表主要包括资产负债表、利润表、现金流量表、各种附表（如利润分配表、股东权益增减变动表等）及附注说明，其中前三张报表为金融机构进行财务分析的必须报表，是财务分析的基础。如图 4.2 所示。

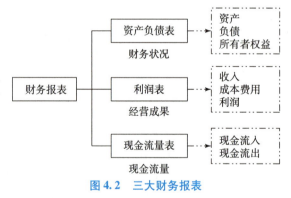

图 4.2　三大财务报表

（1）资产负债表。

资产负债表是记录企业资产、负债以及净资产各种数据的重要报表。资产负债表能展示企业的财务状况，对客户的偿债能力、资本结构是否合理、流动资金的充足性等。它像一部照相机，是企业一个时点上全部家底的影像。

（2）利润表。

利润表又称损益表，是反映企业一定期间内生产经营成果的会计报表。利润表记载企业在一定时期内收入、成本费用和非经营性的损益，它能够反映企业的盈利能力、盈利状况、经营效率，对企业在行业中的竞争地位、持续发展能力做出判断。企业盈利能力越强越好，简单地说，从此表中可看出企业产生的净利润（或净亏损）是如何产生的。

利润表遵循的会计等式为：

$$利润 = 收入 - 成本费用$$

（3）现金流量表。

现金流量表也叫账务状况变动表，它反映企业在一定会计期间内（通常是每月或每季）现金和非现金等价物流入和流出的数量，它是企业的血液，贯穿企业经营的全过程，体现了企业资产的流动性。

通过分析现金流量表可以了解和评价一段时间内企业的资金来源和运用的变化情况，并据以预测企业未来的现金流量。

现金流量表遵循的会计等式为：

$$现金净流量 = 现金流入 - 现金流出$$

（4）附注。

会计信息的充分披露只靠数字是远远不够的，必须配合附注的文字补充才是一份完整的财务报表。

附注是对文字附加的解释和说明。报表附注就是对报表数字附加的解释和说明，报表是主，附注是次，看附注就要先看报表，对报表有疑问了，需要掌握更多的信息，再看附注，所以结合报表看附注是基本流程。

视野拓展 4.1

附注的内容包括企业基本情况、财务报表的编制基础、遵循企业会计准则的申明、重要会计政策与会计估计、会计政策与会计估计变更及差错更正的说明、报表重要项目的说明、其他需要说明的重要事项、分部信息、关联方关系及交易等。

通过结合附注的内容分析财务报表，财务信息使用者可以清晰地知晓企业的历史情况，明白企业财务报表各个科目编制遵循的会计准则，了解财务报表数字背后所隐藏的真实情况及信息提供者对这些重大事项的解读，结合附注了解财务报表，可以更全面地了解企业的信息。

3. 财务报表之间的关系

销售收入、利润和现金流三足鼎立，支撑起公司的生存发展，据此可以判断经营的基本面，财务报表的各个组成部分相互联系，一环扣一环，每一环都从不同的角度说明企业的财务状况、经营成果和现金流量情况，如图 4.3 所示。

图 4.3　财务报表之间的关系

注：①净利润通过利润分配形成留存收益和应付利润，分别进入资产负债表的权益和负债；

②现金净流量反映资产负债表中货币资金的变化情况；

③净利润经过现金性和非现金性相关调整，得出经营性现金净流量。

敲黑板

因为财务报表的格式有限，科目有限，所以本身不可能把一切细节都写得非常清楚，企业的经营细节都在附注里面，就像一个考生平时都考 700 分，一次考试发挥不好，考了 200 分，你不看附注就不知道他这次为什么考了 200 分，只是知道了这个 200 分的结果。

附注会详细说明存货的构成、应收账款的账龄、长期投资对象、借款的期限等，这些数据背后的东西，能够暴露企业的本质。例如：现金流量表中"支付其他与经营活动有关的现金"本年数为 1 100 万元，附注中该项目金额为 1 000 万元；现金流量表补充资料中固定资产折旧本期 300 万元，与固定资产注释中当期计提折旧额 310 万元存在差异，等等。

（1）看整体财务报表能够体现企业增长性、盈利性、流动性是否平衡。增长性是指收入规模的增长，反映了企业在市场上的竞争力，盈利性体现了企业存在的价值，流动性是指营运资产的周转率、现金流状况，代表了企业的管理水平。单纯的销售额增长是不顾一切地疯狂，单纯地追求利润会透支未来，不考核现金流会导致只有账面利润。只有名义利润没现金流，就如同没米下锅（几天等不到米运来就会饿死）。

（2）透过敏感会计具体科目可以判断企业潜在的风险。阅读会计科目无须面面俱到，看几个关键数据就能对一个企业的基本情况做出判断。譬如，看利润表就看公司赚不赚钱（净利润）与产品的盈利能力（销售毛利率）。看现金流量表就看公司赚的钱能否收回来（经营活动现金净流量）。看资产负债表就看公司的偿债能力，有无债务风险（资产负债率、流动比率、速动比率）。

如果会计报表没有水分，上述方法是没有问题的。但如果会计报表作假了，就要有所鉴别。要判断会计报表有无水分，需要重点关注的科目如表4.1所示。对会计科目的判断可作为第一层面整体结论的验证与补充。看会计报表时，把两个层面结合起来。

4. 财务报表的风险点分析

财务报表的风险点分析就是会计报表需要重点关注的科目，如表4.1所示。

表4.1　会计报表需要重点关注的科目

财务报表	关注科目	风险点提示
资产负债表	应收账款	侧重分析账龄结构是否合理，尤其要了解一年以上账龄的应收账款的占比是否合理及大额应收账款中有无明显不符合常规的情况，有无虚增的可能；超长期应收账款金额不菲，说明公司客户信用管理不过关，或者产品交付有瑕疵
	存货	存货侧重分析组成情况，要注意识别未结转的成本形成的虚假库存；要关注存货减值，包括原材料减值与产成品减值
	其他应收款和其他应付款	侧重分析真实性，尤其关注是否存在利用两个科目进行股东变相抽逃出资或企业间融资行为。要注意识别挂账的费用；如果大股东从公司借款较多，说明公司公私不分，没有严格的内控
	无形资产	侧重关注组成情况、入账金额的合理性；无形资产（不含土地使用权）比重高的企业往往是美化报表给金融机构和潜在投资人看。特别要提防别有用心的研发费用资本化。研发费用资本化会减少当期费用，虚增资产
	其他资产	正常经营的企业，其他资产几乎不会出现。需要警惕其他资产，譬如被法院冻结的银行存款
利润表	销售费用	销售费用占比畸高，说明企业销售渠道不畅，客户认可度不高，市场还没有打开，属于硬推出货
	管理费用	管理费用占比高，说明企业的内部运营效率差。管理费用偏高的企业往往内部运作效率低，形式主义盛行
	营业外支出	营业外支出低，可能是管理不善，营业外支出偏高，说明公司管理出了问题（企业做捐赠除外）
	资产减值	资金周转不畅、管理不善，导致资产减值，资产减值偏高，说明公司管理出了问题

续表

财务报表	关注科目	风险点提示
现金流量表	提供商品、劳务收到的现金	要提防美化现金流量表的现象，如找关系户，做采购合同，打预付款，使经营活动现金净流增加（明年再把合同取消，预付款退回）
	吸收投资和借款收到的现金	经营活动产生的现金流为负，说明企业靠借钱维持需要，财务状况可能恶化；不好的投资就会亏钱，所以对投资产生的现金流要具体分析投向；跨行业、规模太大的投资，风险比较大；各种借款，要结合人民银行征信体系和财务报表附注查证反映是否真实；长期投资，要侧重关注其真实性及组成情况；融资活动产生的现金流为负，会使企业陷入进退两难的境地。特别注意的是：对于出具了保留意见和否定意见的审计报告，要重点关注揭示的情况及原因

（二）非财务因素分析（见本书第十章）

由于财务因素分析受外在环境以及其自身局限性的影响，单纯依靠财务因素分析具有一定的缺陷。

自然人不能提供规范的会计信息，无法及时、全面、准确了解其收入、家庭财产、对外经济往来等财务情况，只能主要依靠对非财务信息情况的分析，判断其还款可能性；即使借款人为法人客户，所提供的会计信息不完全、不真实的现象也比较普遍，仅依靠客户提供的会计报表得出的财务分析结论，很难准确判断其还款能力，必须借助非财务分析来弥补财务分析的缺陷。

微课堂　调研报告

非财务因素分析主要是对借款人的宏观经济因素、行业风险、经营风险、管理风险等方面进行分析。由于市场经济环境的复杂性，企业经营中不确定因素的增加，使商业银行在对企业风险分析的过程中，非财务因素分析显得尤为重要。非财务风险可以很好地解释财务指标产生的背景、未来的趋势，有助于信贷人员建立全面风险管理理念，提高信贷分析决策能力，完善信贷风险预警体系，及时发现潜在风险。非财务因素分析以定性分析为主要手段。

其优点是对借款人提供的资料依赖性不强，分析人员可以从多方面搜集、了解相关信息。

其缺点是对分析人员的经验和素质要求较高，需要分析人员对客户情况有全面、准确的了解，而且不像定量分析可以校验，对同一企业，不同的人员分析可能会得出不同的结论。

敲黑板

商业银行在实地调研时通常需要考察现场，比如考察以下几点：

①看门卫；②看环境；③看卫生；④看房子；⑤看电表、水表；⑥看晚上开工情况；⑦看仓库存货结构以及货车进出情况；⑧看标语、专栏和文娱设施，判断企业文化建设情况；⑨看设备工艺，污水、烟尘排放情况；⑩看业主谈吐气质。

通过现场考察，掌握以上经营现场的地理位置、面积、权属、价值。

通过观察经营场所现状、人员、办公设施、机器设备、原辅材料配备等细节，初步判断企业实际生产经营规模是否与财务报表反映的数据相匹配。

通过与客户交谈，感知企业和个人的经济实力和企业的持续经营能力。

第三节　贷款合同的签订和担保

签订贷款合同（又叫借款合同）是贷款发放的一个主要环节，它是对签约双方产生法律约束力的标志。

一、贷款合同

（一）贷款合同的定义

贷款合同是贷款人将一定数量的货币交付给借款人按约定的用途使用，借款人到期还本付息的协议，是一种经济合同。

贷款合同有自己的特征，合同标的是货币，贷款方一般是银行或其他金融组织，贷款利息由银行规定，当事人不能随意商定。当事人双方依法就贷款合同的主要条款进行协商，达成协议。由借款方提出申请，经贷款方审查认可后，即可签订贷款合同。

（二）贷款合同应具备的主要条款

1. 贷款标的

贷款合同的标的必须是货币。专业银行和其他金融机构贷给法人的货币是以信用凭证体现的，一般不支付现金；给个体户和农民的贷款应是人民币。

2. 贷款种类

贷款以用途分类来确定该贷款属于何种贷款，如基本建设贷款、农业贷款、企事业流动资金贷款等。贷款种类不同，利率也不同。

3. 贷款金额

贷款金额是贷款合同的标的数额，它是根据借款方的申请，经银行核准的贷款数额。借款方需增加借款金额的，必须另行办理申请和核准手续，签订新的贷款合同。

4. 贷款用途

必须明确规定贷款的用途，并应符合国家批准下达的贷款计划文件的规定。贷款必须按规定的用途专款专用，银行对贷款的使用有权监督。

5. 贷款期限

贷款合同应根据贷款的性质、种类确定贷款发放日期。贷款到期，借款方应如数还本付息。我国贷款的期限分中短期贷款和长期贷款两种。各项贷款的还款期限，应根据贷款用途的实际情况，按贷款类型协商议定，严格履行。

🖊 案例透析4.7

A 贸易公司存在的风险

2020年1月5日，A贸易公司向某银行申请流动资金贷款500万元人民币，用于购买化工材料，贷款期限6个月，由J公司提供担保，贷款合同约定"担保责任一直到贷款本息还清为止"。贷款出账后，A贸易公司并未将款项用于购买化工材料，而是用在位于S市的房地产项目上，不料恰遇国家宏观政策调控，房地产市场低迷，再加上项目本身资金缺口大，时建时停，该房地产项目长时间不能产生效益。贷款到期后，A贸易公司无力按时归还本息。

2022年7月，该笔贷款逾期时间已经超过两年，逾期后，A贸易公司从未还过拖欠的贷款本息，期间贷款银行也未采取有效措施收贷，因此，使得贷款的诉讼时效中断。后某银行多次派人上门催收，与借款人和担保人协商还款事宜，但由于A贸易公司管理混乱，经营状况每况愈下，不仅房地产项目无法产生效益，资产闲置、毁损严重，而且其他业务也长期亏损，导致资不抵债，处于事实破产状况，无力还款。担保单位 J 公司有一定财产而且仍在经营，但 J 公司在当地是有名的欠贷欠息大户，对该笔贷款的担保责任，找出种种理由推脱，拒绝签收银行催收通知书。在反复催收无效的情况下，某银行拟起诉 A 贸易公司和 J 公司。

启发思考：分析此案例存在什么样的风险？为什么？

6. 贷款利率

贷款利率必须在贷款合同中规定。

7. 还款

贷款到期时，借款方应将本息全数还清，确因客观原因到期不能归还，借款方应提出申请，经贷款方同意可以延期。但借款方没有正当理由或者经申请延期未获准而逾期不还的，借款方要承担违约责任。贷款方有权依法向借款方了解借款使用情况及经营管理、财务活动、物资库存等情况，监督贷款的使用，在贷款到期后，有权采取必要措施，收回贷款及利息。

8. 违约责任

在贷款合同中规定的违约责任，是借款方和贷款方严格按照合同规定履行各自义务的必要保证，必须明确规定。

9. 保证条件

贷款合同的保证，主要采取物资保证的原则，由借款方提供生产经营或建设范围内一定的适用适销的物资、商品或其他资产作担保。借款方不能提供物资保证时，经贷款方同意，也可采取保证人保证的方式。

10. 争议的解决方式

贷款合同当事人双方发生合同争议时，若双方在合同中约定了仲裁条款或事后达成书面仲裁协议，可向各级工商行政管理部门经济合同仲裁委员会申请仲裁；当事人没有在合同中订立仲裁条款，事后又没有达成书面仲裁协议的，可向人民法院起诉。

11. 双方当事人约定的其他条款

 案例透析 4.8

C 公司的担保责任

2020 年 9 月，借款人 B 公司与 A 银行签订了贷款合同，向 A 银行贷款 600 万元，贷款用途为购买原材料；贷款期限自 2020 年 10 月 23 日至 2022 年 10 月 21 日；贷款利息为月息 6.825%，按日计息，按月结息，利随本清。担保人 C 公司为该笔贷款提供连带责任保证。

合同签订后，A 银行依约向 B 公司发放了贷款，并且在 B 公司在其处开设的银行账户上将该资金进行了划转。借款人的每一笔款项的单据上都加盖了 C 公司法定代表人的名章，该名章与 C 公司在 A 银行印鉴卡片上预留的印鉴相同。

但是 B 公司没有按照约定归还贷款利息，担保人亦没有按照约定承担担保责任，2022 年 6月，A 银行将借款人以及担保人诉至某区人民法院，要求 B 公司偿还贷款本金及相关利息，担保人承担连带保证责任。

但是担保人 C 公司认为，该笔贷款的实际用途是 B 公司的下属企业 D 公司用于房地产开发建设，其贷款用途已经改变；而对于贷款用途的改变，A 银行与 B 公司是知道的，A 银行与 B 公司的恶意串通导致其做出了错误判断，从而加大了其承担担保责任的风险，因此，其与 A 银行签订的保证合同无效，不应承担担保责任。

启发思考：分析 A 银行在该过程中是否有过错？

二、授信合同

目前，商业银行的授信业务合同多采用格式合同。格式合同又称标准合同或制式合同，是指当事人一方预先拟定合同条款，对方只能表示全部同意或者不同意的合同。授信合同（以下简称合同）通常由商业银行将合同文本框架列出，在单笔授信时只需要按照具体条件进行填空并划掉不适用项目即可。一些特殊情况，包括但不限于重大客户提供了格式合同或者根据授信业务的具体情况需要另行编写制定合同的，不采用格式合同。

微课堂　LPR（贷款市场报价利率）

授信合同必须严格按照规定填写或编写，逐级审核，经有权签字人或授权签字人签署后才能生效。通常授信合同由主合同（贷款合同）和从合同（担保合同）组成。主、从合同必须相互衔接。

（一）授信合同的填写要求

授信合同填写工作通常由商业银行法规部门或市场部门的经办人员完成，填写时需注意以下几点：

（1）授信合同必须采用黑色签字笔或钢笔书写或打印，内容填制必须完整，正、副文本的内容必须一致，不得涂改。

（2）授信合同的授信业务种类、币种、金额、期限、利率或费率、还款方式和担保合同应与授信业务审批的内容一致。

（3）需要填写空白栏，且空白栏后有备选项的，在横线上填好选定的内容后，应对未选的内容加横线表示删除；合同条款有空白栏，但根据实际情况不准备填写内容的，应加盖"此栏空白"字样的印章。

（4）授信合同文本应该使用统一的格式合同，对单笔授信有特殊要求的，可以在合同中的其他约定事项中约定。

（二）授信合同的审核

授信合同填写完毕后，填写人员应及时将合同文本交给复核人员进行复核。一笔授信的合同填写人与合同复核人不得为同一人。

复核人员应就复核中发现的问题及时与合同填写人员沟通，并建立复核记录。商业银行通常要求合同填写人与复核人在合同每页下角签章，表明对合同内容负责。

（三）授信合同的签订

授信合同填写并复核无误后，授信人应负责与借款人（包括共同借款人）、担保人（抵押人、出质人、保证人）签订合同。签订合同时需注意以下问题：

1. 履行充分告知义务

在签订有关合同文本前，应履行充分告知义务，告知借款人（包括共同借款人）、保证人等合同签约方关于合同内容、权利义务、还款方式以及还款过程中应当注意的问题等。

2. 鉴证签章

商业银行市场部或法务部人员，须当场监督借款人、保证人、抵押人、质押人等签章。借款人、保证人为自然人的，应在当面核实身份证明文件之后由签约人当场签字；如果签约人委托他人代替签字，签字人必须出具委托人委托其签字并经公证的委托授权书。对借款人、保证人为法人的，签字人应为其法定代表人或授权委托人，授权委托人也必须提供经公证处公证的有效书面授权委托书。签章后，商业银行应核对预留印鉴，确保签订的合同真实、有效。商业银行鉴证签字人应为两人或以上，鉴证签字后，在合同签字处加盖鉴证人名章或签字。对采取抵押或质押等担保方式的，应要求抵押物或质押物共有人在相关合同文本上签字。

3. 有权签字人审查

借款人、担保人等签字或盖章后，商业银行应将有关合同文本、授信调查审批表和合同文本复核记录等材料送交银行有权签字人审查，有权签字人审查通过后在合同上签字或加盖按个人签字笔迹制作的个人名章，之后按照用印管理规定负责加盖商业银行授信合同专用章。

4. 合同公证

商业银行可根据实际情况决定是否办理合同公证。

5. 合同编号管理

商业银行合同管理部门对授信合同进行统一编号，并按照合同编号的顺序依次登记在授信合同登记簿上，合同管理部门应将统一编制的授信合同号填入授信业务合同和担保合同中；主、从合同的编号必须相互衔接。

三、担保合同

微课堂　抵押品价值评估

以两个或者多个合同相互间的主从关系为标准，可将合同分为主合同与从合同。所谓主合同，是指不需要其他合同的存在即可独立存在的合同，这种合同具有独立性。从合同又称附属合同，是以其他合同的存在为其存在前提的合同。商业银行授信业务中，贷款合同为主合同。抵押合同、质押合同、保证合同等相对于贷款合同即为从合同。从合同的存在是以主合同的存在为前提的，故主合同的成立与效力直接影响到从合同的成立与效力。但是从合同的成立与效力不影响主合同的成立与效力。

（一）抵押合同

微课堂　融资性担保公司

抵押合同的主要内容包括：抵押人及授信人的全称、住所、法定代表人；被担保的主债权种类、金额；主合同借款人履行债务的期限；抵押物的名称、数量、质量、状况、所在地、所有权权属或者使用权权属；抵押担保的范围；抵押物的登记与保险；双方的权利和义务；违约责任；合同的生效、变更、解除和终止；当事人认为需要约定的其他事项。

（二）质押合同

质押合同的主要内容包括：质押人及授信人的全称、住所、法定代表人；被担保的主债权种类、金额；主合同借款人履行债务的期限；质物的名称、数量、质量、状况；质押担保的范围；质物移交的时间；当事人认为需要约定的其他事项。

（三）保证合同

保证合同的主要内容包括：保证人及授信人的全称、住所、法定代表人；被保证的主债权种类及数额；主合同借款人履行债务的期限；保证方式；保证范围；保证期间；双方的权利和义务；违约责任；合同的生效、变更、解除和终止；双方认为需要约定的其他事项。

四、授信担保

授信担保是保障银行债权得以实现的法律措施，它为银行提供了一个可以影响或控制风险的潜在来源。在授信申请人丧失或部分丧失债务偿还能力后，充分且可靠的担保措施可以降低授信风险，减少银行的资产损失，从而确保银行经营秩序正常而有效地运行。

（一）授信担保的定义

担保是专门的法律概念，是指债的担保，也称为债权担保或债务担保。它是指督促债务人履行债务，保障债权人的债权得以实现的法律措施。从债权方面说，是为了确保债权的实现；从债务方面看，是为了督促债务人履行债务。授信担保是指为提高授信业务的质量，降低银行资金或信誉的损失，银行在授信时要求对方提供担保，以保障授信合同项下权利实现和义务履行的法律行为。银行与被授信人及其他第三人签订担保协议后，当被授信人财务状况恶化、违反授信合同或无法履行授信合同中规定的义务时，银行可以通过执行担保来实现既定的权利。对于资金授信业务而言，担保为银行提供了一个可以影响或控制的潜在的还款来源；对于非资金授信业务而言，担保为银行提供了一个可以使权利得以实现的安全保障。

（二）担保的特征

担保具有以下特征：

1. 从属性

担保的从属性，是指担保从属于所担保的债务所依存的主合同，即主债依存的合同。担保的设立一般是通过约定完成的，设立担保的合同称为担保合同，担保合同与所担保的债务所在的合同之间的关系是主从关系。即担保以主合同的存在为前提，因主合同的变更而变更，因主合同的消灭而消灭，因主合同的无效而无效。当然，这种从属性并不排除担保为将来存在的主债而设立，我国担保中的最高额保证、最高额抵押就是为将来存在的主债而设立的担保。但这并不能否认担保的从属性。

2. 补充性

担保的补充性，是指担保一经成立，就在主债关系基础上补充了某种权利义务关系。由于这种补充性的存在，大大增加了债务人履行债务的压力，增强了债权人权利实现的可能性。当然，在主债消灭的情况下，补充的义务并不需要实际履行。因此，担保合同与其他合同不同，其所规定的权利义务并不一定要实现。

3. 保障性

担保的保障性，是指担保是用以保障债务的履行和债权的实现。这是担保制度设立的目的决定的。

（三）担保的分类

1. 人的担保和财产担保

从理论上，依据标的划分，担保可分为人的担保和财产担保两大类。

（1）人的担保。

人的担保也称信用担保，是由债务人以外的第三人的信用作保证，担保债务人履行债务。债务人不履行债务时，由担保人以其一般财产清偿。这种担保方式实质上是把履行债务的主体及其财产范围，由债务人扩张至第三人，在债务人的全部财产之外，又附加上其他第三人的全部财产，以增加债权人受偿的机会。

人的担保的最典型的形态是保证，即由债务人以外的第三人作保证人，在债务人不履行债务时，保证人承担履行责任或连带责任。人的担保是基于人身信任而发生的，赋予债权人的债权性的财产请求权。

（2）财产担保。

财产担保是指债务人或者第三人以其自身的特定财产作为债务履行的保障。如债务人不履行债务，债权人可以通过处分用于担保的财产而优先得到清偿。财产担保实质上就是担保物权，主要有以下几种：一是法定担保和约定担保。这是根据设定方式不同划分的。法定担保是直接由法律规定的担保。如加工承揽关系中的留置权。留置的担保方式是根据法律规定直接产生的，不能由当事人自行约定。约定担保是由当事人自行约定的担保，即根据当事人的意志自主决定是否设立担保以及设立何种担保。例如抵押权、质权。二是占有性担保和非占有性担保。这是根据设定担保时是否转移担保物的占有状态划分的。占有性担保要求转移担保物的占有状态，以强化担保效果，如质押、留置。主要有动产或权利担保。在债权人占有担保物的情况下，本身就表明其公示性，即动产或权力以占有为公示，故称为不登记担保。非占有性担保不转移物的占有，仅以获得债权的优先受偿权为满足，如抵押。主要有动产、不动产担保。由于不转移标的物的占有并且其标的为不动产或动产，因而不经登记无法起到公示作用，故称为登记担保。

2. 授信担保方式的选择

授信担保方式主要有保证、抵押和质押三种。这些担保方式可以单独使用，也可以结合使用。同一担保方式的担保人（保证人、抵押人、出质人）可以是一人，也可以是数人。一笔贷款有两个以上保证人的，贷款行一般不主动划分各保证人的保证份额。如果保证人要求划分保证份额，双方可以在保证合同中约定。一笔贷款有两个以上抵押人或出质人的，贷款行一般不主动划分他们所担保的债权份额。如果抵押人或出质人要求划分其担保的债权份额的，双方可以在抵押合同或质押合同中约定。贷款行认为使用一种担保方式不足以防范和分散贷款风险的，可以选择两种以上的担保方式。一笔贷款设定两种以上担保方式时，各担保方式可以分别担保全部债权，也可以划分各自担保的债权范围。

选择保证保险作为贷款债权担保的，除应符合《中华人民共和国保险法》的有关规定外，还须符合下列要求：

（1）保险责任条款的约定应与贷款合同中借款人的义务一致。

（2）保险标的的保险价值应包括贷款本金、利息、违约金和损害赔偿金。

（3）保险人对约定的保险责任承担无条件赔偿责任。

微课堂　商业银行贷款分类

综合练习题

一、概念识记

1. 授信担保

2. 贷款合同

3. 保证贷款

4. 抵押贷款

5. 质押贷款

二、单选题

1. 受理客户信贷业务申请属于（　　）部门的职责。

A. 信贷业务部门　　　B. 信贷管理部门　　　C. 会计部门　　　D. 稽核部门

2. 短期贷款的期限为（　　）。

A. 一年以内（不含一年）　　　　　B. 一年以内（含一年）

C. 两年以内（不含两年）　　　　　D. 两年以内（含两年）

3. 按照贷款保障程度划分贷款种类时，风险最大的一类贷款是（　　）。

A. 信用贷款　　　　B. 担保贷款　　　　C. 抵押贷款　　　　D. 房地产贷款

4. 质押贷款与抵押贷款的不同点主要在于（　　）。

A. 是否进行实物的交付　　　　　B. 手续的繁简

C. 利率的高低　　　　　　　　　D. 风险的大小

5. 商业银行各级机构应建立由行长或副行长（经理、主任）和有关部门负责人参加的（　　），负责贷款的审查。

A. 贷款管理部　　　B. 贷款审查委员会　　　C. 贷款审查部　　　D. 贷款检查部

6. 银行和李某签订贷款合同，约定由张某做担保人，保证合同规定，李某不偿还贷款时，由张某承担保证责任。本案中保证的方式属于（　　）。

A. 一般保证　　　　　B. 连带保证　　　　　C. 任意保证　　　　　D. 未设立保证

7. 以下不属于担保合同的是（　　　）。

A. 抵押合同　　　　　B. 质押合同　　　　　C. 保证合同　　　　　D. 贷款合同

8. （　　　）不属于申请个人贷款的有效证件。

A. 身份证　　　　　　B. 军官证　　　　　　C. 港澳台居民还乡证　D. 记者证

9. （　　　）不属于个人贷款的特点。

A. 高风险性　　　　　B. 高收益性　　　　　C. 周期性　　　　　　D. 利率敏感性

10. 提高贷款流动性错误的是（　　　）。

A. 合理确定贷款的期限　　　　　　　　　B. 合理确定贷款的额度

C. 正确选择贷款的投向　　　　　　　　　D. 优化贷款的期限结构

三、多选题

1. 财务调研主要指对（　　　）的分析。

A. 资产负债表　　　B. 利润表　　　　　C. 现金表　　　　　D. 财务表

2. 商业银行贷款按保障条件可以分为（　　　）。

A. 信用贷款　　　　B. 担保贷款　　　　C. 抵押贷款　　　　D. 票据贴现

E. 流动资金贷款

3. 影响并决定商业银行贷款规模的因素主要有（　　　）。

A. 贷款的投向　　　　　　　　　　　　B. 中央银行货币政策的松紧

C. 贷款需求量　　　　　　　　　　　　D. 贷款期限

E. 贷款可供量

4. 银行在确定抵押率时，应当考虑的因素有（　　　）。

A. 贷款风险　　　　B. 借款人信誉　　　C. 抵押物的品种　　D. 贷款期限

E. 抵押物的变现能力

5. 银行在发放抵押贷款时，对于抵押物的选择必须遵循（　　　）原则。

A 合法性原则　　　B. 易售性原则　　　C. 稳定性原则　　　D. 易测性原则

6. 按照贷款的保障程度，银行贷款分为（　　　）。

A. 抵押贷款　　　　B. 质押贷款　　　　C. 保证贷款　　　　D. 信用贷款

7. （　　　）可以通过三道防线发现问题贷款。

A. 信贷员　　　　　B. 贷款发放　　　　C. 贷款复核　　　　D. 外部检查

8. 企业申请贷款的原因有（　　　）。

A. 销售增长　　　　B. 营业周期减慢　　C. 购买固定资产　　D. 其他资金支出

9. 银行对借款企业要求的贷款担保包括（　　　）。

A. 抵押　　　　　　B. 质押　　　　　　C. 保证　　　　　　D. 附属合同

10. 影响企业未来还款能力的因素主要有（　　　）。

A. 财务状况　　　　B. 现金流量　　　　C. 信用支持　　　　D. 非财务因素

四、判断题

1. 担保贷款是指以信用作为还款保证的贷款。　　　　　　　　　　　　　　（　　）

2. 信用贷款是指银行完全凭借客户的信誉而无须提供抵押物或第三者保证而发放的贷款。银行一般只向银行熟悉的较大的公司借款人提供贷款，对借款人的条件要求较高，因此只需收取较低的利息。　　　　　　　　　　　　　　　　　　　　　　　　　　　　　（　　）

3. 借款人的信用越好，贷款风险越小，贷款价格也应越低。　　　　　　　　（　　）

4. 抵押是指债务人或者第三人不转移抵押财产的占有，将该财产作为债权的担保。银行以抵押方式作担保而发放的贷款，就是抵押贷款。　　　　　　　　　　　　　　　　（　　）

5. 在质押方式下，受质押人在债务全部清偿以前拥有债务人用作抵押财产的权利，但受质押人没有出卖该财产的权利。　　　　　　　　　　　　　（　　）

6. 担保贷款虽然手续复杂，但其贷款成本并不大。　　　　　　　　（　　）

7. 贷款的风险越大，贷款成本就越高，贷款的价格也就越高。　　　（　　）

8. 质押贷款的质押方式只能以借款人动产（或权利）作为质物。　　（　　）

9. 银行贷款绝对不可以提前收回。　　　　　　　　　　　　　　　（　　）

10. 商业银行对自然人不得发放信用贷款。　　　　　　　　　　　　（　　）

五、简答题

1. 借款合同是什么？借款合同的内容有哪些？

2. 贷款流程有哪些？

六、应用题

A 公司属于 A 集团，是 H 市一家知名的外商独资企业，由于开业后经营形势较好，加上据称拥有雄厚的外资背景，深受 H 市地方政府和金融机构的追捧。在众多竞争者当中，D 银行经过调查，了解到 A 集团在台湾、香港、深圳、漯河、太仓、张家港等地都注册有公司，公司经营范围包括进出口贸易、制药、化纤、纺织等领域，经营规模均较大，都是当地比较知名的外商投资企业，确认 A 公司实力雄厚；而且，根据 A 公司的财务报告，对其进行财务因素分析和现金流量分析，结果非常理想。2021 年年底，D 银行决定与 A 公司建立紧密合作关系，向 A 公司贷款 700 万元，以 A 公司房地产加设备作抵押。由于 A 集团和 A 公司实际上主要是中国台湾地区 X 氏的家族公司，公司生产、销售、经营管理、财务等活动均高度依赖 X 氏夫妇，其他人员对公司决策根本产生不了影响。2022 年 8 月，X 氏因涉嫌犯罪被刑事拘押，后来其妻 XC 氏也被收审。结果 A 集团在中国大陆投资的所有企业几乎在一夜之间完全陷于停顿。

启发思考：D 银行的失误在什么地方？

第五章

商业银行资产业务（二）
——商业银行证券投资业务

知识目标：了解商业银行证券投资的功能；熟悉证券投资品种；掌握证券投资的风险及其防范；了解影响证券价格的因素；掌握证券投资收益率的计算方法；掌握证券投资主要策略的优缺点；能对银行证券投资组合效果进行比较。

素质目标：学做独立思考、遵纪守法的理性投资人，从证券交易中领悟自然规律、人生哲理，不随波逐流，不被情绪控制，不被贪婪欲望禁锢，抓住时政大势，从而找到证券投资机会，回归价值投资。

情境导入

我国商业银行债券状况

2019 年我国债券市场共发行各类债券 45.3 万元，各家商业银行债券投资的品种大体一致，但是在品种结构上却不尽相同，如表 5.1 所示。他们会受到银行规模、管理及经营风格的影响。其中工商银行、中信银行投资最多的为中央银行债券与金融债券（占比分别为 57.6% 和 47%），中国银行投资最多的为政府债券；兴业银行投资最多的为其他债券。

表 5.1　2019 年我国商业银行债券状况　　　　　　　　　　　　　　%

银行	工商银行	中信银行	中国银行	兴业银行
政府债券	23.5	21.7	47.9	24.6
中央银行债券与金融债券	57.6	47.0	28.3	27.2
其他债券	18.9	31.3	23.8	48.2

这说明国有银行比较热衷于风险较小的债券，而股份制银行却更多地投资于收益较大的债券。

商业银行盈利的业务有放贷、投资和中间业务三大部分。其中证券投资是商业银行除贷款业务之外最主要的内容，目前西方银行的证券投资占其总资产业务的 5%～20% 不等。就商业银行实现的利润、资金的运用、流转资金及经济发展等方面来说，它起着至关重要的影响。

第一节　商业银行债券投资业务概述

银行证券投资是指商业银行将没有放贷目的的资金用于购买有价证券以确保收益的行为。这些证券可以随时在市场上买卖，充当商业银行的二级准备金。银行证券投资在每个国家都有不同程度的各种限制，其目的是保证存款人的资金安全。

我国商业银行证券投资业务，根据分业管理的规定，主要是指购买国库券和按国家规定购买金融债券的业务。

教学互动 5.1

问：为什么要对商业银行证券投资业务作出限制？

答：允许商业银行投资信托投资公司后，信托投资公司可以向企业投资，这样将增加投资渠道，容易扩大基本建设规模，如果商业银行用自有资本投资非银行金融机构，将影响商业银行向工商企业发放贷款等基本业务，不利于经济的发展；商业银行投资非银行金融机构特别是投资证券公司，从事股票、房地产业务，将增加银行业务的风险，不利于存款人的利益。

一、商业银行证券投资的功能

证券投资之所以能够发展到品种繁多、业务类型多样，且占到很大的市场份额，都与其投资的功能有着不可分割的关系。

（一）分散银行经营风险

降低风险的一个基本做法是实行资产分散化。证券投资为银行资产分散化提供了一种选择，而且其风险比贷款风险小，形式比较灵活，可以根据需要在市场上随时买卖，有利于资金运用。

稳健投资者普遍选择国债作为证券配置，因为信用风险低到可以忽略。

（二）收益高于银行存款

在我国，证券的利率高于银行存款的利率。投资于证券，投资者一方面可以获得稳定的、高于银行存款的利息收入；另一方面可以利用证券价格的变动，买卖证券，赚取价差。

（三）保持银行资金流动性

商业银行现金资产无利息收入，为保持流动性而持有过多的现金资产会增加银行的机会成本，降低盈利性。变现能力很强的债券投资是商业银行理想的高流动性资产，特别是短期债券，既可以随时变现，又能够获得一定收益，是银行流动性管理中不可或缺的二级准备金。

（四）合理避税

商业银行投资的债券多数集中在国债和地方政府债券上，政府债券往往具有税收优惠，银行可以利用债券组合投资达到合理避税的目的，增加银行的收益。除此之外，债券投资的某些债券可以作为向中央银行借款的抵押品，同时债券投资还是银行管理资产利率敏感性和期限结构的重要手段。

（五）逆经济周期的调节手段

经济高涨时期，可以发放贷款，风险较低；经济衰退时，可以投资证券，获取收益。总之，银行从事证券投资是兼顾资产流动性、盈利性和安全性三者统一的有效手段。

教学互动 5.2

问：贷款收益一般高于证券，为什么商业银行投资还要投资证券业务？在什么情况下商业银行才能做此业务?

答:商业银行为保证利润要满足贷款的需求,但是还要满足以下三方面的需要:①法定准备金需要;②确保银行流动性的需要;③满足属于银行市场份额的贷款需要。所以商业银行在满足贷款需要后,应将剩余资金投入证券业务。

二、证券投资品种

广义的证券分为证据证券、凭证证券和有价证券,狭义的证券指有价证券,包括钞票、邮票、印花税票、股票、债券、国库券、商业本票、承兑汇票、银行定期存单,等等,通常说的证券更狭义,是特指《证券法》所规范的有价证券,即债券和股票,其他可以"炒"的比如权证不是证券,是金融衍生品。

(一)债券

1. 债券的含义

债券是政府、企业、银行等债务人为筹集资金,按照法定程序发行并向债权人承诺于指定日期还本付息的有价证券。债券发行者与购买者的关系如图5.1所示。

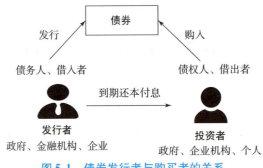

图 5.1 债券发行者与购买者的关系

2. 债券的种类

债券的种类可根据发行主体、担保情况、付息方式、募集方式、债券形态等多种因素划分,但主要还是根据发行主体的信用程度分为利率债和信用债两种,如表5.2所示。

表 5.2 债券的种类

种类	利率债	信用债
发行	国家或同等级信用机构	城投公司、商业银行等
信用	信用背书	无信用背书
风险	极低、不易违约	较高、可能违约
收益	主要随市场利率波动,包括长短期利率、通胀率、宏观经济运行情况、流通中的货币量等	利率波动性与信用风险显著正相关;价格高于利率债,高出部分就是信用利差
代表	国债、地方政府债、央行票据、政策性银行债	企业债、公司债、短融等

教学互动5.3

问:什么叫背书?

答:背书原指在票据背面书写签字,作为转让票据权利的手续,后引申为担保、保证的意思。若发行人不履行偿还义务,则背书者必须承担偿付责任。

一般来讲，经济形势不好时，出于对信用债违约可能性的担忧，市场资金对利率债配置的需求会增加；相反，经济形势好时，市场资金对收益率相对较高的信用债配置需求会增加。当然，如果作为一个投资组合，还取决于当时的持仓比例、风险偏好、资金成本等其他因素。

利率债有国家做担保，一般认为不存在信用风险，而信用债会存在信用风险。

（二）股票

1. 股票的含义

股票是股份公司为筹集资金而发行给各个股东作为持股凭证并借以取得股息和红利的一种有价证券。股票发行者与购买者的关系如图5.2所示。

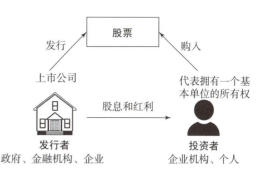

图5.2　股票发行者与购买者的关系

2. 股票的种类

（1）股票常用的分类。

股票常用的分类如图5.3所示。

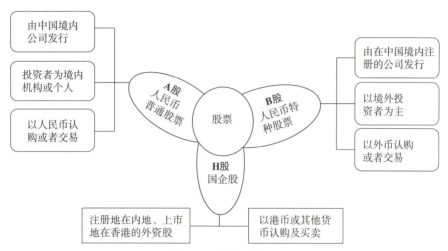

图5.3　股票常用的分类

（2）股票以流通股本分类。

①大盘股。20亿股以上（占据市场比重大，如"两桶油"）；

②中盘股。5亿~20亿股；

③小盘股。5亿股以下（容易被机构、大户投入资金炒作）。

（3）股票的其他分类。

①蓝筹股。股本规模大，红利优厚，公司业绩优良，收益稳定。

②题材股。即炒作题材的股票，如生产经营预期、政策影响、资产重组、优厚分红高送转等。

敲黑板

股票是股份公司发行的证明股东在公司中投资入股并能据此获得股息的所有权证书，它表明投资者拥有公司一定份额的资产和权利。由于工商企业股票的风险比较大，因而大多数西方国家在法律上都禁止商业银行投资工商企业股票，只有德国、奥地利、瑞士等少数国家允许。但是随着政府管制的放松和商业银行业务综合化的发展，股票作为商业银行的投资对象已成为必然的趋势。

三、债券的收益

（一）债券的收益构成

债券的收益由利息收益和资本利得两部分组成。

例如：某公司发行期限 2 年，利率 7% 的债券。一年后市场行情好，投资者以 1.04 万元的价格转让出去。这时候投资者就获得了两部分收益。第一部分是在过去一年中持有债券获得的 7% 利息收益 700 元，第二部分是投资者在转让给别人时获得的 4% 的差价收益 400 元。

1. 利息收益

利息收益是指通过持有债券从而获得利息的收入。

2. 资本利得

债券和股票一样，可以通过交易从价格波动中赚取收益。在债券未到期时，若交易价格猛涨，卖出还可以赚差价。资本利得的影响因素如图 5.4 所示。

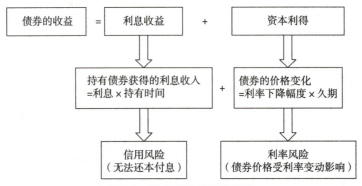

图 5.4　资本利得的影响因素

（二）影响债券价格的因素

债券价格不是一成不变的，债券价格受很多因素的影响，主要有四个方面：

1. 待偿期

债券的待偿期越短，随着越来越接近兑付日期，债券价格会逐渐向票面价值趋同。

2. 票面利率

债券的票面利率越高，到期的收益就越大，所以债券的售价也就越高。票面利率越低，债券售价越低。

> **敲黑板**
>
> 久期表示债券或债券组合的平均还款期限，它是每次支付现金所用时间的加权平均值，权重为每次支付的现金流的现值占现金流现值总和的比率。

3. 市场利率

当市场利率下降时，票面利率较高的债券更受投资者青睐，债券价格也会随之上升，发生溢价。当市场利率调高时，债券价格随之下降。例如，当市场利率由 5% 下降至 3% 时，这时债券利率 5% 相较于市场利率 3% 就很有吸引力。在其他因素不变的情况下，会有更多的投资者想要购入这只债券，导致供不应求，推动债券价格上升。

4. 企业的资信程度

发债者资信程度高，其债券的风险就小，因而其价格就高。而发债者资信程度低，其债券价格就低。所以国债的价格一般要高于金融债券，而金融债券的价格一般又高于企业债券。

第二节 商业银行证券投资分析

证券投资的收益与风险同在，明确风险与收益之间的关系，主要是为了处理好二者的关系。

一、证券风险

有收益就有风险。收益是风险的补偿，风险是收益的代价。对于证券投资而言，主要是以获取利息为主，还可以根据市场行情的高低，相机买卖，以赚取市场价差。证券市场越成熟，证券发行公司的经营管理和经营效益状况对证券价格的影响及对投资者的收益影响就越大。对于票息收益和资本利得收益来说，分别对应两大基础风险：利率风险和信用风险。

（一）利率风险

利率风险指市场利率变化给银行债券投资带来损失的可能性，投资者会在到期前买入卖出。而利率的变动会给债券价格带来变动的风险。

敲黑板

按照我国《商业银行法》第 43 条规定："商业银行在中华人民共和国境内不得从事信托投资和证券经营业务，不得向非自用不动产投资或者向非银行金融机构和企业投资，但国家另有规定的除外。"按照规定，我国商业银行的证券投资仅限于信用可靠，安全性、流动性强的政府债券（如国库券）和金融债券，禁止从事企业债券和股票投资。不得从事信托投资；不得从事证券经营业务。

1. 市场价格与市场利率反方向变动造成变现风险

市场利率上升使债券价格下跌，距离到期日越远，这种关系越显著。当银行因各种需要而在未到期前出售证券时，由于缺乏需求，银行只能以较低价格出售债券，从而降低证券投资收益率。针对变现风险，商业银行应尽量选择交易活跃的债券，如国债等，以便于得到其他人的认同；同时信用评级低的债券最好不要购买。在投资债券之前也应准备一定的现金以备不时之需，毕竟债券的中途转让不会给债券持有人带来好的回报。

一般在市场不景气、交易量萎缩，而银行又因流动性需要，急需大量现金时，就会出现这种状况。

2. 利率变化会引起再投资风险

例如：长期债券利率为14%，短期债券利率为13%，为减少利率风险而购买短期债券。但在短期债券到期收回现金时，如果利率降低到10%，就不容易找到高于10%的投资机会，还不如当时投资于长期债券，仍可以获得14%的收益，所以再投资风险也是一个利率风险问题。

对于再投资风险，应采取的防范措施是分散债券的期限，长短期配合，如果利率上升，短期投资可迅速找到高收益投资机会；若利率下降，长期债券则能保持高收益。也就是说，要分散投资，以分散风险，并使一些风险能够相互抵消。

（二）信用风险

信用风险也称违约风险，是指债务人到期不能偿还本息的可能性。由于银行投资主要集中在政府债券上，这类债券多以财政税收作为偿付本息的保障，故违约风险不高。银行债券投资中还有一部分是公司债券和外国债券，这部分债券存在着真实违约的可能性。在市场经济发达的国家里，银行在进行投资分析时，除了直接了解和调查债务人的信用状况外，更多的是依据社会上权威信用评级机构对债券所进行的评级分类，并以此为标准对债券进行选择和投资决策。美国四大评级公司的债券评级标准及划分依据如表

微课堂 国际三大评级机构

5.3 所示。

表5.3　美国四大评级公司的债券评级标准及划分依据

穆迪	标准普尔	费奇	金融世界	评级标准
投资等级				
Aaa	AAA	AAA	A＋	质量最高，风险最小
Aa	AA	AA	A	质量高，财务状况比上面略弱
A	A	A		财务能力较强，易受经济条件变化的影响
Baa	BBB	BBB	B＋	中间等级，当期财务状况较强，缺乏优异的投资特征
投机等级				评级标准
Ba	BB	BB	B	具有投机特征，当期尚能支付利息，但未来不确定
B	B	B	C＋	较高投机性，对本利的偿还不确定
Caa－	CCC	CCC	C…D＋	高度投机，违约可能性很大
Ca	CC	DDD	D	已经违约

例如：2019年，债券市场共发生负面事件682件，涉及存续债券5 416只，其中，已实质违约265只；涉及存续债券余额4.73万亿元，其中，已实质违约债券余额2 331亿元。

 敲黑板

全球三大著名评级公司：标准普尔公司、穆迪投资者服务公司、惠誉投资服务公司。10家权威机构：①加拿大债券评估服务公司；②多米尼债券评估公司（加）；③欧洲评级有限公司（英）；④资金融通评估公司（法）；⑤日本公社债研究所；⑥日本投资服务公司；⑦日本信用评级社；⑧澳大利亚评级公司；⑨高丽商业研究及信息公司（韩）；⑩信用咨询局（菲律宾）。

二、证券投资收益率

商业银行进行证券投资的最主要目的就是获得收益。证券投资收益的高低，主要通过证券投资收益率来反映，它是投资收益额与投资额的比率。证券投资的收益由两部分组成：一部分是利息收益，如债息、股息红利等；另一部分是资本利得，即证券市场价格变动所带来的收益。

债券的利息收益在债券发行时就已确定，除了保值贴补债券和浮动利率债券以外，债券的利息收入不会改变，投资者在购买债券前就可得知。债券投资的资本利得是指债券买入价与卖出价或买入价与到期偿还额之间的差额。同股票的资本利得一样，债券的资本利得可正可负，当卖出价或偿还额高于买入价时，资本利得为正，这就是资本收益；当卖出价或偿还额低于买入价时，资本利得为负，此时可称为资本损失。投资者可以在债券到期时将持有的债券兑现或是利用债券市场价格的变动低买高卖从中取得资本收益，当然，也有可能遭受资本损失。

证券投资收益的计算方法有两种：一是单利法，二是复利法。西方各国银行多采用复利计算法，我国银行则采用单利计算法。

（一）债券投资收益率的衡量指标

债券收益率的衡量指标有票面收益率、本期收益率、持有期收益率、到期收益率等，这些收益率分别反映了投资者在不同买卖价格和持有年限情况下的实际收益水平。

1. 票面收益率

票面收益率又称名义收益率或票息率，是指债券票面上注明或发行时规定的利率，即年利息收入与债券面额之比率。投资者如果将按面额发行的债券持有至期满，则所获得的投资收益率与票面收益率应该是一致的。

票面收益率只适用于投资者按票面金额买入债券持有直至期满并按票面金额偿还本金这种情况，它没有反映债券发行价格可能与票面金额不一致的情形，也没有考虑投资者中途卖出债券的可能性。

例如：一张面值100元的2014年国债，期限2年，票面利率为13%，到期利随本清。这样，债券的名义收益率就是13%。

由于债券的市场价格随着时间的推移会经常发生变化，受通货膨胀等因素的影响，其实际收益率往往与名义收益率有很大的差异，通常情况下是实际收益率低于名义收益率。

2. 本期收益率

本期收益率也称债券即期收益率、当前收益率、直接收益率，是指债券的年利息收入与买入债券的实际价格之比率。由于买入时间不同，债券的买入价格可以是发行价格，也可以是流通市场上的当期交易价格，它可能等于债券面额，也可能高于或低于债券面额。其计算公式为：

$$本期收益率 = （票面金额 × 票面利率/实际买入价格）× 100\%$$

例如：某债券面额为1 000元，票面利率为5%，投资者以950元的价格从市场购得，则投资者可获得的本期收益率为：（1 000 × 5%/950）× 100% = 5.26%。在本例中，投资者以低于债券面额的价格购得债券，所以其实际的收益率高于票面利率。（不考虑其他成本，以下同）

本期收益率反映了投资者的投资成本所赢得的实际利息收益率，这对那些每年从债券投资中获取一定现金利息收入的投资者来说很有意义。本期收益率也有不足之处，它是一个静态指标，和票面收益率一样，不能全面地反映投资者的实际收益，因为它忽略了资本损益，既没有计算投资者买入价格与持有债券期满按面额偿还本金之间的差额，也没有反映买入价格与到期前出售或赎回价格之间的差额。

教学互动5.4

问：一张1 000元面值的债券，票面利率为10%，年利息收入为100元，投资者买进的市场价格为1 050元。则本期收益率是多少？

答：

$$本期收益率 = 100/1 050 × 100\% = 9.52\%$$

3. 持有期收益率

持有期收益率是指买入债券后只持有一段时间，并在债券到期前将其出售而得到的收益率。它考虑到了持有债券期间的利息收入和资本损益。其计算公式为：

持有期收益率 = [（卖出价格 − 买入价格 + 持有期间的利息)/(买入价格 × 持有年限)] × 100%

例如：一张债券面额1 000元，期限为5年，票面利率为10%。以950元的发行价向社会公开发行，某投资者认购后持有至第3年年末以990元的价格卖出，问债券持有期的收益率是多少？

答：

持有期收益率

= （卖出价格 − 买入价格 + 持有期间的利息)/(买入价格 × 持有年限) × 100%

= [（990 − 950 + 1 000 × 10% × 3)/(950 × 3)] × 100% = 11.93%

持有期收益率比较允分地反映了实际收益率。但是，由于出售价格只有在投资者实际出售债券时才能确定，是一个事后衡量指标，在事前进行投资决策时只能主观预测出售价格，因此，这个指标在作为投资决策的参考时，具有很强的主观性。

教学互动5.5

问：某银行于1月1日认购了一张债券，价格为900元，面值为1000元，期限是5年，票面利率为5%。第3年年末该银行以960元的价格卖出，则该债券的持有期收益率是多少？

答：

持有期收益率 = [(960 - 900 + 1 000 × 5% × 3)/(900 × 3)] × 100% = 7.78%

微课堂　资本利得、
到期收益率、市盈率

4. 到期收益率

货币是具有时间价值的，假设我们认为其每年应产生5%的收益，那么100元钱一年后的价值应为105元，相应地，一年后的105元，在5%的贴现率下，现在的价值为100元。更简练的说法是，1年后的105元在5%的贴现率下现值为100元。即理解为这种情况下"真实的收益率是多少"。

理解了这一点，债券的到期收益率就很好懂了。债券的到期收益率即为使持有到期债券未来产生的所有现金流的现值之和等于其购买价格的这个贴现率。

例如：一张债券面值为1000元，票面利率为8%，年付息1次，还有3年到期，现价为861元。则据上述定义，有如下关系：

$$861 = 8/(1 + r) + 8/(1 + r)^2 + 8/(1 + r)^3 + 1\,000/(1 + r)^3$$

解出 $r = 6\%$，这就是到期收益率。

到期收益率是指银行在二级市场上买进二手债券后，一直持有到该债券期满时取得实际利息后的收益率。该指标是银行决定将债券在到期前卖掉还是一直持有至到期日的主要分析指标。其计算公式为：

到期收益率 = [(到期利息总额 + 债券面值 - 债券买入价)/买入价 × 持有年数] × 100%

例如：一张面值为1000元的债券，2015年1月1日发行，期限是5年，票面利率为10%，银行于发行后第二年2016年1月1日买入，买入价格为960元，则到期收益率为：

[(1 000 × 10% × 4 + 1 000 - 950)/960 × 4] × 100% = 11.72%

以上公式适用于单利计息债券的收益率计算，如果是采用复利计息的债券，通常要采用现值法。

（二）股票投资收益率的衡量指标

1. 股票收益的来源及影响因素

股票收益是指投资者从购入股票开始到出售股票为止的整个持有期间的收入，由股利和资本利得两方面组成。股票收益主要取决于股份公司的经营业绩和股票市场的价格变化，但与投资者的经验与技巧也有一定关系。

2. 股票收益率的计算

股票的收益率来源于股息或红利、市场买卖价差和股票增值三个方面。

实际收益以股息（或红利）和市场价差为主，股票增值来源于企业历年分配结余和伴随物价上涨使企业原有资产升值的部分。

（1）股票价格。

由于投资者身份不同，人们对银行利率影响投资价格的看法也不同。一般个人投资者往往用同期银行存款利率去评价股价的高低并决定是否投资。

如果经测算，银行存款所获利息可以高于或等于股票投资所获股息，那么，投资者选择银行存款，因为存款的偿还性和风险性大大低于股票。而银行进行证券投资则要看贷款利率，如果贷款利率大大高于证券投资，银行则可能放弃或减少证券投资的数量。

例如：已知银行现行1年期贷款利率为14%，某公司股票年红利水平为15%，则该股票价格为（15%×100）/14% = 107（元）。

如果银行利率（贷款利率）调整为16%，则该股票的价格为（15%×100）/16% = 93（元）。

如果银行利率（贷款利率）降低到11%，则该股票价格为（15%×100）/11% = 136（元）。如此时股票价格超过136元，则银行应放弃购买；如低于136元，则有利可图。

（2）市盈率。

市盈率是指某种股票市价与该种股票上年每股税后利润（红利）的比率。这是银行确定是否投资的一个重要参考指标。其计算公式为：

$$市盈率 = 股票每股市价/每股税后利润$$

股票市盈率是个倍数，其高低对投资者的影响不同。市盈率高，倍数大，意味着股票的实际收益较低，不适宜长期投资。但市盈率高，又反映了投资者对该股票投资的前景抱有信心，并愿意为此而付出更多的资金，意味着该股票的市场价格将呈进一步上涨趋势，短期投资可望获取较大收益。但市盈率过高，也意味着投资风险的进一步加大，以稳健经营为特征的银行不宜购买。

（3）收益率。

任何一项投资，投资者最为关心的就是收益率，收益率越高，获利越多，收益率越低，获利越少。投资者正是通过收益率的对比，来选择最有利的投资方式。银行从事证券投资的目的是保持银行经营的流动性和盈利性。因此，除了保留一部分信誉可靠的国债做长期投资外，银行也十分重视股票短期价格的涨落变化，力求通过机会和时间的选择，低买高卖，赚取投资差收益。

股票的收益率是指收益占投资的比例，一般以百分比表示。其计算公式为：

$$收益率 = [（股息 + 卖出价格 - 买进价格）/买进价格] × 100\%$$

例如：一位获得收入收益的投资者，花8 000元买进1 000股某公司股票，一年中分得股息800元（每股0.8元），则：

$$收益率 = [（800 + 0 - 0）/8 000] × 100\% = 10\%$$

一位获得资本利得的投资者，一年中经过多次买进卖出，买进共30 000元，卖出共45 000元，则：

$$收益率 = [（0 + 45 000 - 30 000）/30 000] × 100\% = 50\%$$

教学互动5.6

问：一位投资者是收入收益与资本利得兼得者，他花6 000元买进某公司股票1 000股，一年内分得股息400元（每股0.4元），一年后以每股8.5元卖出，共卖得8 500元。问：收益率是多少？

答：

$$收益率 = [（400 + 8 500 - 6 000）/6 000] × 100\% = 48\%$$

第三节　银行证券投资策略

因为证券的收益与风险是不断交替的，随着收益与风险的变化，银行需要不断地调整证券头寸，在调整过程中，应当坚持以下原则：在既定风险的条件下取得尽可能高的收益，或者在取得一定收益的情况下尽可能地少承担风险。

一、商业银行证券投资策略的含义

（一）商业银行证券投资策略的定义

商业银行从长期从事证券交易的实践中得出了一条经验，即投资分散可以避免或减少风险。"不要把所有的鸡蛋都放在一个篮子里"就是这一观念最著名的表述。

商业银行证券投资策略是指商业银行将投资资金在不同种类、不同期限的证券中进行分配，尽可能对风险和收益进行协调，使风险最小，收益率最高，从而获得有效证券组合，即对投资最有利的证券组合。也就是说，在证券投资总额一定的条件下，承担的总风险相同但预期收益较高的证券组合，或者是预期收益相同但组合的总风险度最低的证券组合。

（二）在进行多元化证券组合的过程中，银行必须考虑的三个因素

（1）证券组合中每一种证券的风险。各个证券的风险越小，组合的风险越小。

（2）证券组合中各种证券的比例。高风险证券所占比例越大，组合的总风险越大。

（3）证券组合中各种证券收益的相关度。如果各种证券完全正相关，证券组合不能减少风险；如果各种证券完全负相关，证券组合可以完全消除风险。

二、商业银行证券投资策略的种类

有效的证券投资管理对于追求自我经济效益的商业银行来说是非常重要的。商业银行证券投资策略的种类主要有分散投资法（策略）、期限分离法（策略）、灵活调整法（策略）和证券调换法（策略），如图5.5所示。

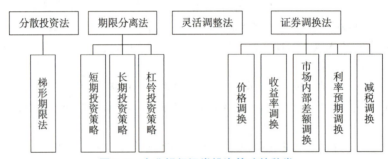

图5.5　商业银行证券投资策略的种类

（一）分散投资法

分散投资法（梯形期限法）是指商业银行不应把投资资金全部用来购买一种证券，而应当购买多种类型的证券，这样可以使商业银行持有的各种证券收益和风险相互抵消，从而使商业银行能够稳妥地获得中等程度的投资收益，不会出现大的风险。

分散投资法的分散主要有四种方法：期限分散法、地域分散法、类型分散法和发行者分散法。

敲黑板

> 某银行准备投资A、B、C三种证券。经测算，这三种证券的预期收益率分别是10%、8%和6%，三种证券占资产组合总价值的比率为20%、30%和50%。则该资产组合的预期收益率为：
>
> 0.2×10%＋0.3×8%＋0.5×6%＝7.4%

在这些分散法中，最重要的就是期限分散法。它是指在证券的期限上加以分散，将资金分别投入各种期限的证券上。因为证券的价格和利率之间有反向变化的关系，如果持有证券的期限集中，那么利率变动时，这种组合的风险防范能力就较低，从而使投资资金遭受损失。如果投资

资金在各种期限的证券上分散，那么，在利率变化时，各种证券的价格变化方向不一致，从而可以抵消价格的变化，使资金不至于遭受损失。

商业银行证券投资在期限上分散的主要方法是梯形期限法（即梯形投资策略），即根据银行资产组合中分布在证券上的资金量，把它们均匀地投资在不同期限的同质证券上，在由到期证券提供流动性的同时，可由占比重较高的长期证券带来较高收益率。由于该方法中的投资组合很像阶梯形状，故得此名。

例如：假设某银行资产组合中有 8 000 万元资金将用于证券投资。该银行如果选择梯形期限法，可将证券均匀地分布在期限为 1～8 年的政府证券上。在这种投资组合中，1 年期证券占总投资的 1/8，2 年期占 1/8，……8 年期占 1/8，每年将有 1 000 万元证券到期，到期的证券收入现金流再投资于 8 年期的证券上，连续地向前滚动，以此作为流动性准备或补充。如果银行现金资产正常，可将到期证券的资金投资于 8 年期政府证券，可以想象，通过不断地重复投资于最长期的政府证券，若干年后，银行可以在保持证券组合的实际偿还期结构不变的情况下获取更高的投资收益。分散投资法如图 5.6 所示。

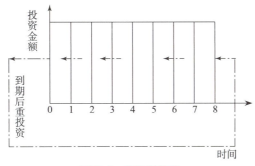

图 5.6 分散投资法

1. 优点

梯形期限法是中小银行在证券投资中较多采用的，其优点比较明显。

（1）简便易行，只需把投资资金平均投资到各种期限的证券上即可。

（2）银行不必预测市场利率的变化。

（3）可以保证银行获得各种证券的平均利润率。

2. 缺点

（1）缺少灵活性。当有利的投资机会出现时，银行往往难以做出反应，会错失机会。

（2）流动性不高。由于这种方法中的短期证券持有量较少，因此，当银行面临较高的流动性需求时，短期证券往往不能满足其需要，此时，如果银行没有其他资金来源，就不得不出售长期证券，但长期证券的流动性本来就不高，若想迅速出售换取流动资产，就会大幅度压低价格出售，使银行遭受损失。

（二）期限分离法

期限分离法和分散投资法正好相反。分散投资法是将全部资金平均分摊在从短期到长期的各种证券上，而期限分离法是将全部资金投放在一种期限的证券上，或短期，或长期。如果银行投资的证券价格大幅度上涨，银行会得到很高的收益；但如果银行投资的证券价格大幅度下降，银行将遭受巨大损失。由此可以看出，这种投资方法具有很大的风险，不能保证银行获取中等程度的收益。但银行一旦获利，收益也会很高。

期限分离法有三种不同的策略：短期投资策略、长期投资策略和杠铃投资策略。

1. 短期投资策略

在这种策略下，银行只持有短期证券，不持有长期证券。采用这种方法的目的是银行在面临高度流动性需求的情况下，且银行分析认为一段时期内短期利率将趋于下跌，银行就会把其绝大部分投资资金全部投放在短期证券上，几乎不购买其他期限的证券。例如，商业银行在进行证券投资决策时，可以决定将贷款和现金储备（无须动用的银行资金）100%投资于到期日为2年或2年以内的证券。这种方法强调将投资组合主要作为流动性来源而非收入来源。

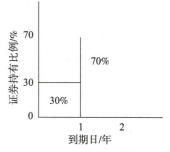

图 5.7　短期投资策略

短期投资策略（又称前置期限策略）旨在实现资产的高度流动性，同时也预期短期利率下降时获得较大溢价收益，图 5.7 所示为短期投资策略。

（1）这种策略的优点是可以加强银行的流动性头寸，并且如果利率上升，银行将证券持有至到期再出售，银行不会遭受资本损失，而变现所得又可以再投资于收益率上升的短期证券。一般在经济处于繁荣时期，市场上贷款需求量大，短期利率不断上升，为随时满足流动性需求而采取此策略较为合适。这种策略最安全，但是收益也较低。

（2）这种策略的缺点是当利率下降时，银行处于不利地位。这是因为利率下降时，到期证券变现所得资金再投资于新的短期证券只能获得较低的收益。

2. 长期投资策略

长期投资策略又称后置期限策略，与短期投资策略相反，长期投资策略是银行将全部投资资金投资于期限为 5 ～ 10 年的长期证券上，其内部各期限的具体资金分配视银行投资的偏好和需求而定。实行长期投资策略的银行可能主要依赖于贷款市场来满足其流动性需求，之所以选择长期投资策略，其目的在于获得更多盈利，并在长期利率相对稳定的条件下减少风险，这种策略强调将证券投资组合作为收入的来源。图 5.8 所示为长期投资策略。

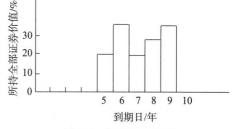

图 5.8　长期投资策略

（1）长期投资策略的主要优点是，如果利率下降，能使银行证券投资的潜在收入最大化。

（2）长期投资策略的主要缺点是，这种方法强调证券投资给银行创造较高收益，但很难满足银行额外的流动性需求，而且风险大，利率的变动可能给银行投资带来损失。因此，在此策略下，银行一般也应持有少量的短期证券。

3. 杠铃投资策略

杠铃投资策略综合了上述两种方法，将其全部投资资金主要分成两部分：一部分投放在短期证券上，一部分投放在长期证券上，而对中期证券则基本不投资。比如银行将50%的可用资金购买1～3年期的证券，另外50%的资金购买8～10年期的证券，不购买4～7年期的证券，如图5.9所示。图5.9的形状看起来很像一个杠铃，因此称为杠铃投资策略。

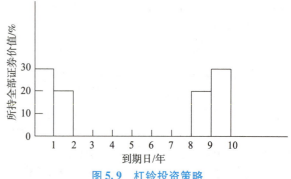

图 5.9　杠铃投资策略

1）这种策略的优点

杠铃投资策略与短期投资策略和长期投资策略相比，其优点主要在于能使银行证券投资达到流动性、灵活性、盈利性的较好结合，有助于用短期证券满足流动性需要，用长期证券达到盈利目标。

（1）银行可以根据市场利率的变动，对其投资进行调整。

①当市场利率上升时，长期证券市场价格下降，出售长期证券的资本利得减少，但到期的短期证券的变现收入可投资于利率上升的新资产。

②当市场利率下降时，出售长期证券资本利得增大，弥补了短期证券中投资收益率的降低。因此，这种投资组合收益率一般不低于在梯形期限法下的投资组合收益率。

③如果利率不变，由于杠铃投资策略中长期证券投资的期限比梯形期限法长，因此收益率也较高，但是杠铃投资策略中短期债券的收益率较低，两种策略总收益率的大小取决于收益率曲线的形状。

（2）它可以抵消利率波动对银行证券投资总收益的影响。

（3）短期投资比重比较大，可以更好地满足银行资金流动性需要。

2）这种策略的缺点

其交易成本要高于梯形期限法，因为每当短期证券到期或长期证券到达预定期限时，银行就要进入证券市场变现买卖，所以对银行证券转换能力、交易能力和投资能力的要求较高，对于达不到这些要求的银行来讲，这种方法可能并不适用。

（三）灵活调整法

灵活调整法是指针对分散投资法和期限分离法在投资中资金转换灵活度差的特点，实施的一种依情况变化而随机组合、灵活调整的方法。

灵活调整法又称利率预期法，它是所有证券投资策略中最具有进取性的策略，银行按照对利率和经济的当期预测，不断调整所持有证券期限。当预测长期利率将下降，长期证券的价格将上涨时，商业银行就把短期投资资金转移到长期证券上；当预测短期利率将下降，短期证券的价格将上升时，商业银行就把长期资金转移到短期证券上。

1. 优点和缺点

灵活调整法的主动性强、灵活度大，如果预测准确的话，其收益率可以达到很高的程度。但是，这种方法的风险性也相当大，银行对证券收益曲线的预测必须正确；如果发生错误，银行所遭受的损失将是十分惨重的。所以，对于一般的银行来说，如果没有太大的把握，是不会采取灵活调整法的，只有那些资本规模大、投资分析能力强的大银行，才会将其作为增加收入的方法。

2. 灵活调整法和杠铃投资策略的比较

从表面上看，灵活调整法与杠铃投资策略比较类似，实际上二者有很大的差别。在杠铃投资策略中，虽然投资资金也随着收益曲线的变化而进行调整，但调整过程仍以杠铃的另一端保持一定证券为前提，尽管数量可能不是很大。而灵活调整法更加主动，只要商业银行预测某种证券的价格会上升，就可以把全部资金转移到此种证券上，而不必考虑是否还要保留一定数量与之在期限上对称的证券。

（四）证券调换法

当市场处于暂时性不均衡而使不同证券产生相对收益方面的优势时，用相对劣势的证券调换相对优势的证券，可以套取无风险的收益。调整的主要方法有以下几种：

1. 价格调换

价格调换是指当银行发现市场上有一种证券与自己已持有的证券在票面收益率、期限、风险等级和其他方面都一样，只是市价比较低时，就会出售已持有的证券来换取这种证券，以赚取价格差异。

价格调换实质上就是套利行为，致力于收集非完全有效市场上所有证券的价格信息，一旦发现有价格高于或低于其真实价值的证券，就随即对组合构成进行调换。

微课堂 证券交易

2. 收益率调换

收益率调换是指银行发现市场上有一种证券与自己已持有的证券在期限、票面价值、到期收益率、风险等级等其他方面都一样，且该证券的票面收益率比较高时，就出售已持有的证券来调换票面收益率高的证券，以获取再投资的收益。

3. 市场内部差额调换

市场内部差额调换是指两种证券在期限、票面利率、风险等级等方面除了其中一项不同外，其他各项都一样，而这项不同将产生不同的价格或者收益，就可以将所持有的价格或者收益较差的证券调换较好的证券。当然，有时候仅仅出于流动性、风险的考虑，也需要将所持有的较差的证券更换成新的品种。

4. 利率预期调换

市场利率变化对各种不同证券的收益率的影响效果是不同的。利率预期调换是指根据对利率走势的预测，将因利率变化对收益率产生较差影响的证券，调换为产生较好影响的证券。

5. 减税调换

西方国家一般规定，证券交易的收益要缴纳一定所得税，缴纳方法一般是超额累进制，即收益每增加一等级，纳税等级就增加一级。例如，1 万元时所得税税率为 5%，5 万元时所得税税率为 7%，10 万元时所得税税率为 10%。如果证券持有者的资本收益超过某一限额，其必须多缴纳所得税，银行为了少缴税额，经常运用减税调换的方式。在资本收益达到或超过某一限额时，银行会将自己手中持有的价格下跌的证券在市场上出售，这样虽然会使其在资本上受到一定损失，但却使其资本收益保持在一定的限额之下，而适用较低的所得税税率，从而使其获得更多的净收益。

案例透析 5.1

某商业银行计划发行 1 000 万美元的大额存单，这笔资金将专用于证券投资。大额存单年利率为 8.2%，并必须对大额存款持有 3% 的法定存款准备金。现有两种可供银行投资选择的证券：一种是年收益率为 10% 的应税国债，另一种是年收益率为 8% 的免税市政债券，该银行所处边际税率等级为 34%。

启发思考：分析该银行应如何组合证券才能使投资收益最高？

综合练习题

一、概念识记

1. 证券投资
2. 投资收益率
3. 分散投资法
4. 期限分离法
5. 灵活调整法
6. 证券调换法

二、单选题

1. 某些证券由于难以交易而使银行遭受损失的可能性是（　　　）。

A. 通货膨胀风险　　　　B. 流动性风险　　　　C. 利率风险　　　　D. 信用风险

2. 银行证券投资的市场风险是（　　　）。

A. 市场利率变化给银行证券投资带来损失的可能性

B. 债务人到期无法偿还本金和利息而给银行造成损失的可能性

C. 银行被迫出售在市场上需求疲软的未到期证券，由于缺乏需求，银行只能以较低价格出售证券的可能性

D. 由于不可预期的物价波动，银行证券投资所得的本金和利息收入的购买力低于投资证券时所支付的资金的购买力，是银行遭受购买力损失的可能性

3. 因证券发行人到期不能或不愿意向证券投资者偿付证券本息而给投资者造成损失的可能性是（　　　）。

A. 经济波动的风险　　　B. 利率风险　　　　C. 信用风险　　　　D. 货币购买力风险

4. 梯形投资策略与杠铃投资策略相比，（　　　）。

A. 前者收益不低于后者　　　　　　　　B. 后者收益不低于前者

C. 前者成本高于后者　　　　　　　　　D. 后者成本高于前者

5. 一张面值为100元的债券，发行价格为80元，1年后兑现100元，其利息收入为20元，票面收益率为（　　　）。

A. 8%　　　　　　　B. 10%　　　　　　C. 20%　　　　　　D. 25%

6. 稳健型投资策略不包括（　　　）。

A. 杠铃投资策略　　　B. 分散投资策略　　C. 期限分离策略　　D. 灵活调整策略

7. 以下不属于期限分离法的策略是（　　　）。

A. 短期投资策略　　　　　　　　　　　B. 长期投资策略

C. 杠铃投资策略　　　　　　　　　　　D. 梯形投资策略

8. 区分投资组合中的证券是指投资管理者要区分证券投资组合中不同证券的（　　　）。

A. 流动性状态　　　B. 收益性状态　　　C. 风险性状态　　　D. A、B、C 都对

9. （　　　）不是证券投资与银行贷款的区别。

A. 银行贷款一般不能流通转让，而银行购买的长期证券可在证券市场上自由转让和买卖

B. 银行贷款是由借款人主动向银行提出申请，银行处于被动地位，而证券投资是银行的一种主动行为

C. 银行贷款往往要求借款人提供担保或抵押，而证券投资作为一种市场行为，不存在抵押或担保问题

D. 银行贷款没有风险，而证券投资有风险

10. 银行以95元的价格买进一张面值为100元，票面收益率为9%的证券。到期后，银行可以从发行者那里得到9元的利息，其实际收益率是（　　　）。

A. 5%　　　　　　　B. 9%　　　　　　　C. 14%　　　　　　D. 4.73%

三、多选题

1. 商业银行传统证券投资策略包括（　　　）。

A. 分散投资策略　　　B. 有效组合策略　　C. 梯形投资策略　　D. 杠铃投资策略

2. 下列属于我国商业银行在境内不得从事的业务有（　　　）。

A. 信托投资　　　　B. 股票业务　　　　C. 非自用不动产　　D. 自用不动产

3. 银行将资金投资于证券之前，要满足哪几方面的需要？（　　　）

A. 法定准备金需要　　　　　　　　　　B. 超额准备金需要

C. 银行流动性需要　　　　　　　　　　D. 属于银行市场份额的贷款需求

4. 银行证券投资的主要功能是（　　　）。

A. 保持流动性，获得收益　　　　　B. 分散风险，提高资产质量

C. 合理避税　　　　　　　　　　　D. 为银行提供新的资金来源

5. （　　）是我国商业银行主要的投资对象。

A. 企业（公司）股票　　　　　　　B. 重点建设证券

C. 国库券　　　　　　　　　　　　D. 金融证券

6. 证券投资与银行贷款的区别有（　　）。

A. 银行贷款一般不能流通转让，而银行购买的长期证券可在证券市场上自由转让和买卖

B. 银行贷款是由借款人主动向银行提出申请，银行处于被动地位，而证券投资是银行的一种主动行为

C. 银行贷款往往要求借款人提供担保或抵押，而证券投资作为一种市场行为，不存在抵押或担保问题

D. 银行贷款没有风险，而证券投资有风险

E. 贷款风险大，投资风险小

7. 梯形投资策略的特点有（　　）。

A. 要求资金均匀分布在一定期间内，就无须预测未来利率的波动

B. 收益也较高，当这种策略实施若干年后，每年银行到期的证券都是中长期证券，其收益率高于短期证券

C. 缺乏灵活性，这使银行可能失去一些新出现的有利的投资机会

D. 证券变现所能提供的流动性有限

E. 可以获得平均收益

8. 杠铃投资策略的优点有（　　）。

A. 能使银行证券投资达到流动性、灵活性和盈利性的高效组合

B. 可以抵消利率波动对银行证券投资总收益的影响

C. 其短期投资比重比较大，可以更好地满足银行资金流动性需要

D. 对银行证券转换能力、交易能力和投资经营能力的要求较高

E. 可以获得平均收益

9. 与前置期限策略相比，后置期限策略（　　）。

A. 强调证券投资给银行创造高效益

B. 很难满足银行额外的流动性需求，而且风险大

C. 利率上升对银行证券投资较为有利

D. 利率下降对银行证券投资较为有利

E. 可以补充流动性

10. 关于利率预测法，正确的说法是（　　）。

A. 当预期利率将上升时，银行购入长期证券

B. 要求银行能够准确预测未来利率的变动

C. 要求投资者根据预测的未来利率变动，频繁地进入证券市场进行交易，银行证券投资的交易成本增加

D. 重视证券投资的长期收益

E. 当预期利率将上升时，银行购入短期证券

四、判断题

1. 当处于经济高涨期，银行通常将所有可用资金投资于更长期的证券或出售长期证券，将收入再投资于更长期的证券。　　　　　　　　　　　　　　　　　　　（　　）

2. 与银行贷款相比，证券投资选择面广，可以更加灵活和分散。　　　　　（　　）

3. 流动性风险指证券流通转让的风险。　　　　　　　　　　　　　　　　（　　）

4. 分散投资策略的主要优点表现在减少投资收入波动，但需专家管理。　（　　）

5. 短期投资策略表现为所有证券投资为短期，这种策略的优点是如果利率上升，可以避免资本大幅度损失。　　　　　　　　　　　　　　　　　　　　　　　　　　　　（　　）

6. 长期投资策略的主要优点是如果利率下降，能使银行证券投资的潜在收益最大化。

　　　　　　　　　　　　　　　　　　　　　　　　　　　　　　　　　　（　　）

7. 杠铃投资策略的优点是能保持较强的流动性，缺点是不能保持较高的收益。（　　）

8. 梯形投资策略最大的优点是能够优化证券投资组合的收益。　　　　　　（　　）

9. 银行证券投资组合的收入有两种形式：利息收入和资本利得。　　　　　（　　）

10. 系统风险是对整个证券市场产生影响的风险。　　　　　　　　　　　（　　）

五、计算题

1. 某商业银行计划投资一批金融证券，并将其中 3 000 万美元用于证券投资，金融证券年利率为 8%，现有 2 种可供选择的证券：一种是名义收益率为 9.6% 的应税国债；另一种是年收益率为 7.5% 的免税市政债券，该银行所处边际税率等级为 34%，请找出该银行的最佳证券投资组合，并计算此时银行证券投资的收益是多少？

2. 银行以 105 元的价格购进面值 100 元，票面收益为 10% 的证券，由于银行每年获得的利息收入是 10 元，与其投入的 105 元相比，计算实际收益率是多少？

3. 某证券面值为 100 元，年利率为 6%，期限为 5 年，某银行以 95 元买进，2 年后会涨到 98 元，并在那时卖出，计算持有期收益率是多少？

六、应用题

某投资者以 91.4 元买入 3 年到期的证券，票面利率 7.05%。假设持有 255 天售出，那么利息收入是多少？假如价格从 91.4 元涨到 92.4 元，那么它的年化率是多少？如果证券价格从 91.4 元跌到 85 元，那么它的年化率是多少？

商业银行负债业务

知识目标：了解商业银行负债的构成。了解并掌握非存款负债的种类、特点，存款负债和非存款负债的不同。了解我国商业银行负债业务管理的经营目标；熟知存款负债及非存款负债的创新；掌握存款负债和各种借款负债的经营要点，并能应用存款成本分析方法、存款定价与营销的方法分析问题。

素质目标：了解我国出台的各项银行业政策法规，运用专业理论技能与方法解决实际问题。

情境导入

存款成本持续上行，银行负债成本居高不下

近年来，随着我国利率市场化深入推进，互联网金融迅速发展，存款理财化趋势明显，商业银行负债业务进入新的发展阶段。2021 年 3 月 23 日，银保监会发布《商业银行负债质量管理办法》，对银行负债经营管理提出了更高要求。从上市银行公开披露的数据来看，商业银行负债呈现规模增速放缓、存款占比下降、负债成本上升等特征。

据有关机构对 2021 年 9 月银行负债成本估算，大约国有银行负债 1.827 2%，股份制银行负债 2.323 0%，城商行负债 2.431 4%，农商行负债 2.367 0%（这个数据随各表内成分变化几个或几十个基点）。

一直以来，我国银行盈利八成以上依然靠传统业务——存贷款的净息差。但随着居民理财意识的不断增强以及市面上各类理财产品层出不穷，银行存款的优势不复，商业银行之间的存款竞争加剧，并进一步拉高了存款利率。一方面，对于存款的刚性需求决定了存款利率有所上升；另一方面，实体经济需依赖降低银行负债成本，所以净息差利润会进一步缩窄。

可见，商业银行要加强负债质量管理，平衡负债结构的稳定性、多样性，合理控制负债成本，重视财富管理，拓展获客渠道，多措并举推动银行负债高质量发展。（基点常用于金融方面，是债券和票据利率改变量的度量单位，一个基点等于 1 个百分点的 1%，即 0.01%，100 个基点等于 1%）。

第一节　商业银行负债业务概述

商业银行的三大业务，分别是负债业务、资产业务和中间业务。负债业务为其资产活动奠定了资金基础，是形成商业银行资金来源的业务，是银行贷款、证券投资及其他一切业务的基础和

前提条件。

教学互动6.1

问：银行为什么要借钱？

答：银行也是企业，为了把生意做大，必须有足够多的钱，才能把钱以更高的利率借给别人，赚取中间利差。银行自己本身没多少钱，所以更多的钱只能从其他地方借。资产负债表中的所有者权益就是银行自己的钱，负债就是银行借的钱。

敲黑板

资产负债表的左边是资产，右边是负债和所有者权益。

资产＝负债＋所有者权益

一、商业银行负债的概念及构成

（一）商业银行负债的概念

商业银行的负债作为银行的债务，是银行在经营活动中尚未偿还的经济义务，银行必须用自己的资产或提供的劳务去偿付。

微课堂 负债业务

（二）商业银行负债的构成

商业银行的负债有广义和狭义之分。广义负债是指除商业银行对他人的负债以外，还包括其资本金；狭义负债由被动负债、主动负债和其他负债构成，通常把吸收存款称为被动负债，商业银行在金融市场上发行各种债务凭证进行融资、同业拆借、向中央银行借款称为主动负债，按利率成本从低到高排序依次是：吸收存款＜向央行借款＜同业拆借＜发行债券。图6.1所示为商业银行负债的构成。表6.1是兴业银行2018年报的负债明细。

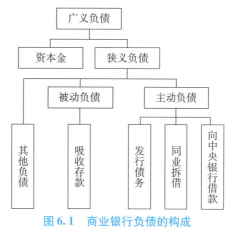

图6.1 商业银行负债的构成

表6.1 兴业银行2018年报负债明细

负债	占比	金额
向中行银行借款	4.3	268 500
同业及其他金融机构存放款项	21.56	1 344 883
拆入资金	3.5	220 831
当公允价值计量且其变动计入当期损益的金融负债	0.04	2 594
衍生金融负债	0.6	38 823
卖出回购金融资产款	3.7	230 569

续表

负债	占比	金额
吸收存款	52.95	3 303 512
应付职工薪酬	0.24	15 341
应交税费	0.2	11 297
应付债券	11.5	717 854
其他负债	1.4	84 869
负债合计	100	6 239 073

二、商业银行负债业务的作用

在商业银行的全部资金来源中，90%以上来自负债。保证充足与稳定的资金来源是银行生存和发展的关键。美国花旗银行总经理说过："负债好比企业经营中的原材料，企业没有原材料，无法进行加工制作，银行没有负债，则无法进行信用活动。"

（一）负债业务是银行经营的先决条件

商业银行作为信用中介，首先表现为"借者的集中"，即通过负债业务广泛地筹集资金，然后才可能成为"贷者的集中"，再通过资产业务把资产有效地运用出去，而负债的期限和结构直接制约着资产的规模和结构。因此，负债业务是商业银行开展资产业务的基础和前提。同时，在开展负债业务和资产业务的基础上，银行和社会各界建立了广泛的联系，这样就为银行开展中间业务提供了客户基础。

（二）负债业务是银行保持流动性的主要手段

流动性是商业银行经营管理中必须坚持的原则，而银行负债是解决银行流动性的重要手段。负债业务能够保持银行对到期债务的清偿能力，因为唯有通过负债业务，银行才能聚集起大量可用资金，以确保合理贷款的资金需求和存款提取、转移的资金需求。

（三）负债业务是社会经济发展的强大推动力

银行负债业务有聚集社会闲散资金的功能，可以在社会资金总量不变的情况下扩大社会生产资金的总量。

（四）负债业务是银行联系社会监督金融的主要渠道

社会所有经济单位的闲置资金和货币收支，都离不开银行的负债业务。市场的资金流向、企业的经营活动，以及机关事业单位、社会团体和居民的货币收支，每时每刻都反映在银行的账面上，因此，负债业务又是银行进行金融服务和监督的主要渠道。

三、商业银行负债业务经营管理的目标

商业银行负债业务经营管理的基本目标是在一定的风险水平下，以尽可能低的成本获取所需要的资金。商业银行负债业务经营管理的水平，直接关系到整个商业银行的经营管理水平。因此，明确商业银行负债业务经营管理的目标具有重要意义。

（一）负债的期限结构及利率结构目标

由于负债的期限长短及利率高低直接影响着银行成本的高低，所以，它具有双重目标。

1. 负债与资产相匹配目标

负债与资产相匹配目标，即负债的期限结构要与资产的期限结构相匹配，负债的利率结构要与资产的利率结构相匹配。其目的是保证资金流动性，减少风险，增加盈利。

2. 降低银行成本目标

一般来说，负债的期限长，则利率就会较高，相应地，负债成本也会较高；反之，负债的期限短，利率低，银行的负债成本也会相对较低。不过，从另一个方面讲，负债成本包括利息成本和营业成本两部分。就活期存款与定期存款相比而言，活期存款的利息成本低于定期存款，而经营成本却高于定期存款，所以活期存款的总成本不一定比定期存款低。

（二）存款负债的规模与结构目标

存款是商业银行最主要的负债，一般占银行资金来源的70%以上。存款数量的多少、结构是否合理已成为衡量一家银行经营成功与否的重要指标。

1. 规模目标

就是负债数额不仅能满足存款客户随时提存的需要，而且能满足必要贷款的合理需求。

2. 负债结构

就是要着眼于银行资产业务的资金需要，根据存款负债和借入负债的不同以及成本高低和期限长短进行选择组合，使银行的负债结构不但能和资产的需要相匹配，而且既能保持银行负债的流动性，又有利于盈利性目标的实现。

按照我国及国际银行业的有关规定，以下四个指标是必须遵从的：

（1）存贷款比率指标。即各项贷款与各项存款的比率不得超过75%。

（2）流动性比率指标。即流动性资产与各项流动性负债的比率不得低于25%。

（3）拆借资金比率指标。即拆入资金余额与各项存款余额的比率不得超过4%，拆出资金余额与各项存款余额的比率不得超过8%。

（4）规模对称目标。即资产规模与负债规模相对称，统一平衡。这里的对称不是一种简单的对等，而是建立在合理经济增长基础上的动态平衡。

（三）负债定价目标

负债定价是商业银行负债业务经营管理的任务。负债定价是影响银行利润和销量目标的主要因素，市场力量、成本结构及推广力度均影响最优价格水平，负债定价的目标就是弥补成本支出，吸引客户，取得预定利润和销量目标。

当然，各项目标应与商业银行经营管理的总目标相一致，即实现安全性、流动性、效益性的统一。

四、负债成本的内容

银行根据负债的资金成本确定资产的价格。如果筹集资金的成本过高，造成银行资产定价过高，将使银行在竞争中处于不利地位。所以，负债成本的测算和管理是银行负债管理的一个重要方面。

（一）筹资成本

筹资成本是指商业银行向社会公众以负债的形式筹集各类资金以及与金融企业之间资金往来按规定的适用利率而支付的利息（包括存款利息支出和借款利息支出）。筹资成本是商业银行的主要成本。

利息是指银行按约定的存款利率与存款金额的乘积，以货币形式直接支付给存款者的报酬。其计算公式为：

$$年利率 = 年利息/本金$$
$$月利率 = 年利率/12$$
$$日利率 = 年利率/360$$

1. 单利和复利

（1）单利是指不论存款期限长短，仅按本金计算利息，本金所产生的利息不再加入本金重新计算。计算公式为：

$$R = P \times r \times n$$

其中 R 为利息；P 为本金；r 为利率；n 为与利率相对应的期限。

本息和计算公式为：

$$A = P(1 + r \times n)$$

（2）复利是指将经过一定的时间所产生的利息加入本金，逐年计算利息的方法。其计算公式为：

$$R = P\left[(1 + r)n - 1\right]$$

其中 r 是复利。

本息和的计算公式为：

$$A = P(1 + r)n$$

银行为了吸引存款人的存款，在名义利率受到金融管理当局的限制时，常常通过缩短复利的期限来提高它实际支付的利率。

教学互动 6.2

问：设按单利计算的年利率是 7.75%，某银行半年按复利计算一次利息，实际年利率为多少？如果银行按月复利计算，实际年利率为多少？

答：某银行半年按复利计算一次利息，半年的利率为 3.875%，则年利率为：

$$(1 + 3.875\%)^2 - 1 = 7.9\% > 7.75\%$$

如果银行按月复利计算，其月利率为 0.646%（7.75%/12），则年利率为：

$$(1 + 0.646\%)^{12} - 1 = 8.031\% > 7.9\%$$

2. 固定利率和浮动利率

固定利率的优点在于银行很容易就计算出利息成本，但要承受通货膨胀的风险。

浮动利率可降低利率风险，但不利于银行事先估算存款成本和贷款收益。

（二）经营管理费用

经营管理费用指商业银行为组织和管理业务经营活动而发生的各种费用，包括员工工资、电子设备运转费、保险费等经营管理费用。

（三）税费支出

税费支出包括随业务量的变动而变化的手续费支出、业务招待费、业务宣传费、营业税及附加等。

（四）补偿性支出

补偿性支出包括固定资产折旧、无形资产摊销、递延资产摊销等。

（五）准备金支出

准备金支出包括呆账准备金、投资风险准备金和坏账准备金支出。

（六）营业外支出

营业外支出是指与商业银行的业务经营活动没有直接关系但需从商业银行实现的利润总额中扣除的支出。

第二节　存款负债业务

在商业银行负债业务中，存款业务是其最基本、最主要的业务，是银行生存和发展的基础。银行存款来自个人、企业、社会团体、政府机构、其他组织及金融同业。对银行来说，存款负债是商业银行资金实力强弱的重要标志。

教学互动6.3

问：商业银行组织存款的意义是什么？

答：

（1）存款是银行信用中介和支付中介的支柱点。

（2）存款的规模制约着放款的规模和银行对经济调节的广度和深度。

（3）存款是银行签发信用流通工具的基础。

（4）存款是银行信用创造能力赖以发展的条件。

（5）存款能聚集闲散资金，增加社会积累，调节货币流通。

商业银行的存款种类很丰富，根据不同的标准可以对存款进行分类。我国对存款的分类如下：按存款的货币币种分类有人民币存款和外币存款；按存款是否以交易为目的分类有交易账户存款和非交易账户存款；按存款资金性质及计息范围分类有财政性存款和一般性存款；按存款的稳定性分类有定期存款和活期存款；按存款对象不同分类有单位存款和个人存款；按存款的形成来源分类有原始存款和派生存款；按存款的所有权分类有对公存款、对私存款和同业存款；按存款的经济主体分类有企业存款、储蓄存款和财政性存款等。

微课堂　存款大战

图6.2　传统存款业务

一、传统意义上的存款业务

传统意义上的存款业务包括活期存款、定期存款和储蓄存款，如图6.2所示。

（一）活期存款

1. 活期存款的含义

活期存款主要是指可由存款户随时存取和转让的存款，它没有确切的期限规定，银行也无权要求客户取款时做事先的书面通知。持有活期存款账户的存款者可以用各种方式提取存款，如开出支票、本票、汇票、电话转账、使用自动柜员机或其他各种方式等手段。由于各种经济交易包括信用卡、商业零售等都是通过活期存款账户进行的，所以在国外又把活期存款称为交易账户。

2. 活期存款的特点

（1）具有很强的派生能力。在非现金结算的情况下，银行将吸收的原始存款中的超额准备金用于发放贷款，客户在取得贷款后，若不立即提现，而是转入活期存款账户，这样银行一方面增加了贷款，另一方面增加了活期存款，创造出派生存款。

（2）流动性大、存取频繁、手续复杂、风险较大。由于活期存款存取频繁，成本也较高，而且还要提供多种服务，因此活期存款较少或不支付利息。

（3）活期存款相对稳定部分可以用于发放贷款。尽管活期存款流动性大，但在银行的诸多储户中，总有一些余额可用于对外发放贷款。

（4）活期存款是联系银行与客户关系的桥梁。商业银行通过与客户频繁的活期存款的存取业务，建立比较密切的业务往来，从而争取更多的客户，扩大业务规模。

（二）定期存款

1. 定期存款的含义

定期存款是相对于活期存款而言的，是指客户与银行预先约定存款期限的存款。其期限固定而且比较长，是商业银行稳定的资金来源。定期存款的期限通常有 3 个月、6 个月、1 年、3 年、5 年甚至更长的期限。其利率水平也是随着期限的延长而提高，利息构成存款者的收入和银行的成本。

2. 定期存款的特点

（1）定期存款带有投资性。由于定期存款利率高，而且风险小，因而是一种风险最小的投资方式。对于银行来说，由于期限较长，按规定一般不能提前支取，因而是银行稳定的资金来源。

（2）定期存款所要求的存款准备金率低于活期存款。因为定期存款有期限的约束，有较高的稳定性，所以定期存款准备金率就可以要求低一些。

（3）手续简单，费用较低，风险性小。由于定期存款的存取是一次性办理的，在存款期间不必有其他服务，因此除了利息以外没有其他的费用，因而费用低。同时，定期存款较高的稳定性使其风险性较小。

（三）储蓄存款

1. 储蓄存款的含义

储蓄存款是指个人为积蓄货币并取得利息收入而开办的一种存款，是一种非交易用的存款，一般使用存折，不能签发支票。利息被定期加到存款余额上。随着计算机和电子网络技术的发展，银行为了方便储户，一方面推出通存通兑服务；另一方面推出了储蓄卡，储户可以在各地的自动出纳机（ATM）上自助存取款项。

2. 储蓄存款的特点

风险小、方式期限灵活多样、简单方便、收益相对较低。

3. 储蓄存款的种类

储蓄存款也可分为活期储蓄存款和定期储蓄存款。

1）活期储蓄存款

活期储蓄存款是指无固定存期、可随时存取、存取金额不限的一种比较灵活的储蓄方式。其特点是随时存取，办理手续简便。

视野拓展 6.1

人民币 1 元起存。外币活期存款起存金额为不低于人民币 20 元的等值外汇；人民币个人活期存款按季结息，按结息日挂牌活期利率计息，每季末月的 20 日为结息日。未到结息日清户时，按清户日挂牌公告的活期存款利率计息到清户前一日止。

人民币个人活期储蓄存款采用积数计息法，按照实际天数计算利息。

活期储蓄存款采取积数计息法。积数计息法就是按实际天数每日累计账户余额，以累计积数乘以日利率计算利息的方法。积数计息法的计息公式为：

$$利息 = 累计计息积数 \times 日利率$$

其中：

$$累计计息积数 = 账户每日余额合计数$$

教学互动 6.4

问：

某储户活期储蓄存款账户变动情况如表 6.2 所示，2016 年 3 月 20 日适用的活期存款利率为

0.72%。到 2016 年 3 月 20 日营业终了，银行计算该活期储蓄存款的利息为多少？

表 6.2　某储户活期储蓄存款账户变动情况

日期	存入/元	支取/元	余额/元	计息期	天数/元	计息积数/元
2021.1.2	10 000		10 000	2021.1.2—2021.2.2	32	32 × 10 000 = 320 000
2021.2.3		3 000	7 000	2021.2.3—2021.3.10	36	36 × 7 000 = 252 000
2021.3.11	5 000		12 000	2021.3.11—2021.3.20	10	10 × 12 000 = 120 000
2021.3.20			12 000			

答：

利息 = 累计计息积数 × 日利率 = (320 000 + 252 000 + 120 000) × (0.72% ÷ 360) = 13.84（元）

（1）活期"一本通"。

活期"一本通"是为客户提供的一种综合性、多币种的活期储蓄，既可以存取人民币，也可以存取外币。

（2）人民币定活两便存款。

人民币定活两便存款是存款时不确定存期，一次存入本金随时可以支取的业务。

视野拓展 6.2

人民币定活两便存款起点金额与存期

人民币定活两便存款 50 元起存。存期不满 3 个月的，按天数计付活期利息；存期 3 个月以上（含 3 个月），不满半年的，整个存期按支取日定期整存整取 3 个月存利率打 6 折计息；存期 6 个月以上（含 6 个月），不满 1 年的，整个存期按支取日定期整存整取半年期存款利率打 6 折计息；存期在 1 年以上（含 1 年），无论存期多长，整个存期一律按支取日定期整存整取一年期存款利率打 6 折计息。打折后低于活期存款利率时，按活期存款利率计息；人民币定活两便存款采用逐笔计息法计算利息。

2）定期储蓄存款

定期储蓄存款的取款日期固定，一般不能提前支取。定期储蓄存款的利率较高，是个人获取利息收入的重要手段。

（1）整存整取定期存款。

整存整取定期存款是在存款时约定存期，一次存入本金，全部或部分支取本金和利息的业务。

人民币整存整取定期存款采用逐笔计息法计算利息。逐笔计息法是按预先确定的计息公式逐笔计算利息的方法。采用逐笔计息法时，银行在不同情况下可选择不同的计息公式。

计息期为整年（月）时，计息公式为：

利息 = 本金 × 年（月）数 × 年（月）利率

计息期有整年（月）又有零头天数时，计息公式为：

利息 = 本金 × 年（月）数 × 年（月）利率 + 本金 × 零头天数 × 日利率

银行也可不采用第一、二种计息公式，而选择以下计息公式：

利息 = 本金 × 实际天数 × 日利率

其中实际天数按照"算头不算尾"原则确定，为计息期间经历的天数减去一。逐笔计息法便于对计息期间账户余额不变的储蓄存款计算利息，因此，银行主要对定期储蓄账户采取逐笔计息法计算利息。

视野拓展 6.3

1. 整存整取定期存款起点金额与存期

（1）人民币整存整取定期存款 50 元起存，多存不限，其存期分为 3 个月、6 个月、1 年、2 年、3 年、5 年。

（2）外币整存整取定期存款起存金额一般不低于人民币 50 元的等值外汇，存期分为 1 个月、3 个月、6 个月、1 年和 2 年。

2. 服务特色

（1）利率较高。

整存整取定期存款利率高于活期存款，是一种传统的理财工具；整存整取定期存款存期越长，利率越高。

（2）可约定转存。客户可在存款时约定转存期限，整存整取定期存款到期后的本金和税后利息将自动按转存期限续存。

（3）可质押贷款。如果整存整取定期存款临近到期，但又急需资金，客户可以办理质押贷款，以避免利息损失。

（4）可提前支取。如果客户急需资金，亦可办理提前支取。未到期的整存整取定期存款，全部提前支取的，按支取日挂牌公告的活期存款利率计付利息；部分提前支取的，提前支取的部分按支取日挂牌公告的活期存款利率计付利息，剩余部分到期时按开户日挂牌公告的定期储蓄存款利率计付利息。

（5）逾期支取的，超过存单约定存期部分，除约定自动转存外，按支取日挂牌公告的活期储蓄存款利率计息。

教学互动 6.5

某客户 2022 年 3 月 1 日存款 10 000 元，定期 6 个月，当时 6 个月定期储蓄存款的年利率为 2.43%，客户在到期日（即 9 月 1 日）支取。

问：采取两种方法计算利息是多少？

答：

（1）这笔存款计息为 6 个月，属于计息期为整年（月）的情况，银行可选择：

利息＝本金×年（月）数×年（月）利率的计息公式

利息＝10 000×6×（2.43%÷12）=121.50（元）

（2）银行也可选择：

利息＝本金×实际天数×日利率的计息公式

这笔存款的计息期间为 2022 年 3 月 1 日至 9 月 1 日，计息的实际天数为 184 天。

利息＝10 000×184×（2.43%÷360）=124.20（元）

（2）定期"一本通"。

定期"一本通"是为客户提供的一种综合性、多币种的定期储蓄账户。一个定期"一本通"账户，可以存取多笔本外币定期储蓄存款。

（3）人民币零存整取定期存款。

人民币零存整取定期存款是指客户按月定额存入，到期一次支取本息的业务。

人民币零存整取定期存款按存入日挂牌公告的相应期限档次零存整取定期储蓄存款利率计息。遇利率调整，不分段计息，利随本清。

客户中途如漏存一次，可在次月补齐，未补存或漏存次数超过一次的视为违约，对违约后存入的部分，支取时按活期存款利率计付利息。

视野拓展 6.4

1. 零存整取定期存款起点金额与存期

零存整取定期存款人民币 5 元起存，多存不限。零存整取定期存款存期分为 1 年、3 年、5 年。存款金额由客户自定，每月存入一次。

2. 特色

（1）积少成多，可培养理财习惯；

（2）可提前支取；

（3）可约定转存；

（4）可质押贷款。

（4）人民币整存零取定期存款。

整存零取定期存款是指在存款时约定存期及支取方式，一次存入本金，分次支取本金和利息的业务。

视野拓展 6.5

1. 整存零取定期存款起点金额与存期

整存零取定期存款 1 000 元起存。整存零取定期存款存期分为 1 年、3 年、5 年。

2. 特色

（1）多次支取本金，取款灵活。

（2）按存入日挂牌公告的相应期限档次整存零取储蓄存款利率计息。遇利率调整，不分段计息，利随本清。

（5）人民币存本取息定期存款。

存本取息定期存款是指存款本金一次存入，约定存期及取息期，存款到期一次性支取本金，分期支取利息的业务。

人民币存本取息定期存款，执行存入日挂牌公告的相应期限档次利率，采用逐笔计息法计算利息，遇利率调整不分段计息。提前支取本金时，按照整存整取定期存款的规定计算存期内利息，并扣除多支付的利息。

视野拓展 6.6

人民币存本取息定期存款起点金额与存期：

存本取息定期存款 5 000 元起存。存本取息定期存款存期分为 1 年、3 年、5 年。存本取息定期存款取息日由客户开户时约定，可以一个月或几个月取息一次；取息日未到，不得提前支取利息；取息日未取息，以后可随时取息，但不计复息。

（6）人民币教育储蓄。

教育储蓄是指为接受非义务教育积蓄资金，实行优惠利率，分次存入，到期一次支取本息的业务。开户对象为在校小学四年级（含四年级）以上学生。教育储蓄可享受税务优惠。

视野拓展 6.7

1. 人民币教育储蓄存款起点金额与存期

教育储蓄 50 元起存，每户本金最高限额为 2 万元。教育储蓄存期分为 1 年、3 年、6 年。

2. 人民币教育储蓄存取要求

（1）1 年期、3 年期教育储蓄按开户日同期同档次整存整取定期储蓄存款利率计息；6 年期按开户日 5 年期整存整取定期储蓄存款利率计息。遇利率调整，不分段计息。

（2）客户按约定每月存入固定金额，中途如有漏存，应在次月补齐，未补存者，按零存整取定期储蓄存款的有关规定办理。

（3）提前支取，教育储蓄提前支取时必须全额支取。提前支取时，客户能提供"证明"的，按实际存期和开户日同期同档次整存整取定期储蓄存款利率计付利息，并免征储蓄存款利息所得税；客户未能提供"证明"的，按实际存期和支取日活期储蓄存款利率计付利息，并按有关规定征收储蓄存款利息所得税。

（4）逾期支取，其超过原定存期的部分，按支取日活期储蓄存款利率计付利息，并按有关规定征收储蓄存款利息所得税。

（5）人民币教育储蓄存款采用积数计息法计算利息。

二、创新的存款业务

随着社会经济的不断发展，传统的银行存款业务已不能满足社会的需求，同时银行同业竞争也日趋激烈，这都促使商业银行不断创新存款产品种类。另外，中央银行等政府管理部门过时的管理规定也束缚着商业银行存款创新的手脚，突破这些限制成为历史发展的必然。

存款创新是指商业银行为达到规避管制、增加同业竞争能力和开辟新的资金来源的目的，不断推出新型存款类别的活动。

（一）我国存款工具创新

1. 我国存款工具创新的原则

（1）规范性原则。

创新必须符合存款的基本特征和规范，也就是说要依据银行存款所固有的功能进行设计，对不同的利率形式、计息方法、服务特点、期限差异、流通转让程度、提取方式等进行选择、排列和组合，以创造出无限丰富的存款品种。凡是脱离存款本质特征的设计，也就不是存款工具的创新。例如我国曾开办的有奖储蓄存款，名目繁多，不胜枚举。这种有奖储蓄不同于国外较规范的有奖定期存款，实际上它为迎合存户的投机心理，是一种利息的赌博。把博彩引进银行经营，必然有损于银行稳健谨慎的品质形象，不符合存款规范。因此，1998年7月，我国就已停止一切有奖储蓄。

（2）效益性原则。

存款工具创新必须坚持效益性原则，即多种存款品种的平均成本以不超过原有存款的平均成本为原则。

（3）连续性原则。

银行的产品开发与一般物质经营企业产品开发的根本区别在于，金融服务的新产品没有专利权，不受知识产权保护，一家银行推出有市场潜力的新的存款工具，很快就会被其他银行模仿和改进。所以银行存款工具创新是一个不断开发的进程，必须坚持不断开发、连续创新的原则。

> **敲黑板**
>
> 2013年9月24日，我国成立了"市场自律定价工作机制"，由各大行分管行长组成，外汇交易中心为秘书处，中心总裁任秘书长。该机制承担我国金融创新的职能。

（4）社会性原则。

新的存款工具的推出，应当有利于平衡社会经济发展所必然出现的货币供给和需求的矛盾，能合理调整社会生产和消费的关系，缓和社会商品供应和货币购买力之间的矛盾。如我国曾经推出的住房储蓄存款与按揭贷款相结合，对推动我国房地产市场发展有着较为积极的现实意义。

2. 我国存款的创新产品

1）大额可转让定期存单

大额可转让定期存单（简称大额存单）是指银行向存款人发行的固定面额、固定期限、可以转让的大额定期存款。

大额可转让定期存单具有以下特点：

（1）期限为 3～12 个月，以 3 个月居多，最短的 14 天。

（2）面额较大且固定。

（3）种类多样化、利率较高。

（4）不记名，可转让。

大额存单对个人发行部分，其面额不得低于 500 元；对单位发行部分，其面额不得低于 5 万元。这主要是因为发行大额存单的目的是吸取市场上的大额短期流动资金。

2）通知存款

通知存款是一种不约定存期、支取时需提前通知银行、约定支取日期和金额方能支取的存款。

通知存款有单位通知存款和个人通知存款，都分为一天通知存款和七天通知存款两个品种。通知存款为记名式存款。通知存款的币种为人民币、港币、英镑、美元、日元、欧元、瑞士法郎、澳大利亚元、新加坡元。

（1）个人通知存款。

人民币个人通知存款最低起存金额为 5 万元，外币个人通知存款最低起存金额为 1 000 美元等值外币，2014 年年初的利息是年利率 1.71%，与活期储蓄 0.72% 的年利率相比要高出近 1 个百分点。

教学互动 6.6

问：股民张某在股市低迷期间，将 100 万元炒股资金存入 7 天个人通知存款。两个月后，张某可获取的利息与活期存款相比是多少？

答：

$$1\,000\,000 \times 60 \times (1.71\% - 0.72\%)/360 = 1\,650\ (元)$$

这样既保证了用款需要，又可享受活期利息 2.375 倍的收益。

（2）单位通知存款。

单位通知存款起存金额为 50 万元，须一次性存入，可以选择现金存入或转账存入，存入时不约定期限。

视野拓展 6.8

（1）单位通知存款单笔全额支取，存款单位需出具单位通知存款证实书。

（2）单位通知存款部分支取须到开户行办理。部分支取时账户留存金额不得低于 50 万元，低于 50 万元起存金额的，作一次性清户处理，并按清户日挂牌活期利率计息办理支取手续并销户。

（3）留存部分金额大于 50 万元的，银行按留存金额、原起存日期、原约定单位通知存款品种出具新的单位通知存款证实书。

 敲黑板

1970 年美国马萨诸塞州的一家储蓄银行向该州金融管理当局提交了准许银行的存款人使用可转让支付凭证的申请书，并以此凭证替代存折提取存款；1972 年该州法院认可了这一申请，1973 年美国国会批准马萨诸塞州和新罕布什尔州的全部储蓄银行、工商银行、储蓄与贷款协会以及一些合作银行开设 NOW 账户。并规定该账户最高支付利率为 5%。

（二）西方国家创新的存款业务

1. 可转让支付命令存款账户

可转让支付命令存款账户（negotiable order of withdrawal account，NOW）主要针对个人和非营利性机构，它实际上是一种不使用支票的支票账户。开立这种存款账户，存户可以随时开出支付命令书，或直接提现，背书后可转让。其存款余额可取得利息收入。由此满足了支付上的便利要求，同时也满足了收益上的要求。

2. 超级可转账支付命令存款账户

超级可转账支付命令存款账户（super negotiable order of withdrawal account，SNOW）又称优息支票存款。这是一种计息、允许转账且无转账次数限制的储蓄存款账户，有最低存款余额要求，利率较高。

这种账户和可转账支付命令账户的区别在于没有转账次数限制，利率较高，且有最低存款余额要求。

敲黑板

超级可转账支付命令存款账户是由可转账支付命令账户发展而来的，创办于1983年的美国。如果存款人能在该账户中保持2 500美元的最低存款余额，利率就高于NOW账户的利率，但低于货币市场存款账户利率；否则按储蓄存款利率执行，利率每天调整，每天复利。

3. 自动转账服务存款账户

自动转账服务存款账户（automatic transfer service accounts，ATS）与可转让支付命令存款账户类似，它是在电话转账服务基础上发展而来。发展到自动转账服务时，存户可以同时在银行开立两个账户：储蓄账户和活期存款账户。银行收到存户所开出的支票需要付款时，可随即将支付款项从储蓄账户上转到活期存款账户上，自动转账，即时支付支票上的款项。

敲黑板

ATS的支票存款账户只需保持1美元的余额，客户可以开出超过1美元的支票，银行收到存户开出的支票需要付款时，可随时将支付款项从储蓄账户上转到活期存款账户上，自动转账，及时支付票上的款项，ATS规避了商业银行不准向支票存款支付利息的管制。

4. 协定账户——自动转账服务的创新形式

协定账户（agreement account）的基本内容是银行与客户达成一种协议，客户授权银行将款项存在活期账户、可转让支付凭证账户或货币市场存款账户中的任何一个账户上。对活期存款账户或可转让支付凭证账户一般规定一个最低余额，超过最低余额的款项由银行自动转入同一客户的货币市场存款账户上，以便取得较高的利息；若不足于最低余额，银行可自动将货币市场存款账户的款项转入活期存款账户或可转让支付凭证账户，以弥补最低余额。

5. 个人退休金账户

这是专为有工资收入者开办的储蓄养老金账户，如果存款人每年存入2 000美元，可以暂时免税，利率不受Q条例（即美联储关于限定存款利率的Q字条例）限制，到存款人退休后，再按其支取金额计算所得税。这种存款存期长，利率略高于储蓄存款，是银行稳定的资金来源，也深受存款人的欢迎。

第三节　商业银行非存款负债

非存款负债是指商业银行主动通过金融市场或直接向中央银行融通资金。在商业银行负债业务中，非存款负债业务对商业银行的资金来源有着重要的影响，也是商业银行负债的一个重要组成部分。

教学互动6.7

问：借入负债与存款负债有哪些不同？

答：存款负债属于商业银行经营的买方市场，借入负债属于商业银行经营的卖方市场；借入负债比存款负债具有更大的主动性、灵活性和稳定性。

一、非存款负债的构成

商业银行对外借款根据时间不同，可分为短期借款和长期借款，非存款负债的构成如图6.3所示。

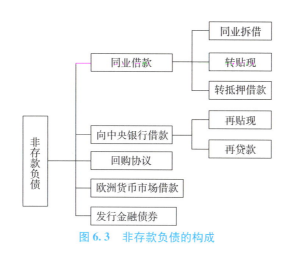

图6.3　非存款负债的构成

（一）短期借款

短期借款是指偿还期限在一年以内的债务，包括同业借款、向中央银行借款和其他渠道的短期借款。在现代经营理念下，通过借入短期资金，商业银行既可获得短期的流动性需要，扩大银行的经营规模，又提高了商业银行的资金管理效率，加强外部的联系和往来。

短期借款的经营策略是时机选择、规模控制、结构确定；管理重点是主动把握借款期限和金额，尽量把借款到期时间和金额与存款的增长规律相协调；将借款对象和金额分散化；正确统计借款到期时间和金额。

1. 商业银行短期借款的特征

（1）对时间和金额上的流动性需要十分明确。

短期借款在时间和金额上都有明确的契约规定，借款的偿还期约定明确，商业银行对于短期借款的流动性需要在时间和金额上既可事先精确掌握，又可有计划地加以控制，为负债管理提供方便。

（2）对流动性的需要相对集中。

（3）存在较高的利率风险。

在正常情况下，短期借款的利率一般要高于同期存款，尤其是短期借款的利率与市场的资金供求状况密切相关，导致短期借款的利率变化因素很多，因而风险较高。

（4）短期借款主要用于短期头寸不足的需要。

2. 短期借款的构成

1）同业借款

同业借款主要是指向其他银行借款，包括同业拆借、转贴现和转抵押借款。一般来说，同业借款交易迅速、效率很高，但金额和应用范围受到一定限制，常用于满足临时性或季节性的资金流动性需求；此外，如果遇上银根抽紧、市场萎缩，即便彼此都是银行，也可能会出现告借无门的情形。

金融市场借款是银行想出的又一办法，主要通过发行可转让大额定期存单、金融债券等工具来实现。

（1）同业拆借。同业拆借是银行遇到临时性资金不足、周转发生暂时性困难时经常采取的办法，可解拆入行的燃眉之急；同时因为有利息收入，拆出行也会乐意为之。拆借一般都通过各银行在中央银行的存款账户进行，同城拆借可采取票据交换的方式，异地拆借则通过电话或电传通知央行转账来实现。

视野拓展 6.9

同业存放和同业拆借

同业存放和同业拆借业务，都是一家银行把钱给到另一家银行，但两者也有很大的不同。

同业存放，又叫同业存款、存放同业，是资金富足方去主动存钱，同业拆借是资金缺口方去主动借钱。

同业存放，更有可能是一家银行资金比较富余，放在自家账户里没有收益，比较浪费，就会主动存到另一家银行去，顺便赚点利息钱。期限一般比同业拆借长，可能是1天、7天、1个月、3个月、6个月，甚至1年。

而同业拆借，更有可能是一家银行发现资金有点缺口，便主动去找另外一家银行借点钱，度过暂时的难关，期限很短，1天、2天、7天、14天，一般都不超过1个月。

两者还有一个很大的区别，同业存放是线下交易，同业拆借是线上交易。

对于银行业务来说，线上交易是各家银行都接入一个统一的系统，通过这个系统就可以完成交易，系统里有大家都认可的统一的制式化合同，每一次交易只需要谈好金额、期限和收益就好。其他条款都一样。

同业拆借业务，就是通过全国银行间同业拆借中心的交易系统完成的。双方谈好后，登录系统，输入交易要素，一个发出邀请，一个点击同意，系统就会生成交割单，交易就完成了。整个交易过程非常简单、迅速。而跟不同的银行做一笔同业存放业务，都有不同的合同。在双方谈好合作意向后，第一步就是让法律合规部门审核合同，审核通过后，签订合同。每家银行都要走漫长的审批用印流程。

合同签好后，当天还要去存款银行的营业网点柜台办理这笔存款业务，拿到存款回单。到期后，还要拿着存款证实书到存款银行柜台办理解付到期。整个过程要填写很多单据，去柜台办理，非常麻烦。

教学互动 6.8

问：同业及其他金融机构存放款项（一家银行把钱存入另一家银行）的作用有哪些？

答：一是银行之间难免有业务往来，比如跨行转账之类的，所以彼此开立账户，当有业务往来时方便操作；二是由于存贷比的限制，比如银行吸收100万元的存款，监管部门只允许贷出去75万元，那剩下的25万元在银行金库里不会生息，此时如果恰好有其他银行缺钱，就正好可以把这25万元存到其他银行赚取存款利息。

（2）转贴现和转抵押借款：银行也可以通过转贴现或转抵押借款的办法借入资金。前者是将已经贴现但仍未到期的票据，交给其他银行或贴现机构，请求给予转贴现来融通资金。后者是指银行将自己享有权益的客户抵押资产，转抵押给其他银行以取得急需的资金。

视野拓展 6.10

转贴现是指商业银行对商业票据承兑贴现后，若发生临时性准备金不足，可把已贴现、未到期的票据在二级市场上转售给其他商业银行。实际上是中央银行以外的投资人在二级市场上进行票据交易的行为。转贴现的期限一般从贴现之日起到票据到期日止，按实际天数计算。转贴现利率可由双方议定，也可以贴现率为基础参照再贴现率来确定。

转抵押借款是指商业银行在资金紧张时，通过抵押的方式，向其他同业银行取得资金。抵押借款大部分是客户的抵押资产（包括动产和不动产），银行将其转抵押给其他银行。这种转抵押的手续较为复杂，技术性也很强，需要严格的操作，所以商业银行也把自己的借款资产（如票据、债券、股票等）作抵押向其他银行取得借款。

视野拓展 6.11

根据《中国人民银行对金融机构贷款管理暂行办法》第 8 条的规定，人民银行对金融机构贷款根据贷款方式的不同，可以划分为信用贷款和再贴现两种。信用贷款是指人民银行根据金融机构资金头寸情况，以其信用为保证发放的贷款。又根据《中国人民银行法》第 22 条和第 27 条的规定，信用贷款是指中央银行向商业银行提供的贷款，不包括商业银行之外的其他金融机构。所以，在中国，再贷款即指中央银行向商业银行提供的信用贷款。

 敲黑板

> 发达国家的同业拆借市场是无形市场，而我国的则为有形市场。发达国家的同业拆借多为几天以内的头寸市场，而我国同业拆借市场由 1～7 天的头寸市场和期限为 120 天以内的借贷市场组成。商业银行要严格控制拆借额度，必须依自身的承受能力来确定拆借额度。拆出资金应以不影响存款的正常提取和转账为限，拆入资金必须以自身短期内的还债能力为度。

商业银行向中央银行借款并非随心所欲。在一般情况下，商业银行向中央银行的借款只能用于调节头寸，补充储备不足和资产的应急调整，而不能用于贷款和证券投资。

向中央银行借款，一般情况下按期限划分为年度性借款、季节性借款和日拆性借款三种。

（1）年度性借款用于解决商业银行因经济合理增长而引起的年度性资金不足，其期限为 1 年，最长不超过 2 年。

（2）季度性借款主要解决商业银行资金先支后收或存款季节性下降、贷款季节性上升等因素引起的暂时资金不足，其期限为 1 个月，最长不超过 4 个月。

（3）日拆性借款主要解决商业银行因汇划款项未达等因素造成的临时性资金短缺，其期限为 10 天，最长不超过 20 天。

2）向中央银行借款

当商业银行出现资金不足时，除了可以在金融市场上筹资外，还可以向中央银行借款。其目的一是用于银行调剂头寸、补充准备金不足和资产的应急调整，二是在特殊情况下满足强化国家计划、调整产业结构、避免经济萧条的资金需要。比如每年年终时，企业由于支付员工奖金、缴税等原因可能资金困难，这个时候银行的资金也会紧张，央行就会向商业银行提供贷款。

商业银行向中央银行借款主要有两种形式：一是再贴现，二是再贷款。

（1）再贴现。

再贴现是指商业银行资金紧张，周转发生困难时，可将贴现所得的未到期的商业票据，向中央银行申请再次贴现，融通资金的行为，也称间接借款。

在市场经济发达的国家中，由于商业票据和贴现业务广泛流行，再贴现就成为商业银行向中央银行借款的主要渠道；而在商业信用不太发达、商业票据不太普及的国家，则主要采取再贷款的形式。

（2）再贷款。

再贷款是中央银行向商业银行的信用放款，也称直接贷款，多为解决其季节性或临时性的资金需求，具有临时融通、短期周转的性质。

3）回购协议

回购协议就是商业银行在出售金融资产获得资金的同时，同对方签订一个协议，同意在一定时期按预定价格再购回此项金融资产。回购协议一般以政府债券为工具，通常，回购协议是隔夜回购，也可以是较长时期，但最长不得超过 3 个月。实际操作中主要有两种方法：一种是交易双方同意按相同的价格出售与再购回证券，购回时，其金额为本金加双方约定的利息额；另一种方法是把回购时的价格定得高于出售时的价格，其价格差就是另一方的收益。

> **敲黑板**
>
> 商业银行在进行再贴现时，必须将有关票据债务人的情况以及自身的财务报表和其他有关情况呈报给中央银行，中央银行据此判断是否给予贴现。

商业银行通过回购协议借款的优点主要有两个：一是商业银行通过回购协议而融通到的资金可以不提缴存款准备金，从而有利于借款实际成本的减少；二是与其他借款相比，回购协议又是一种最容易确定和控制期限的短期借款。

视野拓展 6.12

债券在我国是一种标准化的产品，在市场上有很好的定价机制和较高的流动性。如果银行暂时缺钱但又不愿意把债券卖出去，就可以通过卖出回购这种方式。卖出回购业务就是银行把债券质押给对方，对方先借钱给银行，到期后银行把本金和利息还对方，对方把债券还银行。

卖出回购相对应的就是买入返售，叫作质押式回购，它和同业拆借不同，同业拆借是信用借钱，没有任何质押。卖出回购也是通过银行间同业拆借中心的交易系统完成，属于线上业务。目前，相较于同业存放和同业拆借，银行大多在做卖出回购业务。

4）欧洲货币市场借款

欧洲货币也称境外货币，泛指存放在本国境外的外国银行，主要是西欧银行和本国银行西欧分行的本国货币银行存款。如欧洲美元，是指以美元表示的，存在美国境外银行的美元存款。

欧洲货币市场是指经营非居民的境外货币存放款业务，且不受当地政府法令约束的国际信贷市场。

在欧洲货币市场上，可以不受利率管制，借款利率由交易双方根据市场利率具体商定，在税收及存款方面的要求也较宽松，不受任何国家的政府管制和纳税限制，借款条件灵活，不限制用途，存款利率相对较高，贷款利率相对较低，资金调度灵活，手续简便，短期借款一般不签协议，无须担保，主要凭信用。

（二）长期借款

长期借款是指偿还期限在 1 年以上的借款。商业银行的长期借款主要采取发行金融债券的形式。金融债券可分为资本性债券、一般性金融债券和国际金融债券。

金融债券突破了银行原有存贷关系的束缚；债券的高利率和流动性相结合有吸引力；使银行能根据资金运用的项目需要，有针对性地筹集长期资金，使资金来源和资金运用在期限上保持对称。

1. 发行金融债券与吸收存款的不同

（1）筹资的目的不同。

吸收存款是为了扩大银行资金来源总量，而发行金融债券是为了增加长期资金来源和满足特定用途的资金需要。

（2）筹资的机制不同。

吸收存款是经常性的、无限额的，而发行金融债券是集中的、有限额的；吸收存款是被动性负债，而发行金融债券是银行的主动性负债。

（3）所吸收资金的稳定性不同。

发行金融债券有明确的偿还期限，一般不能提前还本付息，资金的稳定程度高；而吸收存款的期限则有弹性，资金稳定程度相对要低一些。

（4）资金的流动性不同。

一般情况下，吸收存款关系基本固定在银行与存户之间，不能转让；而发行金融债券一般不记名，有较好的流通市场，具有比吸收存款更高的转让性。

2. 金融债券的局限性（与存款相比）

（1）金融债券发行的利率、期限都受到管理当局有关规定的严格限制，银行筹资的自主性不强。

（2）金融债券除利率较高外，还要承担相应的发行费用，筹资成本较高，受银行成本负担能力的制约。

（3）金融债券的流动性受市场发达程度的制约，在金融市场不够发达和完善的发展中国家，金融债券种类少，发行数量也远远小于发达国家。

3. 金融债券的分类

金融债券有资本性金融债券、一般性金融债券和国际金融债券。

1）资本性金融债券

商业银行为了弥补资本金的不足而发行的资本性债券，是一种介于存款负债和股票资本之间的债券，这种债券在《巴塞尔协议》中被统称为附属资本或次级长期债务。它对银行收益和资产分配的优先权，也同样是介于存款负债和股票资本之间，在银行存款和其他负债之后，但在普通股和优先股之前。

2）一般性金融债券

（1）担保债券和信用债券。

按照债券是否有担保，一般性金融债券可分为担保债券和信用债券。

担保债券包括有第三方担保的债券和以发行者本身的财产作抵押的抵押担保债券。

信用债券又称为无担保债券，是完全以发行银行的信用作保证发行的债券。

商业银行尤其是大银行发行的金融债券，因为有着近乎绝对的信用而具有坚实的可靠性，一般都为信用债券。正因如此，世界各国政府对发行金融债券的银行有着相当严格的限制。

（2）固定利率债券和浮动利率债券。

固定利率债券是指在债券期限内利率固定不变，持券人到期收回本金，定期取得固定利息的一种债券。有的债券利率按期限内不同的时间段事先确定利率差别，从本质上看也属于固定利率债券。

浮动利率债券是指在期限内根据事先约定的时间间隔，按某种选定的市场利率进行利率调整的债券。银行发行浮动利率债券，可在市场利率下降时减少资金成本；投资者购买浮动利率债券可避免因市场利率上升而导致的利息收益损失。

（3）普通金融债券、累进利率金融债券和贴现金融债券。

普通金融债券是指定期存单式的、到期一次还本付息的债券。这种债券的期限一般在 3 年以上，利率固定，平价发行，不计复利。普通金融债券有些类似定期存单，但又具有金融债券的全部本质特征。

累进利息金融债券是指银行发行的浮动期限式、利率与期限挂钩的金融债券。期限通常在 1～5 年，债券持有者可以在最短与最长期限内随时到发行银行兑付，但不满 1 年不能兑付。

贴现金融债券又称贴水债券，是指商业银行在一定时间内按一定的贴现率以低于债券面额的价格折扣发行的债券。

（4）附息金融债券和一次性还本付息金融债券。

附息金融债券是指在债券期限内，每隔一定的时间段（一般为 6 个月或 1 年）支付一次利息的金融债券，此债券在发行时券面上通常附有每次付息的息票，银行每支付一次利息就剪下一张息票，所以又称为剪息金融债券。

一次性还本付息金融债券是指期限在 5 年以内、利率固定、发行银行到期一次偿付本息的金融债券。其优点是分期付息，可有效减轻债务到期时集中付息的压力。

3）国际金融债券

（1）外国金融债券。

外国金融债券是指债券发行银行通过外国金融市场所在国的银行或金融机构组织发行的以该国货币为面值的金融债券。其基本特点是债券发行银行在一个国家，债券的面值货币和发行市场则属于另一个国家。

（2）欧洲金融债券。

欧洲金融债券是指债券发行银行通过其他银行或金融机构，在债券面值货币以外的国家发行并推销的金融债券。因为是利用欧洲的某一个金融市场来发行的，所以称为欧洲金融债券。其主要特点是债券发行银行属于一个国家，债券在另一个国家或几个国家的金融市场上发行，而债券面值所使用的货币又属于第三国。由于在欧洲金融市场上发行债券选择的币种（如美元或日元等）不同，又可具体分为欧洲美元金融债券和欧洲日元金融债券。

敲黑板

金融债券的经营要点是做好债券发行和资金使用的衔接工作，注重利率变化和货币选择，掌握好发行时机，研究投资者。

（3）平行金融债券。

平行金融债券是指发行银行为筹集一笔资金，在几个国家同时发行债券，债券分别以各投资国的货币标价，各国债券的筹资条件和利息基本相同。实际上这是一家银行同时在几个国家发行的几笔外国金融债券。

教学互动 6.9

问：我国银行通过日本的银行或金融机构在日本东京市场发行日元债券；我国银行在伦敦市场发行美元债券。它们分别属于何种国际金融债券？

答：依据外国金融债券的特点，债券发行银行在一个国家，债券的面值货币和发行市场则属于另一个国家。则我国银行通过日本的银行或金融机构在日本东京市场上发行的日元债券为外国金融债券。另外，根据欧洲金融债券的特点，我国银行在伦敦市场发行美元债券为欧洲美元金融债券。

二、选择非存款负债需要考虑的因素

（一）相对成本因素

商业银行在选择借入负债的种类时，要充分考虑它们各自的筹资成本。从成本角度看，央行的贴现借款成本较低，而发行中长期金融债券成本则较高。但银行更应注重市场利率的变化，并充分考虑自身需求资金的期限，以便获得成本最低的资金。

（二）风险因素

商业银行在选择借入负债的种类时，必须考虑以下两种风险：

1. 利率风险

即信贷成本的波动性。一般而言，采用固定利率融资方式的利率风险较大，而采用浮动利率的融资方式则利率风险较低。

2. 信用风险

任何信贷市场不能保证贷款人愿意并且能够贷款给每一个借款人。当中央银行实行紧缩银根政策时，借款银行就面临着难以从信贷市场上获得借款或必须支付较高的价格才能获得借款的风险。

（三）所需资金的期限

银行应根据所需资金的期限来选择适当的筹资方式，如果需要即时资金，可以通过银行同业拆借市场或央行贴现获取；如果需要较长期限的资金，则可以考虑通过欧洲美元市场或发行金融债券来获得。

（四）借款银行的规模和信誉

一般而言，银行的规模越大、信誉越好，则其信用评级就越高，这家银行筹资的方式就越多，并且可以筹集到的资金就越多。而对于一些规模较小的银行来说，筹资形式较少，而且所能筹集到的资金较少。

（五）政府的法规限制

各国中央银行都借助于货币市场实施货币政策，对宏观经济加以调节。中央银行对货币市场上借款方式的条件、借款数量、期限、资金的使用甚至利率的浮动幅度都有规定（发展中国家居多），这些都会改变借入负债的成本和风险。因此商业银行在选择筹资方式时，必须注意银行所在国家或地区的法律法规对借款金额、频率和使用用途的限制和有关规定，以免造成不必要的损失。

三、借入负债的经营策略及管理

（一）短期借款的管理重点

1. 选择恰当时机

（1）商业银行应根据自身在一定时期的资产结构及变动趋势，来确定是否利用和在多大程度上利用短期负债。

（2）根据一定时期金融市场的状况来选择时机，在市场利率较低时，适当多借入一些资金；反之，则少借或不借。

（3）要根据中央银行货币政策的变化控制短期借入负债的程度。当中央银行采取扩张的货币政策时，短期借入负债的成本相对较小，此时可以适当地多借一些资金；反之，则应少借一些。

2. 确定合理的结构

（1）从成本方面看，一般情况下应尽可能地多利用一些低息借款，少利用高息借款，从而降低负债成本。如果预期高收益的低息借款难以取得，可以适当借入一些高息借款。

（2）比较国内外金融市场的借款利率，如果国际金融市场的借款较国内便宜，就应当增加国际金融市场借款；反之，则应减少它的比重，增加国内借款。

（3）从中央银行的货币政策来看，如果中央银行提高再贷款利率和再贴现率，此时应减少向中央银行借款的比重；反之，则可适当增加向中央银行借款的比重。

3. 控制适当规模

（1）商业银行必须根据自身的流动性、盈利性目标来安排短期借入负债的规模。在借入负债时，应权衡借入负债和吸收存款的成本，如果利用短期借款付出的代价高于从中获得的利润，则不应继续增加借款规模，而应通过调整资产结构的办法来保持流动性，或者通过进一步挖掘存款潜力的办法扩大资金来源。

（2）商业银行在资产负债管理中，必须充分考虑流动性、安全性、盈利性之间的关系，以确定一个适度的短期借入负债的规模。

（二）长期借款的管理重点

在发行长期债券之前要做好债券发行和资金使用的衔接工作，注重利率变化和货币选择，掌握好发行时机，研究投资者心理。

1. 发行申报和发行机构

我国是向中央银行申报。

2. 信用等级的评定

信用等级的评定看三项指标：盈利能力、资本充足率和资产质量。

3. 发行数额和运用范围的规定

通常规定发行总额，即多次发行的累计额，不得超过银行资本加法定储备合计额的一定倍数。我国规定是偿还到期债券和新增特定贷款。

4. 发行价格与出售的规定

溢价发行，即出售价高于票面价格；折价发行，即出售价低于票面价格；等价发行，即出售价等于票面价格。我国是固定利率等价发行。

综合练习题

一、概念识记

1. 活期存款
2. 定期存款
3. 大额可转让定期存单
4. 通知存款
5. 商业银行负债
6. 同业拆借
7. 回购协议

二、单选题

1. 商业银行的主要负债和经常性的资金来源是（　　）。
   A. 活期存款　　　　　B. 定期存款　　　　　C. 存款　　　　　D. 储蓄存款
2. 在银行存储时间长，支取频率小，构成银行最稳定的资金来源的存款是（　　）。
   A. 储蓄存款　　　　　B. 定期存款　　　　　C. 支票　　　　　D. 活期存款
3. 中央银行以外的投资人在二级市场上贴现票据的行为是（　　）。
   A. 再贴现　　　　　B. 回购协议　　　　　C. 转贴现　　　　　D. 再贷款
4. 商业银行组织资金来源的业务是（　　）。
   A. 负债业务　　　　　B. 资产业务　　　　　C. 中间业务　　　　　D. 表外业务
5. 商业银行主动通过金融市场融通资金采取的形式是（　　）。
   A. 存款　　　　　B. 非存款负债　　　　　C. 货币市场存单　　　　　D. 协定账户
6. 商业银行的被动负债是（　　）。
   A. 发行债券　　　　　B. 吸收存款　　　　　C. 同业拆借　　　　　D. 再贷款
7. 商业银行维持日常性资金周转、解决短期资金余缺、调剂法定准备头寸而相互融通资金的重要方式是（　　）。
   A. 同业拆借　　　　　B. 再贴现　　　　　C. 再贷款　　　　　D. 回购协议
8. 以下属于商业银行长期借入资金来源的是（　　）。

A. 同业拆借　　　　　　B. 转贴现　　　　　　C. 再贴现　　　　　　D. 发行金融债券

9. 下列关于同业拆借的说法，不正确的是（　　　　）。

A. 同业拆借是一种比较纯粹的金融机构之间的资金融通行为

B. 为规避风险，同业拆借一般要求有担保

C. 同业拆借不需向中央银行缴纳法定存款准备金

D. 同业拆借资金只能作短缺的用途

10. 自动转账服务要求客户在银行账户开立（　　　　）两个账户。

A. 储蓄账户和活期存款账户

B. 储蓄账户和定期存款账户

C. 活期存款账户和定期存款账户

D. 储蓄账户和投资账户

三、多选题

1. 商业银行在中央银行存款包括（　　　　）。

A. 库存现金　　　　　　　　　　　B. 法定准备金

C. 超额准备金　　　　　　　　　　D. 存在上级行清算准备金

2. 储蓄存款主要面向（　　　　）。

A. 个人家庭　　　　　　　　　　　B. 盈利公司

C. 非营利机构　　　　　　　　　　D. 公共机构和其他团体

3. 中央银行向商业银行提供货币的主要形式有（　　　　）。

A. 贴现　　　　　　B. 再贴现　　　　　　C. 再贷款　　　　　　D. 贷款

4. 商业银行的短期借入负债包括（　　　　）。

A. 向中央银行借款　　　　　　　　B. 同业拆借

C. 转贴现　　　　　　　　　　　　D. 回购协议

5. 当经济过热时，中央银行可采取下列紧缩性货币政策措施（　　　　）。

A. 提高再贴现率　　　　　　　　　B. 收缩再贴现额

C. 提高存款准备金率　　　　　　　D. 增加再贷款规模

E. 大量买入证券

6. 负债业务是商业银行资产业务与中间业务开展的基础与前提，对商业银行的经营具有重要意义。具体有（　　　　）。

A. 负债业务是商业银行吸收资金的主要来源，是商业银行开展经营活动的先决条件

B. 负债业务是商业银行生存发展的基础

C. 负债业务是银行同社会各界联系的主要渠道

D. 负债业务量构成了社会流通中的货币量，银行负债是保持银行流动性的手段

E. 负债业务可将社会闲置资金聚集成国民经济发展的雄厚资金力量

7. 商业银行存款按存款的期限和提取方式不同，可分为（　　　　）。

A. 活期存款　　　　　　　　　　　B. 定期存款

C. 储蓄存款　　　　　　　　　　　D. 大额可转让定期存单

8. 定期储蓄存款是预先约定期限，到期才能提取的存款，有如下种类（　　　　）。

A. 整存整取　　　　　B. 零存整取　　　　　C. 整存零取　　　　　D. 存本取息

9. 非交易账户中包括（　　　　）。

A. 活期存款　　　　　B. 定期存款　　　　　C. 储蓄存款　　　　　D. 货币市场存款账户

10. 银行的非存款负债包括（　　　　）。

A. 同业拆借　　　　　B. 从中央银行借款　　　　C. 回购协议　　　　　D. 发行金融债券

四、判断题

1. 转贴现是银行之间的融资活动，再贴现是中央银行向商业银行提供的融资活动。 （　　）

2. 借款是商业银行的主动负债，不存在什么风险。 （　　）

3. 银行的存款越多越好，可以扩张贷款和其他资产业务，从而获取更多盈利。 （　　）

4. 商业银行向中央银行借款可以用于投资。 （　　）

5. 再贴现使用中，中央银行处于被动地位，因此不是理想的货币政策工具。 （　　）

6. 预期利率有上升趋势时，发行金融债券宜采用浮动利率计息方式。 （　　）

7. 非存款负债是主动负债，存款负债是被动负债。 （　　）

8. 定期存款一般到期才能提取，存款到期后，可办理续存手续或按事先约定进行自动转存，提前支取支付罚息。 （　　）

9. 资金成本相当于利息成本和营业成本两种成本的总和。 （　　）

10. 定期存款的存单可以作为抵押品取得银行贷款。 （　　）

五、简答题

1. 简述银行非存款资金来源（非存款负债方式）有哪些。

2. 存款对商业银行的经营为什么很重要？

六、应用题

调研当地某商业银行，分析其存款成本偏高的原因，并提出减少商业银行负债成本的对策。

第七章

商业银行财务报表

学习目标

知识目标：认识商业银行财务报表；会分析商业银行资产负债表、损益表、现金流量表；会进行银行绩效评价。

素质目标：培养诚实守信的道德观，明确诚实守信是最基本的做人准则，违法违规会损害社会利益，严重影响市场秩序，企业也终将破产。

情境导入

读懂商业银行资产负债表

某商业银行资产负债表（简表）如表7.1所示。

表7.1　某商业银行资产负债表（简表）　　　　　　　　　　　　　　元

资产	金额	负债	金额
现金	1 000	存款	6 700
存放中央银行存款	760	同业拆借	1 810
存放同业存款	1 500	实收资本	50
证券投资	200	法定盈余公积	12
信用贷款	800	未分配利润	10
担保贷款	2 800	呆账准备金	8
票据贴现	1 550	坏账准备金	20
合计	8 610	合计	8 610

在表7.1某商业银行资产负债表（简表）中，从资产部分可以看出商业银行资金运用的结构和规模；从负债部分可以看出商业银行资金来源和负债规模；从资产负债比，可以看出商业银行的负债率；从所有者权益部分，可以看出商业银行的所有者权益构成、盈利情况。还可以计算出该银行的存贷款比例为：

$$(800 + 2\ 800 + 1\ 550)/6\ 700 \approx 76.87\%$$

财务报表是商业银行提供信息最基本的工具，其汇集了能够反映银行各项业务开展情况的基本数据，银行管理者每天要阅读资产负债表等相关报表，了解银行资金来源和运用的状况，掌握各个部门的工作是否按计划进行。月末、季末、年末，银行通过损益表和现金流量表分析银行的经营管理绩效，以便总结工作经验和发现不足，制定下一阶段的工作计划。银行还会通过查阅竞争对手的财务报表，分析对手的经营策略，发现可能对本银行产生的威胁，从而调整和制定本银行的发展策略。上市银行会根据法规定期公布相关财务报表，公众可以通过网站查阅这些银行的财务数据。

为了使一家银行的信息很容易同另一家银行做比较，法律规定财务报告需具备一定的标准格式，以便展现这些数据。需要的财务报表包括以下几种：

（1）资产负债表：是银行的底子，主要反映银行的资产和债务。

（2）损益表（又叫利润表）：是银行的面子，主要反映一家银行的盈亏情况。

（3）现金流量表：是银行的蓄水池，主要反映银行资金的来源和使用情况。

第一节　资产负债表

银行资产负债表（balance sheet of financial position）是反映银行在特定日期全部资产、负债和所有者权益的报表。资产负债表反映了一家银行特定日期的财务状况，因而也称为财务状况表。

资产负债表的基本结构是根据"资产＝负债＋所有者权益"这一平衡原理设计的，反映的是商业银行在某个时间的资产和负债状况，是一个静态报表。

微课堂　资产负债表

一、资产负债表的内容

下面以我国某银行20××年年末的资产负债表为例进行分析，如表7.2所示。

表 7.2　某银行资产负债表（20××年 12 月 31 日）　　　　　　　万元

资产		负债及股东权益	
一、流动资产		一、流动负债	
货币资金（1）	257.59	短期存款（49）	17 918.97
贵金属（2）	0	短期储蓄存款（50）	17 885.73
存放中央银行存款（3）	3 479.17	财政性存款（51）	0
存放同业款项（4）	358.03	向中央银行借款（52）	0
存放联行款项（5）	0	同业存放款项（53）	2 932.35
拆放同业（6）	1 456.88	联行存放款项（54）	319.94
拆放金融性公司（7）	0	借入款项（55）	327.26
贷款（8）	26 594.66	金融性公司拆入（56）	0
其中：短期（9）	15 999.04	应解汇款（57）	0
中长期（10）	10 595.62	汇出汇款（58）	0
应收账款（11）	0	委托存款（59）	0
其他应收款（12）	0	应付代理证券款（60）	0
其他应收款净额（13）	0	卖出回购证券款（61）	0
减：坏账准备（14）	80.46	应付账款（62）	0

续表

资产		负债及股东权益	
应收款项净额（15）	0	预收账款（63）	0
预付账款（16）	0	其他应付款（64）	0
贴现（17）	0	应付工资（65）	0
短期投资（18）	0	应付福利费（66）	0
应收利息（19）	514.65	应付股利（67）	0
证券投资（20）	7 944.52	应交税金（68）	0
其中：自营证券（21）	0	其他应交款（69）	0
代理证券（22）	0	预提费用（70）	0
买入返售证券（23）	7 944.52	发行短期债券（71）	0
一年内到期长期债权投资（24）	0	一年内到期长期负债（72）	0
其他流动资产（25）	0	其他流动负债（73）	0
流动资产合计（26）	40 525.04	流动负债合计（74）	39 384.25
中长期贷款（27）	0	二、长期负债	
逾期贷款（28）	0	长期存款（75）	0
减：贷款呆账准备金（29）	0	长期储蓄存款（76）	0
应收租赁款（30）	0	保证金（77）	0
租赁资产（31）	0	应付转租赁租金（78）	0
长期资产合计（32）	0	发行长期债券（79）	0
二、长期投资		长期借款（80）	0
长期股权投资（33）	0	应付债券（81）	0.27
长期债权投资（34）	0	其中：短期（82）	0
长期投资合计（35）	0	长期（83）	0.27
减：长期投资减值准备（36）	0	其他长期负债（84）	0
长期投资净额（37）	0	其他负债（84）	1 886.25
三、固定资产		负债合计（86）	41 270.77
固定资产原价（38）	840.77		
减：累计折旧（39）	204.02		
固定资产净值（40）	636.75		
减：固定资产减值准备（41）	0	三、股东权益	
固定资产净额（42）	636.75	股本（87）	1 909.94
在建工程（43）	0	资本公积金（88）	11.47
固定资产合计（44）	636.75	盈余公积金（89）	147.61
其他资产（45）	2 018.92	实收资本	1 674.17

续表

资产		负债及股东权益	
其中：股权投资（46）	2 018.92	未分配利润（91）	76.69
无形资产及其他资产合计（47）	0	股东权益合计（92）	1 909.94
资产总计（48）	43 180.71	负债及股东权益总计（93）	43 180.71

说明：表格中（1）~（93）的数字序号是为了阅读方便，原表格中没有。

资产负债表的基本结构：

$$负债及所有者权益 = 存款 + 借入款 + 股东权益$$
$$资产 = 现金资产 + 持有证券 + 贷款 + 其他资产$$

资产负债表的平衡公式：

$$资产总额 = 负债总额 + 股东权益总额$$

教学互动7.1

问：分析以下资产负债表（见表7.3）编制得是否合理。

表7.3　资产负债表　　　　　　　××××年××月××日

百万美元

	期初	期末
一、资产		
现金及存放同业	2 300	1 643
证券投资	3 002	2 803
交易账户证券	96	66
拆出同业及回购协议下证券持有	425	278
贷款总值	15 412	15 887
减：贷款损失准备金	195	394
预收利息	137	117
贷款净值	15 080	15 376
银行房产、设备净值	363	365
对客户负债的承诺	141	70
其他资产	1 179	1 104
资产合计	22 586	21 705
二、负债		
存款		
支票存款	3 831	3 427
储蓄存款	937	914
货币市场存款	1 965	1 914
定期存款	9 981	9 452
在国外分支机构存款	869	787

续表

	期初	期末
总存款额	17 853	16 494
借入资金		
同业拆入及回购协议下证券出售	1 836	2 132
其他短期债务	714	897
长期债务	639	617
应付未结清承兑票据	111	70
其他债务	423	348
负债合计	21 306	20 558
二、所有者权益		
普通股	212	212
优先股	1	1
资本公积	601	603
未分配利润	466	332
减：库藏股	0	1
所有者权益合计	1 280	1 147
负债和所有者权益合计	22 586	21 705

答：该银行的期初资产（22 586）＝期初负债（21 306）＋期初所有者权益（1 280）；期末资产（21 705）＝期末负债（20 558）＋期末所有者权益（1 147）（单位：百万美元）。

因此，上述资产负债表符合资产＝负债＋所有者权益的基本编制原理。

二、资产负债表分析

表7.2列举了在2020年12月31日这个特定的时点，某银行资产、负债和股东权益（也称所有者权益）的规模。分析上面的报表可以发现：

资产负债表主要由资产、负债和所有者权益三大项目组成，负债和所有者权益共同构成了银行的资金来源。

（1）负债项目由流动负债和长期负债组成。

（2）负债项目中各子项目的比例关系反映了银行负债的结构。

（3）报表中的股东权益项目反映了银行股东投资的数量和结构。

（4）流动资产、长期资产、长期投资、固定资产组成资产项目，也称为银行的资金运用，资产项目中各个子项目的比例关系反映了银行资产的结构。

微课堂 商业银行
资产负债业务

（一）资产项目

（1）银行资产主要项目的分类如下：

①现金资产（C）；

②存放在其他金融机构的存款（P）；

③在金融市场购买的证券（S）（包括国库券和企业债券）；

④向客户提供的贷款（L）；

⑤其他资产（MA）。表7.4所示为银行资产主要项目分类。

表7.4　银行资产项目分类　　　　　　　　　　　万元

项目代号	分类	表7.2中资产项目	表7.2中余额
C	现金资产	库存现金、存放中央银行存款、存放同业款项、存放联行款项	（1）257.59+（3）3 479.17+（4）358.03+（5）0＝4 094.79（占比9.58%）
P	与其他金融机构往来	拆放同业、拆放金融公司	（6）1 456.88+（7）0＝1 456.88（占比3.41%）
S	持有证券	自营证券、代理证券	（21）0+（22）0+（23）7 944.52＝7 944.52（占比18.59%）
L	贷款	短期贷款、贴现、中长期贷款、逾期贷款	（9）15 999.04+（10）10 595.62＝26 594.66（占比62.21%）
MA	其他资产	股权投资、固定资产等	（40）636.75+（46）2 018.92＝2 655.67（占比6.21%）
	合计		42 746.52

分析表7.4，五个项目资产余额合计为42 746.52万元。现金资产、与其他金融机构往来、持有证券、贷款、其他资产比例分别为9.58%、3.41%、18.59%、62.21%、6.21%。

（2）这个数据表明以下情况：

①某商业银行的主要资金运用（投资项目）仍然以贷款为主，对这一点报表中的数据可以给予有力支持。银行的贷款包括短期贷款、中长期贷款、逾期贷款和贴现。其中贷款损失准备金账户余额可以用于抵扣银行的损失贷款。

②此报表中，持有证券余额为0，这个数字反映了中国银行体系的问题。中国银行业实行的是"分业经营体系"，银行经营范围与非银行金融机构经营范围之间有严格的区分，银行不能经营租赁业务、证券投资业务（证券自营）和代客证券投资业务。

③观察现金资产分类中，库存现金是为了满足存款客户提取存款的需要，也就是常常提到的满足银行流动性的需要；存放中央银行存款，是商业银行用于满足中央银行关于存款准备金比率的要求，以及银行支付结算中清算资金的需要；存放同业款项，是银行用于获得其他银行为本行客户提供代理服务，在服务代理银行存入的活期存款。在库存现金不能满足银行流动性的需求时，存放中央银行存款中的超额存款准备金，可以迅速转化为现金作为银行流动性需求的补充。

（二）负债项目

银行负债项目主要包括两项：个人和机构存放在银行中的存款（D）、银行从金融市场借入的资金（NDB），也称非存款资金或借入款。

1. 存款

存款是银行通过向家庭和机构提供金融服务，吸引个人和机构将盈余资金存入银行而获得的资金，是银行主要的和最稳定的资金来源。其中交易账户存款、定期存款和储蓄存款被称为核心存款。

2. 借入款

借入款是银行为了满足流动性需求、贷款资金需求从金融市场借入的资金。在近代负债管理理论的指导下，借入款已经逐步成为现代商业银行，特别是大型商业银行的重要资金来源。表7.5为银行负债项目分类。

表 7.5　银行负债项目分类　　　　　　　　　　　　　万元

项目代号	分类	表 7.2 中负债项目	表 7.2 中余额
D	个人和机构存款	短期存款、短期储蓄存款、长期存款、长期储蓄存款、保证金	（49）17 918.97 +（50）17 885.73 +（75）0 +（76）0 +（77）0 = 35 804.7
NDB	金融市场借款	向中央银行借款、同业存放款项、财政性存款、应付债券	（52）0 +（53）2 932.35 +（54）319.94 +（81）0.27 = 3 252.56
	合计		39 057.26

分析表 7.5，两个项目负债余额合计为 39 057.26 万元。

（1）列举的负债项目的两个分类是商业银行的主要负债业务，在银行总负债中的占比 =（39 057.26 ÷ 41 270.77）× 100% ≈ 94.64%。

（2）个人和机构的存款是银行的最基本资金来源，银行从金融市场上获得的借入款主要弥补了存款资金的不足。该银行的应付债券是银行通过金融市场发行的长期可转换债券。

微课堂　对我国商业银行负债结构的分析

（三）股东权益（资本金）

股东权益（EC）项下的资金规模常常被看作一个银行实力的象征，用来衡量银行抵御不可预测风险的能力及保护存款人利益的能力。

1. 股东权益比率

$$股东权益比率 = 股东权益/总资产 × 100\%$$

股东权益比率反映了企业资产有多少由股东投入，其大小好坏取决于企业的经营情况，如果稳定经营，势头强劲，则股东权益比例小反而好，这说明企业能利用更多的资源从而获得更大的收益，反之则不然。对于商业银行来说，由于是高负债经营的特有模式，股权比例可能非常小，当然，要符合国际《巴塞尔协议》的要求。

2. 分析该银行股东权益比率

$$该银行股东权益比率 = 股东权益/总资产 × 100\%$$
$$= 1\,909.94/43\,180.71 × 100\% = 4.42\%$$

股东权益比率的分析要结合国际《巴塞尔协议》要求的资本充足率分析（见第二章）。

（四）项目之间的关系

1. 股东权益（净资产）= 资产总额 - 负债总额

三者的关系如下：

资产负债表中记载的负债和股东权益数额代表银行持有的资金来源的数量，决定银行进行投资项目（资产）的购买力，负债和股东权益的结构揭示了资金来源的不同渠道。

（1）资产总额代表银行累计的资金运用的数量，银行通过资金运用获得收益，为银行带来收入，并向存款人支付利息和银行日常的运行费用。

（2）资产的结构揭示了银行资金运用的方向。

2. 银行资金运用数量总和 = 银行资金来源数量总和

（1）资产负债表中每一项资产（资金运用）必须由一定的负债（资金来源）来支持。所以，银行所有资金运用数量总和必须等于银行资金来源数量总和。

（2）银行的资金运用分为管理项目和投资项目。银行在预留了必须满足日常管理项目需要的资金数量（如库存现金、存款准备金等）后，剩余部分资金才能用于投资项目（如贷款、买入证券和其他投资），因此，银行资金运用项目中投资项目的数额一定小于银行资金来源项目的数额。银行家经常讲的一句话："资金来源的数量决定银行贷款投资的数量，决定银行的盈利能力。"从这里可以得到解释。

案例7.1

A银行资产负债表如表7.6所示。

表7.6　A银行资产负债表

编制单位：A银行　　　　　　　　　　20××年12月31日　　　　　　　　　　百万元

资产	期末余额	年初余额	负债	期末余额	年初余额
现金及存放中央银行款项	1 455 370	1 247 053	向中央银行借款	6	6
存放同业款项	100 679	28 425	同业及其他金融机构存放款项	776 582	448 461
贵金属	9 229	5 160	拆入资金	31 968	53 192
拆出资金	23 143	28 426	交易性金融负债	7 992	3 975
交易性金融资产	10 251	44 491	衍生金融负债	7 894	18 103
衍生金融资产	7 730	20 335	卖出回购金融资产	2 625	864
买入返售金融资产	588 706	208 548	客户存款	7 955 240	6 342 985
应收利息	40 129	38 297	应付职工薪酬	26 708	24 807
客户贷款及垫款	4 626 024	3 639 940	应交税费	25 549	35 310
可供出售金融资产	649 979	551 156	应付利息	59 442	59 652
持有至到期投资	1 408 465	1 041 783	预计负债	1 344	1 806
应收款项债券投资	499 575	551 818	已发行债券	98 383	52 531
长期股权投资	8 816	4 670	递延所得税负债	22	—
固定资产	74 098	63 723	其他负债	20 057	21 321
无形资产	18 304	18 462	负债合计	9 013 812	7 063 012
商誉	—	—	股东权益		
递延所得税资产	11 323	8 059	股本	233 689	233 689
其他资产	33 310	26 222	资本公积	90 266	90 241
			投资重估储备	13 213	11 138
			盈余公积	37 421	26 922
			一般风险准备	46 209	46 200
			未分配利润	130 785	55 867
			外币报表折算差额	−264	−501
			股东权益合计	551 319	463 556
资产总计	9 565 131	7 526 568	负债及股东权益合计	9 565 131	7 526 568

启发思考：分析A银行资产负债简表。

第二节　银行损益表、现金流量表

损益表也称为利润表，是反映银行在一段时期内各项业务收入和支出情况的财务报表。报表中记载的数据和信息反映了银行的盈亏状况，体现了银行的经营效率、管理效率和盈利能力。

损益表是反映银行在一定时期内盈亏状况的动态报表。银行的资产负债表和损益表之间有着密切的联系，资产负债表中的资产投资活动产生损益表中利息收入等收入项目，负债活动和银行管理活动产生损益表中的利息支出和费用支出等支出项目。报表使用者可以通过损益表了解银行的利润状况，了解银行的收入渠道分布状况、利息支出分布状况和费用支出分布状况。银行可以通过研究损益表发现银行哪一项资产业务发展不够，还可以给银行带来更多的收益；哪个负债项目费用过高，需要进一步控制费用支出。

微课堂　利润表
（损益表）

一、银行损益表的内容

损益表的主要组成部分：主营业务收入、主营业务支出、净利润和可供股东分配的利润等。表7.7为某银行损益表，以此为例进行分析。

表 7.7　某银行损益表

（20××年1月1日—12月31日）　　　　　　　　　　元

一、主营业务收入	23 800 377 000	减：存货跌价损失	0
其中：利息收入	17 491 718 000	管理费用	0
金融企业往来收入	3 225 771 000	财务费用	0
手续费收入	494 049 000	五、营业利润	4 240 326 000
证券销售差价收入	0	加：投资收益	2 364 000
证券发行差价收入	0	营业外收入	0
租赁收益	0	减：营业外支出	0
汇兑收益	221 894 000	六、利润总额	4 242 690 000
房地产经营收入	0	减：所得税	1 540 171 000
其他营业收入	0	少数股东权益	
二、主营业务支出	18 538 942 000	七、净利润	2 702 519 000
其中：利息支出	7 822 305 000	加：年初未分配利润	1 999 595 000
金融机构往来支出	3 210 984 000	盈余公积转入	0
手续费支出	121 717 000	外币未分配利润折算差	0
营业费用支出	6 006 507 000	八、可分配利润	4 702 114 000
汇兑损失	0	减：提取法定盈余公积	270 252 000
房地产经营成本	0	提取法定公益金	135 126 000
房地产经营费用	0	九、可供股东分配的利润	3 096 736 000
其他营业支出	19 436 000	减：应付普通股股利	362 931 000
三、主营业务税金及附加	1 021 109 000	提取任意盈余公积金	0
四、主营业务利润	4 240 326 000	十、未分配利润	1 696 860 000
加：其他业务利润	0		

二、银行损益表分析

通过损益表可以了解银行的利润状况。损益平衡公式为：

$$收入 - 支出 = 利润$$

（一）主营业务收入

银行收入包括银行资金运用带来的利息收入和银行向个人和机构提供金融服务的手续费收入两部分。其中，银行资金运用收入项目包括：贷款（L）利息收入、证券投资（S）利息收入、拆放同业和金融机构往来收入（利息收入）。服务手续费收入包括：银行为个人和机构办理支付结算服务的汇兑收益，银行为个人和机构办理其他金融服务（如办理挂失、代理缴费等）的手续费收入，这部分收入也称中间业务收入。表7.8为某银行2020年损益表中主营业务收入结构情况。

表7.8　某银行20××年损益表中主营业务收入结构情况

元

业务种类	收入项目	余额
贷款	利息收入	17 491 718 000
拆放同业款项、存放同业款项、拆放金融公司	金融机构往来收入（利息收入）	3 225 771 000
支付清算	汇兑收益	221 894 000
表外业务、中间业务	手续费收入	494 049 000

由表7.8可知：

贷款利息收入和金融机构往来收入占银行总收入的比率为：

$$(17\ 491\ 718\ 000 + 3\ 225\ 771\ 000)/23\ 800\ 377\ 000 \approx 87\%$$

手续费收入和汇兑收益（中间业务收入）占银行总收入的比率为：

$$(221\ 894\ 000 + 494\ 049\ 000)/23\ 800\ 377\ 000 \approx 3\%$$

计算结果显示中间业务收入占比仅为3%。这是目前政府和银行普遍担心的一个问题，即银行的盈利结构单一化。当一个国家的金融市场逐步完善时，更多的企业会通过资本市场筹集资金，放弃银行的贷款。金融专家普遍预测，商业银行的贷款市场将随着中国资本市场的发展而不断萎缩，这意味着商业银行的盈利能力将不断下降。如何扩大中间业务收入，改善银行的盈利结构，改变银行对于贷款绝对的依赖关系，这是商业银行必须积极应对的问题。

（二）主营业务支出

主营业务支出包括利息支出和营业费用支出两部分。银行的利息支出包括银行支付给存款人的利息支出和金融机构往来支出（利息支出），这是银行的主要费用支出部分。营业费用支出包括向银行职员支付的工资、奖金和福利部分，银行房屋和各类设备的日常运行费用或租金等。表7.9为某银行20××年损益表中主营业务支出结构情况，以此为例说明。

表7.9　某银行20××年损益表中主营业务支出结构情况

元

业务种类	支出项目	余额
存款	利息支出	7 822 305 000
拆放同业款项、存放同业款项、拆放金融公司	金融机构往来支出（利息支出）	3 210 984 000
发行债券	营业费用支出	6 006 507 000

由表 7.9 可知：

（存款）利息支出占比 = 7 822 305 000/18 538 942 000 = 42.19%

金融机构往来支出占比 = 3 210 984 000/18 538 942 000 = 17.32%

营业费用支出占比 = 6 006 507 000/18 538 942 000 = 32.40%

从上面的数据可见，该银行资金成本占比为 59.51%，营业费用占比为 32.40%，营业费用占比较大。从这个数据可以理解现代商业银行的一些管理措施，比如实施严格的内部管理制度：控制日常费用开支、控制营业场地面积、控制电子设备的更新速度等。这些做法也是银行管理者降低营业支出、提高利润的一种手段。

（三）利润

银行主营业务收入扣除主营业务支出、主营业务税金和附加，得到主营业务利润，计算方式如下：

主营业务利润 = 主营业务收入 − 主营业务支出 − 主营业务税金及附加

利润总额 = 主营业务利润 + 投资收益

净利润 = 利润总额 − 所得税

可分配利润 = 净利润 + 上年未分配利润

根据上述公式，计算表 7.7 有关数据如下：

主营业务利润 = 23 800 377 000 − 18 538 942 000 − 1 021 109 000

= 4 240 326 000（元）

利润总额 = 4 240 326 000 + 2 364 000 = 4 242 690 000（元）

净利润 = 4 242 690 000 − 1 540 171 000 = 2 702 519 000（元）

可分配利润 = 2 702 519 000 + 1 999 595 000 = 4 702 114 000（元）

视野拓展 三分钟
读懂什么叫缩表

分析上述公式可知，银行要提高收益，可以采取的策略如下：

（1）提高资产利息收入；

（2）重新安排资产结构，提高盈利资产占比；

（3）降低存款和借入款的利息支出；

（4）重新安排资金来源结构，降低高利息存款和借入款的占比；

（5）降低员工的工资和福利；

（6）降低设备和房屋的费用；等等。

当然，在实际操作中，银行面对的情况要复杂得多。如某项资产收益率高，银行财务人员主张发放这样的贷款，但是银行风险管理经理则认为高利率的贷款意味着高信用风险而予以否定。又如银行存款中活期存款成本率最低，但是过多的活期存款意味着银行将承担更大的流动性风险，银行必须存放更多的现金资产（非盈利资产）以满足流动性的需要，这样活期存款的综合成本可能大于定期存款。在实际操作中银行风险管理经理反而青睐于成本相对较高的定期存款。

案例 7.2

B 银行利润表如表 7.10 所示。

表 7.10 B 银行利润表

编制单位：B 银行 　　　　　　　　　　20××年度　　　　　　　　　　百万元

项目	本期金额	上期金额
一、营业收入	262 654	263 813
利息净收入	210 318	223 841

续表

项目	本期金额	上期金额
利息收入	337 741	355 438
利息支出	127 423	131 597
手续费及佣金净收入	47 413	37 841
手续费及佣金收入	49 080	39 386
手续费及佣金支出	1 667	1 545
投资收益/损失	4 993	−875
其中：对联营和合营企业的投资收益	—	—
公允价值变动收益/损失	−185	1 047
汇兑损益	−478	1 631
其他业务收入	593	328
二、营业支出	−127 319	−147 441
营业税金及附加	−15 923	−15 767
业务及管理费	−85 870	−80 819
资产减值损失	−25 263	−50 739
其他业务成本	−263	−116
三、营业利润	135 335	116 372
加：营业外收入	1 889	2 395
减：营业外支出	−1 246	−1 285
四、利润总额	135 978	117 482
减：所得税费用	−30 992	−26 715
五、净利润	104 986	90 767
六、基本和稀释每股收益	0.46	0.40
七、其他综合收益	2 337	−5 715
八、综合收益总额	107 323	85 052

启发思考：分析 B 银行利润情况。

三、银行现金流量表的内容

现金流量表也称资金流量表，是反映一定时期银行资金来源和资金运用变化情况的财务报表。

银行现金流量表主要回答两个问题：银行在某一时期使用的资金来自何方？资金用到哪里去？银行现金流量表由经营活动现金流量、筹资活动现金流量、投资活动现金流量三部分组成。表7.11为某银行现金流量表。

微课堂　现金流量表

（一）银行经营活动产生的现金流量

（1）贷款利息收入收到的现金、金融机构往来收入、其他营业收入收到的现金、活期存款吸收与支付净额、吸收的定期存款、收回的中长期贷款、同业存放和系统内存放款项吸收与支付净额、与其他金融机构拆借资金净额、金融机构其他往来收到的现金净额、租赁收入、证券及租赁业务现金增加净额、收到的其他与经营活动有关的现金、手续费收入收到的现金、汇兑净收益收到的现金、债券投资净收益收到的现金。

（2）存款利息支出支付的现金、金融企业往来支出支付的现金、手续费支出支付的现金、营业费用支付的现金、其他营业支出支付的现金、支付给职工以及为职工支付的现金、支付的定期存款、短期贷款收回与发放净额、发放的中长期贷款、支付营业税金及附加、支付的所得税款、购买商品接受劳务支付的现金、支付的其他与经营活动有关的现金。

（二）银行投资活动产生的现金流量

（1）收回投资所收到的现金，分得股利或利润所收到的现金，取得债券利息收入所收到的现金，处置固定资产、无形资产和其他长期资产所收到的现金，收到其他与投资活动有关的现金。

（2）购建固定资产、无形资产和其他长期资产支付的现金，权益性投资所支付的现金，债权性投资所支付的现金，支付其他与投资活动有关的现金。

（三）银行筹资活动产生的现金流量

（1）吸收权益性投资所收到的现金、发行债券所收到的现金、借款所收到的现金、收到的其他与筹资活动有关的现金。

（2）偿还债务所支付的现金、发生筹资费用所支付的现金、分配股利或利润所支付的现金、偿还利息所支付的现金、融资租赁所支付的现金、支付的其他与筹资活动有关的现金。

教学互动 7.2

问：为什么要有现金流量表？

答：资产负债表是一张存量报表，不能揭示财务变动的原因；损益表（利润表）虽然是动态报表，但它着眼于银行的盈利情况，不能反映资金运动的全貌，也不能揭示银行财务变动的原因。所以在资产负债表和损益表之外必须编制现金流量表，以弥补前两者的不足，将利润同资产、负债、所有者权益的变动结合起来，以揭示银行财务状况变动的原因。

四、银行现金流量表的计算

现金流量表三部分现金流量满足以下恒等式：

$$某一时期银行获得的资金 = 某一时期银行使用的资金$$

下面以表 7.11 某银行现金流量表进行分析。

表 7.11　某银行现金流量表（20××年 1 月 1 日—12 月 31 日）　　　　　　元

一、经营活动产生的现金流量	
贷款利息收入收到的现金（1）	20 528 319 000
金融机构往来收入（2）	0
其他营业收入收到的现金（3）	0
活期存款吸收与支付净额（4）	36 725 190 000
吸收的定期存款（5）	0
收回的中长期贷款（6）	45 030 925 000

同业存放和系统内存放款项吸收与支付净额（7）	0
与其他金融机构拆借资金净额（8）	0
金融机构其他往来收到的现金净额（9）	0
租赁收入（10）	0
证券及租赁业务现金增加净额（11）	0
收到的其他与经营活动有关的现金（12）	0
手续费收入收到的现金（13）	494 049 000
汇兑净收益收到的现金（14）	0
债券投资净收益收到的现金（15）	0
经营活动现金流入小计	$1.027\ 784\ 83 \times 10^{11}$
存款利息支出支付的现金（16）	102 284 434 000
金融企业往来支出支付的现金（17）	0
手续费支出支付的现金（18）	121 717 000
营业费用支付的现金（19）	0
其他营业支出支付的现金（20）	0
支付给职工以及为职工支付的现金（21）	2 356 723 000
支付的定期存款（22）	0
短期贷款收回与发放净额（23）	738 052 560 000
发放的中长期贷款（24）	78 258 329 000
支付营业税金及附加（25）	0
支付的所得税款（26）	1 269 071 000
购买商品接受劳务支付的现金（27）	0
支付的其他与经营活动有关的现金（28）	0
经营活动现金流出小计	$9.223\ 428\ 34 \times 10^{10}$
经营活动产生的现金流量净额（29）	$1.054\ 419\ 96 \times 10^{10}$
二、投资活动产生的现金流量	
收回投资所收到的现金（30）	51 127 263 000
分得股利或利润所收到的现金（31）	0
取得债券利息收入所收到的现金（32）	2 386 367 000
处置固定资产、无形资产和其他长期资产收到的现金（33）	3 852 000
收到的其他与投资活动有关的现金（34）	0
投资活动现金流入小计	$5.351\ 748\ 2 \times 10^{10}$
购建固定资产、无形资产和其他长期资产支付的现金（35）	1 285 969 000
权益性投资所支付的现金（36）	0

续表

债权性投资所支付的现金（37）	54 553 645 000
支付的其他与投资活动有关的现金（38）	0
投资活动现金流出小计	$5.583\ 961\ 4 \times 10^{10}$
投资活动产生的现金流量净额（39）	$-2.322\ 132 \times 10^{10}$
三、筹资活动产生的现金流量	
吸收权益性投资所收到的现金（40）	0
发行债券所收到的现金（41）	1 114 891 000
借款所收到的现金（42）	0
收到的其他与筹资活动有关的现金（43）	0
筹资活动现金流入小计	1 114 891 000
偿还债务所支付的现金（44）	0
发生筹资费用所支付的现金（45）	0
分配股利或利润所支付的现金（46）	32 944 600
偿付利息所支付的现金（47）	0
融资租赁所支付的现金（48）	0
支付的其他与筹资活动有关的现金（49）	0
筹资活动现金流出小计	32 944 600
筹资活动产生的现金流量净额（50）	1 081 946 400

说明：表格中（1）~（50）的数字序号，是为了读者阅读方便所加，原表格中没有。

对表 7.11 中的数据进行分析归纳，可以得出以下结果：

银行经营活动现金流入量 =（1）贷款利息收入 +（4）吸收活期存款 +（6）收回的中长期贷款 +（13）手续费收入

$\qquad$ = 20 528 319 000 + 36 725 190 000 + 45 030 925 000 + 494 049 000

$\qquad$ = $1.027\ 784\ 83 \times 10^{11}$（元）

银行经营活动现金流出量 =（16）存款利息支出 +（18）手续费支出 +（21）支付职员工资 +（23）短期贷款收回与发放净额 +（24）发放贷款 +（26）支付税金

$\qquad$ = 10 228 443 400 + 121 717 000 + 2 356 723 000 + 738 052 560 000 + 78 258 329 000 + 1 269 071 000

$\qquad$ = $9.223\ 428\ 34 \times 10^{10}$（元）

$\qquad$ 银行经营活动现金净流量 = $1.027\ 784\ 83 \times 10^{11}$ – $9.223\ 428\ 34 \times 10^{10}$

$\qquad$ = $1.054\ 419\ 96 \times 10^{10}$（元）

 案例 7.3

C 银行现金流量表如表 7.12 所示。

表 7.12　C 银行现金流量表

编制单位:C 银行　　　　　　　　　　20××年度　　　　　　　　　百万元

项目	本期金额	上期金额
一、经营活动产生的现金流量		
客户存款和同业及其他金融机构存放款项净增加额	1 940 153	981 691
拆出资金净增加额	—	10 019
卖出回购金融资产净增加额	1 761	—
已发行存款证净增加额	5 886	1 882
拆出资金净减少额	6 287	6 729
收取的利息、手续费及佣金的现金	375 876	322 484
交易性金融资产的净减少额	34 105	—
交易性金融负债的净增加额	4 017	—
收到的其他与经营活动有关的现金	3 354	26 266
经营活动现金流入小计	2 371 439	1 349 068
客户贷款和垫款净增加额	− 1 010 637	− 536 906
存放中央银行和同业款项净增加额	− 260 370	− 197 723
拆除资金净增加额	—	—
买入返售金融资产净增加额	− 380 158	− 71 322
拆入资金净减少额	− 21 248	—
卖出回购金融资产净减少额	—	− 107 171
支付的利息、手续费及佣金的现金	− 127 250	− 110 274
支付给职工以及为职工支付的现金	− 48 335	− 44 195
支付的各项税费	− 61 409	− 48 178
交易性金融资产的净增加额	—	− 18 968
交易性金融负债的净减少额	—	− 6 834
支付的其他与经营活动有关的现金	− 34 861	− 28 848
经营活动现金流出小计	− 1 944 268	− 1 170 419
经营活动产生的现金流量净额	427 171	178 649
二、投资活动产生的现金流量		
收回投资收到的现金	1 166 201	965 592
收取的现金股利	105	172
处置固定资产和其他长期资产收回的现金净额	483	563
投资活动现金流入小计	1 166 789	966 327
投资支付的现金	− 1 565 573	− 912 007
购建固定资产和其他长期资产支付的现金	− 21 417	17 490

续表

项目	本期金额	上期金额
取得子公司、联营和合营企业支付的现金	− 4 146	− 26
对子公司增资支付的现金	—	− 638
投资活动现金流出小计	− 1 591 136	− 930 161
投资活动产生的现金流量净额	− 424 347	36 166
三、筹资活动产生的现金流量		
发行债券收到的现金	79 880	2 982
筹资活动现金流入小计	79 880	2 982
分配股利支付的现金	− 19 558	− 40 937
偿付已发行债券利息支付的现金	− 1 972	− 2 005
偿还债务支付的现金	− 40 000	—
筹资活动现金流出小计	− 61 530	− 42 942
筹资活动产生的现金流量净额	18 350	− 39 960
四、汇率变动对现金及现金等价物的影响	21	− 3 164
五、现金及现金等价物净变动额	21 195	171 691
加:年初现金及现金等价物余额	354 393	182 702
⋮		
年末现金及现金等价物余额	375 588	354 393

启发思考:分析 C 银行现金流量表。

第三节　其他报表

为了更全面地反映银行的经营状况,商业银行(特别是上市银行)会公布一些其他的财务报表作为补充信息。这些报表包括股东权益变动表和财务报表附注(表外业务报告表等)。

一、股东权益变动表

股东权益变动表反映了银行股东对本银行投资变化的情况和银行盈利的分配情况。股东对银行的投资(也称为股本)是商业银行抵御不可预测风险的最重要也是最后的屏障。因此,政府监管当局高度关注股东权益变动表。另外,股东权益变动表反映了股东在银行资产中享有的经济利益的变化,备受股东的关注。下面以表7.13 某银行股东权益变动表进行分析。

表 7.13　某银行股东权益变动表

(20××年 8 月 30 日)　　　　　　　　　　　　　　　　元

一、实收资本(或股本)		任意盈余公积	0
期初余额(实收资本)	5 184 447 000	储备基金	0
本期增加数(实收资本)	1 037 588 000	企业发展基金	0

续表

资本公积转入	0	法定公益金转入数	0
盈余公积转入	0	本期减少数	0
利润分配转入	0	弥补亏损	0
新增资本(或股本)	0	转增资本	0
本期减少数(实收资本)	0	分派现金股利或利润	
期末余额(实收资本)	6 222 035 000	期末余额	496 756 000
二、资本公积		法定盈余公积	0
期初余额(资本公积)	4 948 491 000	储备基金	0
本期增加数(资本公积)	2 640 000	企业发展基金	0
资本(或股本)溢价	0	三、法定公益金	0
接受捐赠非现金资产准备	0	期初余额	280 697 000
接受现金捐赠	0	本期增加数	0
股权投资准备	0	从净利润中提取数	0
拨款转入	0	本期减少数	
外币资本折算差额	0	集体福利支出	0
资本评估增值准备	0	期末余额	280 697 000
其他资本公积	0	四、未分配利润	
本期减少数(资本公积)	0	期初未分配利润	1 999 595 000
转增资本	0	本期净利润	1 268 009 000
期末余额(资本公积)	495 113 000	本期利润分配	1 399 876 000
法定和任意盈余公积	0	期末未分配利润	1 867 728 000
期初余额	496 756 000	年初余额	0
本期增加数	0	本年增加数	0
从净利润中提取数	0	本年减少数	0
法定盈余公积(增加数)	0	年末余额	0

表7.13反映出该银行在本期实收资本增加1 037 588 000元,银行抗风险能力增加,但是原股东股权被稀释。本期利润分配数大于本期净利润,说明分配动用了上期末未分配利润,是为了保持银行的股本收益率不会有太大的降幅而采取的措施。

 案例7.4

表7.14为D银行所有者权益变动表。

表7.14 D银行所有者权益变动表

编制单位:D银行 (单位:百万元)

项目	股本	资本公积	投资重估储备	盈余公积	一般风险准备	未分配利润	外币报表折算差额	股东权益合计
一、上年年末余额	233 689	90 241	11 138	26 922	46 200	55 867	-501	463 556
加:会计政策变更								
前期差错更正								
二、本年年初余额	233 689	90 241	11 138	26 922	46 200	55 867	-501	463 556
三、本年增减变动金额		25	2 075	10 499	9	74 918	237	87 763
(一)净利润						104 986		104 986
(二)直接计入股东权益的利得和损失		25	2 075				237	2 337
1. 可供出售金融资产公允价值变动净额			2 075				237	2 337
2. 权益法下被投资单位其他股东权益变动的影响								
3. 与计入股东权益项目相关的所得税影响								
4. 其他		25						
上述(一)和(二)小计		25	2 075			104 986	237	107 323
(三)所有者投入和减少资本								
1. 所有者投入资本								
2. 股份支付计入股东权益的金额								
3. 其他								
(四)利润分配				10 499	9	-30 068		-19 560
1. 提取盈余公积				10 499		-10 499		
2. 提取一般风险准备					9	-9		
3. 对股东的分配						-19 560		-19 560
4. 其他								
(五)所有者权益内部结转								
1. 资本公积转增股本								
2. 盈余公积转增股本								
3. 盈余公积弥补亏损								
4. 一般风险准备弥补亏损								
5. 其他								
四、本年末余额	233 689	90 266	13 213	37 421	46 209	130 785	-264	551 319

启发思考:分析D银行所有者权益变动情况。

二、财务报表附注

财务报表附注是对资产负债表、利润表、现金流量表和所有者权益变动表等报表中列示项目的文字描述或明细资料，以及未能在这些报表中列示项目的说明等。附注是财务报表的重要组成部分，内容包括银行的基本信息、财务报表的编制基础、遵循企业会计准则的声明、重要会计政策和会计估计、会计政策和会计估计变更以及差错更正的说明、重要报表项目的说明及其他说明的重要事项。

商业银行应当按照规定披露附注信息，主要包括下列内容：

(1) 商业银行的基本情况。

(2) 财务报表的编制基础。

(3) 遵循企业会计准则的声明。

(4) 重要会计政策和会计估计。

(5) 会计政策和会计估计变更以及差错更正的说明。

以上 (1) ~ (5) 项，应当比照一般企业进行披露。

(6) 重要报表项目的说明及其他说明的重要事项。

案例7.5

表7.15中有三个数据：企业的盈利能力、资产质量、现金流量。

启发思考：

(1) 三个数据说明了什么？

(2) 为什么平安银行的股价比兴业银行低？

表7.15　两个银行的相关数据

银行名称	股票代码	股价/元	收益/股	净资产/股	现金流量/股
平安银行	000001	15.99	1.37	1.09	−0.45
兴业银行	601166	16.84	2.01	2.28	11.22

综合练习题

一、概念识记

1. 资产负债表

2. 损益表

3. 现金流量表

4. 股东权益变动表

二、单选题

1. (　　) 是反映商业银行在一定时期（月份、年度）内经营成果的动态报表。

A. 资产负债表　　B. 利润表　　　　　C. 现金流量表　　　D. 股东权益变动表

2. (　　) 是对财务报表中列示项目的文字描述或明细资料，以及未能在这些报表中列示项目的说明。

A. 财务报表附注　　B. 利润表　　　　C. 现金流量表　　　D. 股东权益变动表

3. 属于财务报表附表的是 (　　)。

A. 资产负债表　　　B. 股东权益变动表　　C. 现金流量表　　　D. 利润表

4. 反映了银行股东对本银行投资变化的情况和银行盈利的分配情况的报表是（　　）。

A. 股东权益变动表　　B. 资产负债表　　　　C. 现金流量表　　　　D. 利润表

5. 以下（　　）不构成银行现金流量表。

A. 经营活动现金流量　　　　　　　　　　B. 筹资活动现金流量

C. 投资活动现金流量　　　　　　　　　　D. 客户存款现金流量

6. 介绍银行资金的来源和使用情况的报表是（　　）。

A. 股东权益变动表　　B. 资产负债表　　　C. 现金流量表　　　D. 利润表

7. 表现一家银行盈亏情况的报表是（　　）。

A. 股东权益变动表　　B. 资产负债表　　　C. 现金流量表　　　D. 利润表

8. 主要描述银行的资产和负债情况的报表是（　　）。

A. 股东权益变动表　　B. 资产负债表　　　C. 现金流量表　　　D. 利润表

9. 以下（　　）的说法是错误的。

A. 资产负债表的基本结构是根据"资产 = 负债 + 所有者权益"这一平衡原理设计的

B. 资产负债反映的是商业银行在某个时点资产和负债状况

C. 资产负债表是一个动态时点数

D. 资产 = 现金资产 + 持有证券 + 贷款 + 其他资产

10. 以下（　　）公式是错误的。

A. 主营业务利润 = 主营业务收入 − 主营业务支出 − 主营业务税金及附加

B. 利润总额 = 主营业务利润 − 投资收益

C. 净利润 = 利润总额 − 所得税

D. 银行资金运用数量 = 银行资金来源数量

三、多选题

1. 以下属于营业支出的有（　　）。

A. 利息支出　　　　　B. 薪金与福利支出　　C. 资产使用费　　　D. 其他营业费用

2. 从商业银行的资产负债表来看，其资产构成一般有（　　）。

A. 现金资产　　　　　B. 信贷资产　　　　　C. 投资　　　　　　D. 流动资产

E. 固定资产

3. 以下（　　）属于资产负债表中的资产项目。

A. 现金　　　　　　　B. 证券资产　　　　　C. 贷款　　　　　　D. 未分配利润

4. 损益表能够反映一家银行在报告期内的（　　）情况。

A. 收入　　　　　　　B. 支出　　　　　　　C. 税金　　　　　　D. 利润

5. 下列说法正确的是（　　）。

A. 负债项目由流动负债、长期负债组成

B. 负债项目中各子项目的比例关系反映了银行负债的结构

C. 资产负债表中的股东权益项目反映了存款人的数量和结构

D. 流动资产、长期资产、长期投资、固定资产组成资产项目，也称为银行的资金运用

6. 以下（　　）项目构成了损益表的主要组成部分。

A. 主营业务收入　　　　　　　　　　　　B. 主营业务支出

C. 净利润和可供股东分配的利润　　　　　D. 存款

7. 以下构成银行资金运用收入项目的有（　　）。

A. 贷款利息收入　　　　　　　　　　　　B. 证券投资利息收入

C. 金融机构往来利息收入　　　　　　　　D. 手续费收入

8. 以下（　　）项目构成了银行主营业务支出。

A. 存款人的利息支出   B. 借入款的利息支出

C. 支付的工资   D. 奖金和福利

9. 以下公式中正确的是（　　　）。

A. 主营业务利润＝主营业务收入－主营业务支出－主营业务税金及附加

B. 利润总额＝主营业务利润＋投资收益

C. 净利润＝利润总额－所得税

D. 可分配利润＝净利润＋上一年未分配利润

10. 银行要提高收益，可以采取的策略有（　　　）。

A. 提高资产利息收入

B. 重新安排资产结构，提高盈利资产占比

C. 降低存款和借入款的利息支出

D. 重新安排资金来源结构，降低高利息存款和借入款的占比

四、判断题

1. 营业收入包括利息收入、手续费收入、其他收入。   （　　　）

2. 利润指税前总利润和税后净利润。   （　　　）

3. 现金流量表能反映银行在一个经营期内现金流入流出情况，有助于投资者和经营者判断银行的经营状况。   （　　　）

4. 营业所得现金由净利润加上应计收入，再加上非付现费用构成。 （　　　）

5. 一般情况下，银行贷款等非现金资产减少较大，相应减少的现金较多。 （　　　）

6. 客户以现金形式存入银行增加负债是银行资金增加的主要来源之一。 （　　　）

7. 资产项目中各个子项目的比例关系反映了银行资产的结构。   （　　　）

8. 资产总额代表银行累计的资金运用的数量，资产的结构揭示了银行资金运用的方向。   （　　　）

9. 银行所有资金运用项目的数量总和必须等于银行资金来源项目的数量总和。 （　　　）

10. 银行资金运用项目中投资项目的数额一定小于银行的资金来源数额。 （　　　）

五、简答题

1. 试比较商业银行的财务报表与一般企业的财务报表的相同与不同之处。

2. 如果一家银行的经营业绩出现了下滑趋势，银行应如何分析原因？

六、应用题

根据以下兴业银行和招商银行的财务报表，如表7.16～表7.21所示，判断各家银行的优劣，选出具有核心竞争优势的银行。

（一）计息负债（原材料）

表7.16　兴业银行2018年的计息负债明细

项目	2018年		2017年	
	平均余额/万元	平均成本率/%	平均余额/万元	平均成本率/%
计息负债				
吸收存款	3 201 074	2.19	2 903 175	1.89
公司存款	2 719 409	2.25	2 509 352	1.93
活期	1 073 591	0.75	1 064 045	0.68
定期	1 645 818	3.22	1 445 307	2.84

续表

项目	2018 年		2017 年	
	平均余额/万元	平均成本率/%	平均余额/万元	平均成本率/%
计息负债				
个人存款	481 665	1.84	393 823	1.67
活期	246 033	0.30	222 692	0.30
定期	235 632	3.44	171 131	3.45
同业及其他金融机构存款和拆入款项（含卖出回购金融资产款）	1 872 021	3.66	1 989 098	3.71
向中央银行借款	262 826	3.29	228 526	3.11
应付债券	693 831	3.99	719 230	3.95
合计	6 029 752	2.90	5 840 029	2.81
净利差		1.54		1.44
净息差		1.83		1.73

表 7.17　招商银行 2018 年的计息负债明细

项目	2018 年			2017 年		
	平均余额/万元	利息支出/万元	平均成本率/%	平均余额/万元	利息支出/万元	平均成本率/%
计息负债						
客户存款	4 269 523	61 987	1.45	3 965 462	50 329	1.27
同业和其他金融机构存拆放款项	863 041	23 028	2.67	880 787	24 138	2.74
应付债券	340 151	14 530	4.27	339 320	13 436	3.96
向中央银行借款	348 093	10 982	3.15	305 886	9 250	3.02
合计	5 820 808	110 527	1.90	5 491 455	97 153	1.77
净利息收入		160 384			144 852	
净利差			2.44			2.29
净利息收益率			2.57			2.43

（二）出售商品（生息资产）

银行吸收到有一定利息成本的钱（原材料），贷出去才能获利，贷出资金时，要尽量地提高贷款利率。比较一下招商银行和兴业银行的生息资产收益情况（这里的生息资产除了贷款以外，还包括各种投资性金融资产）。由于监管部门有存贷比的限制，那些不能贷出去的钱，可以投资一些低风险项目，比如国债。

表 7.18　兴业银行 2018 年的生息资产明细

项目	2018 年		2017 年	
	平均余额/万元	平均收益率/%	平均余额/万元	平均收益率/%
生息资产				
公司及个人贷款和垫款	2 686 176	4.69	2 280 316	4.59
按贷款类型划分				
公司贷款	1 667 424	4.82	1 459 103	4.72
个人贷款	1 018 752	4.48	821 213	4.37
按贷款期限划分				
一般性短期贷款	1 139 365	4.51	934 716	4.43
中长期贷款	1 460 677	4.87	1 306 980	4.76
票据贴现	86 134	4.12	38 620	2.98
投资	2 577 388	4.80	2 877 800	4.50
存放中央银行款项	425 645	1.54	452 719	1.50
存放和拆放同业及其他金融机构款项（含买入返售金融资产）	291 577	2.91	213 334	3.58
融资租赁	109 533	5.22	120 194	4.55
合计	6 090 319	4.44	5 944 363	4.26

表 7.19　招商银行 2018 年的生息资产明细

项目	2018 年			2017 年		
	平均余额/万元	利息收入/万元	平均收益率/%	平均余额/万元	利息收入/万元	平均收益率/%
生息资产						
贷款和垫款	3 825 123	196 370	5.13	3 508 470	168 858	4.81
投资	1 278 915	48 267	3.77	1 432 408	52 042	3.63
存放中央银行款项	510 760	7 961	1.56	566 594	8 679	1.53
存拆放同业和其他金融机构款项	630 169	18 313	2.91	459 129	12 426	2.71
合计	6 244 967	27 911	4.34	5 966 601	242 005	4.06

（三）净利差和净息差

净利差，是指总生息资产平均收益率与总计息负债平均成本率的差额，相当于毛利率。

净息差（大部分银行的财报里叫净利息收益率），是指净利息收入除以生息资产平均余额，相当于净资产收益率（ROE）。

（四）利润表

表 7.20　兴业银行 2018 年利润表

项目	2018 年收入/万元	2017 年收入/万元	增减变动幅度/%
营业收入	158 258	139 975	13.06
营业利润	67 876	64 813	4.73
利润总额	68 038	64 753	5.07
归属于母公司股东的净利润	60 593	57 200	5.93
归属于母公司股东的扣除非经常性损益的净利润	56 258	54 464	3.29
基本每股收益/元	2.85	2.74	4.01
加权平均净资产收益率/%	14.26	15.35	下降1.09个百分点
⋮			
总资产	6 714 220	6 416 842	4.63
归属于母公司股东的所有者权益	466 184	416 895	11.82
归属于母公司普通股股东的所有者权益	440 279	390 990	12.61
普通股股本	20 774	20 774	持平
归属于母公司普通股股东每股净资产/元	21.19	18.82	12.61
不良贷款率/%	1.57	1.50	下降0.02个百分点

表 7.21　招商银行 2018 年利润表

主要财务数据	2018 年收入/万元	2017 年收入/万元	增减变动幅度/%
营业收入	248 656	220 897	12.57
其中：非利息净收入	88 272	76 045	16.08
营业利润	106 691	90 540	17.84
利润总额	106 480	90 680	17.42
归属于本行股东的净利润	80 560	70 150	14.84
扣除非经常性损益后归属于本行股东的净利润	80 133	69 769	14.85
归属于本行普通股股东的基本每股收益/元	3.13	2.78	12.59
归属于本行普通股股东的加权平均净资产收益率/%	16.57	16.54	减少0.03个百分点
⋮			
总资产	6 745 838	6 297 638	7.12
其中：贷款和垫款总额	3 933 034	3 565 044	10.32

续表

主要财务数据	2018 年收入/万元	2017 年收入/万元	增减变动幅度/%
总负债	6 202 180	5 814 246	6.67
其中：客户存款总额	4 400 674	4 064 345	8.28
归属于本行股东权益	540 160	480 210	12.48
普通股总股本	25 220	25 220	—
归属于本行普通股股东的每股净资产/元	20.07	17.69	13.45
不良贷款率/%	1.36	1.61	减少 0.25 个百分点

第八章

商业银行中间业务与表外业务

学习目标

知识目标： 了解商业银行中间业务的概念、特点和分类，区分狭义中间业务和表外业务的异同；了解国际银行中间业务的发展趋势；熟悉狭义中间业务和表外业务所包含的各类子业务的经营内容；在了解商业银行表外业务经营风险的基础上，熟悉并掌握各类表外业务的风险管理策略。

素质目标： 树立职业道德和规范、培养大学生的社会责任感和全球视野、培养科学精神、培养创新思维和实践能力。

情境导入

我国商业银行中间业务仍有发展空间

2020 年上半年，四大行中间业务收入规模仍居前四。36 家 A 股上市银行合计实现中间业务收入 5 315 亿元，占同期营业收入的 19.5%。其中，工商银行中间业务收入规模最高，达到 889 亿元；其次为建设银行，达到 800 亿元；农业银行和中国银行中间业务收入规模在 500 亿元左右。

从银行类型来看，国有 6 大行、9 家股份行、13 家城商行以及 8 家农商行的中间业务收入分别为 17.6%、25.6%、14.3%、6.6%，这与发达国家相比还存在很大差距。西方商业银行中间业务收入一般占到总收入的 40%~50%，有的银行甚至已达到 70% 以上。中间业务已成为最重要的收入来源，远远高于存贷业务带来的利润。

国内商业银行中间业务收入的结构虽然存在一定差异，但整体上共性特征更为突出，更多的中间业务收入主要依赖于银行卡（信用卡）手续费、结算类业务和代理类业务，而投行类业务、托管类业务、担保承诺类业务以及其他中间业务收入的贡献比例仍然比较低。

西方商业银行出于规避风险、提高竞争能力以及盈利水平等目的，不断开发出新的中间业务品种。有票据发行便利、货币或利率互换、期货和期权等业务。以美国银行为例，美国商业银行中间业务收入主要有四个类别：托管收入、存款账户服务收入、交易账户中间收入、中间业务收附加费利息收入。在附加费利息收入中，投资银行资产、银行资产服务、证券化资产交易、保险业务与运营性的其他收入一直占比较高，构成中间业务收入的主要来源。

资产、负债和中间业务是商业银行的三大支柱业务。全球商业银行中间业务由于其本身具有风险小、收益高的优点，发展迅猛，中间业务收入已成为商业银行的主要收入来源。随着商业银行经济活动范围的日益扩大，要求信用服务形式更加多样化，这就使中间业务和表外业务产生并迅速地发展起来。

第一节　商业银行中间业务和表外业务概述

表外业务有狭义与广义之分。广义的表外业务是指商业银行依托业务、技术、机构、信誉和人才等优势，从事不在资产负债表内反映的业务，也是广义的中间业务，即以中间人的身份代理客户承办收付和其他委托事项，提供各种金融服务并据以收取手续费的业务。也就是说，广义的表外业务除了包括狭义的表外业务外，还包括结算、代理、咨询等无风险的经营活动。

微课堂　中间业务

狭义的表外业务是指那些未列入资产负债表，但同表内资产业务与负债业务密切相关，并会在一定条件下转化为表内资产业务或负债业务的经营活动。本书所研究的中间业务和表外业务是指狭义的内容。

一、中间业务

商业银行的中间业务是指银行不需要动用自己的资金而代理客户委托的事项并从中收取手续费的业务，如汇兑、代收等。中间业务收取的手续费形成了银行的非利息收入。

微课堂　资产和负债

（一）中间业务是无风险业务

中间业务不需要银行提供资金，以收取手续费为主要目的，接受客户委托。中间业务不构成商业银行的表内资产或负债。

（二）中间业务是衡量银行综合能力的显著标志

中间业务收入从不同的方面体现了银行交叉销售、投行、零售信用卡、资产管理的能力。

敲黑板

> 中间业务出自《商业银行中间业务暂行规定》，这是人民银行 2001 年制定的，2008 年废止，现在叫非利息收入。就是商业银行可以不承担表内风险（明面上的风险），但是可以取得收入（收中介费）的业务。

1. 银行的对公业务

银行在对企业客户的对公业务进行定价时会综合考虑客户可以带来的利润，测算客户可派生的中间业务收入。

2. 银行的零售业务

对于办理过按揭的客户，银行也会通过各类渠道营销理财产品、银行卡等中间业务。例如，银行多年的业务经营积累了得天独厚的客户资源，通过与券商投行部门的合作，商业银行参与各类债券的前期承揽与后期的资金监管，可以获得承销费分成与资金托管费双重收入。

目前，发达国家商业银行中间业务收入占其营业收入的比重一般在 40% 以上，欧洲一些全能银行其比重在 70% 以上，而我国商业银行中间业务收入占其营业收入的比重目前一般为 20% 左右，主要原因在于国内商业银行的盈利模式仍然以传统的利差收入为主导。

二、表内业务和表外业务

表内业务和表外业务是银行业务的统称。"表"就是指资产负债表，是企业经营的三大财务报表之一，纳入资产负债表的业务就是表内业务，不纳入资产负债表的业务就是表外业务。

（一）表内业务

表内业务主要是指银行的主营业务，比如吸收存款、放出贷款，通过低吸高贷，获得利息差，这是银行的主要利润来源。每吸收一笔存款就会增加一项负债，每放出一笔贷款就会增加一项资产，这两项业务数据都会被纳入资产负债表，都会引起资产负债表的数据变动，所以称为表内业务。

（二）表外业务

银行要生存，就要获得更多的利润，仅靠存款和放贷获得利息差的方法不足以满足其对利润的渴望，于是便出现了金融担保、货币兑换、咨询服务、衍生金融产品交易、证券销售、理财产品销售等表外业务。

商业银行的表外业务是指那些未列入资产负债表，但同表内资产业务与负债业务密切相关，并会在一定条件下转化为表内资产业务或负债业务的经营活动，通常把这些经营活动称为"或有资产""或有负债"。假设 A 企业向 B 企业借款，C 银行为了留住 A 企业这个客户，就为其提供信用担保（A 企业不满足银行放款的资质要求），如果 A 企业能按期把钱还给 B 企业，那么这个担保业务就得以顺利终结；反之，C 银行就需要承担担保承诺，把担保款项付给 B 企业。因为这个业务只是一个承诺，没有抵押物，所以不会反映在资产负债表上。当 A 企业不能偿还借款时，这笔资金就会反映在 C 银行的资产负债表上，一旦纳入资产负债表，这个业务就转换成为表内业务。可见，表外业务在一定情况下会转换为表内业务。

表外业务具有灵活性强、透明度差、风险高、收益高等特点，所以表外业务也一直是银行监管的重点。

三、表外业务和中间业务的关系

商业银行的中间业务和表外业务均有广义和狭义的概念，其间既有联系又有差异，极其混杂，如图 8.1 所示。

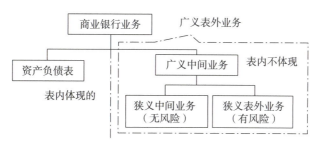

图 8.1 商业银行中间业务和表外业务的关系

（一）表外业务和中间业务与银行的关系

1. 是否占用银行资金

二者都不在商业银行的资产负债表中反映，二者都有不少业务不占用银行的资金，银行在其中充当代理人、被客户托付的身份，主要收入来源是服务费、手续费、管理费等。

2. 是否涉及银行自身

表外业务可以涉及银行自身，而狭义的中间业务则不涉及银行自身，银行只起中间人的作用，如开立银行承兑汇票就属于表外业务。

（二）表外业务和中间业务的区别

1. 规模不同

狭义的表外业务只是广义的中间业务的一部分，不能反映一切中间业务的特点。

2. 风险不同

狭义的中间业务更多表现为传统的业务，风险较小；狭义的表外业务则更多表现为创新的业务，这些业务与表内业务一般有密切联系，在一定条件下还可以转化为表内业务，风险较大。

因此，以金融衍生产品方式存在的危险更大的表外业务，遭到各国金融管理当局和一些国际金融组织严厉的控制。

表内业务、表外业务、中间业务的关系如表8.1所示。

表8.1　表内业务、表外业务、中间业务的比较

项目	表内业务	表外业务	中间业务
	贷款	贷款承诺	代理收费
向客户提供	资金	信誉	服务
向客户收取	利息	手续费	手续费
银行的地位	主动	角色移位	中介人
风险状况	风险大	潜在风险	无风险

视野拓展8.1

早期的信用卡以转账结算和支付汇兑为主要功能，称为记账卡或支付卡，就像过去我国的信用卡要求先存款后消费，只在特殊情况下允许在极短期限内少量善意透支，这是较典型的中间业务；而目前国际较流行的标准信用卡主要是贷记卡，以银行为客户提供短期消费信用为特征，已变化为一种消费信贷行为。

对商业票据的担保：这是指当商业票据的发行人无力偿还债务时，银行要承担连带责任，因此对商业票据的承兑担保成为银行的一种或有负债。

新兴的表外业务：这是指商业银行为获取收益而从事的新兴的表外业务，如外汇及股价指数等期权、期货交易，其风险度更是超过了一般的信用业务。

教学互动8.1

问：举出商业银行中间业务的例子。

答：替客户办理资金的转账、代收代付款项、代买代卖外汇、出租保管箱等。

四、国际银行中间业务的发展趋势

从古巴比伦的寺庙开始，在长达四千年漫长而曲折的演进历程中，银行业一刻也没有停止过变革与发展的主旋律。每一天，你的身边都可能有新诞生的银行，也可能有没落甚至退出历史舞台的银行，优胜劣汰，适者生存，银行业的发展同样遵循着自然界的更替规律。

在国际金融发展史上，商业银行中间业务的发展已有160多年的历史，尤其是近些年来，许多西方国家商业银行中间业务的收入不仅成为其经营收入的主要来源，而且大有赶超利息收入之势。

随着金融创新的加剧，商业银行中间业务的内涵和外延发生了重大变化，国际银行中间业务的发展趋势呈现出以下三个特点：

（一）经营范围广泛，品种繁多

西方国家商业银行经营的中间业务种类繁多，为满足客户的各种需求，商业银行的经营品种日新月异，层出不穷。中间业务的范围除涵盖了传统的银行业务外，还涵盖了信托业务、投资银行业务、共同基金业务和保险业务等。商业银行既可以从事货币市场业务，也可以从事商业票据贴现及资本市场业务。

（二）业务规模日趋扩大，收入水平不断上升

过去20年间，美国商业银行的投资银行业务、资产服务、资产证券化、保险业务和其他运

营性收入的增长使得非利息收入在营业收入中的占比增加了 15.4%。而且，大型商业银行的非利息收入在银行总收入中占比从 82.9% 增加到 93.0%。目前，世界主要国家的非利息收入在商业银行全部收入中的比重一般都在 20% 以上，个别商业银行甚至高达 70%，非利息收入已经成为决定商业银行整体收入状况的一个极其重要的因素。据统计，目前非利息收入在商业银行全部收入中的比重，美国和加拿大平均为 45%，欧洲国家为 44%，澳大利亚等亚太国家为 28%。经济越发达，非利息收入所占比重越高。

（三）服务手段先进，科技化程度高

科技程度的提高为商业银行发展中间业务提供了强大的技术支持和创新基础，特别是近年来出现的可以在任何时候和任何地点以任何方式为客户提供个性化服务的网络银行，促进了中间业务的发展。拥有先进技术的国际性银行凭借其强大的支付系统在中间业务方面获得了巨额的服务费收入。

视野拓展 8.2

在中间业务中，如支付结算、信托、代理等业务，商业银行都是以交易双方当事人之外的第三者身份接受委托，扮演中间人的角色；而表外业务却在业务发展中可能发生商业银行中间人角色的移位，成为交易双方的一方，即成为交易的直接当事人。

如贷款承诺，就是由商业银行和客户签订的信贷承诺协议，在签订协议时无信贷行为发生，也就不在资产负债表上做出反映，因而是典型的表外业务，但是一旦具备了协议所列的某项具体贷款条件，商业银行就必须履行协议规定的向客户提供贷款的责任；再如目前商业银行所从事的国际业务的各种金融工具交易，除接受客户委托以中间人身份进行的代客交易外，还常常出于防范、转移风险的需要，及实现增加收入的目的，作为直接交易的一方出现。目前国际商业银行正大力发展表外业务，并带来了与表内业务平分秋色的收益。

案例透析 8.1

美国人的信用卡

美国是一个信用制度非常完善的国家，在日常生活中信用卡的使用非常普遍，如果你看一个美国人的钱包，里面很少有现金，有的只是一大把各种各样的信用卡。日常生活中人们购物和支付各种费用，大部分都是用信用卡来完成的。人们得到信用卡的渠道也非常多，不仅可以在银行申请信用卡，而且在很多超市和商店也可以申请信用卡。如果在你家附近有一个超市，而你经常要在那里采购日常用品，就可以考虑在那里申请一个信用卡。

申请信用卡的时候，超市首先要审查你的社会安全号，在确认你没有什么不良记录以后，你就可以成功地得到一张该超市的信用卡。初次得到信用卡的额度也许不会很高，500 美元也许是你能拿到的额度。当然，如果你从其他地方已经得到了另一张信用卡，那么在这里也许你能得到更高的额度；如果你还有贷款买车的记录，那你能得到的额度还会更高；以此类推，你借钱的记录越多，得到的信用额度就会越高。你一定不明白为什么，下面详细分析。你在超市得到的这张信用卡的 500 美元额度，不是超市给你让你存起来的，而是让你在这个超市花掉，当下个月还款期到了的时候，切记，不要全部足额地把钱还给他们，你只要把利息还了，再稍微还点本金就可以了，一般是还百分之十几或二十几，这样，到了下个月，或者下下个月，你的额度就有可能增长到 800 美元。继续把它们花出去，然后还是只还百分之二十左右，依此下去，你的信用额度就会越长越高。如果人家借给你 500 美元，你花完了，到期马上足额地还上了，那你下个月的额度还是 500 美元，不会增长。

你又不明白了吧？信用卡公司是不是有病啊，你借的钱越多，你的信用额度就越高？是的，但他们没病，因为你借钱越多，他们得到的利息就越多，这是一个数学问题。如果一个美国人

没有信用卡，或者失去了信用而得不到信用卡，那么，基本上这个美国人就没办法生存了。这话虽然夸张了点，但事实的确如此。比如，你找到了一份工作，到发薪水的时候，老板一般不会直接付你现金，而是打到你的账号上，这样既安全又快捷。你花钱的时候，一刷卡，也就完成了，同样安全快捷。如果你没有信用卡，那也就没有账号，那就惨了，别人没法付你钱，你也没法花钱，那还怎么生活？

启发思考：分析信用卡的收入有哪些？

第二节　商业银行中间业务

纵观国际银行业的发展趋势，随着金融市场的发展和银行职能的不断转化，商业银行信用媒介的角色日益淡化，结算、投资、信托、基金、代理、咨询等广阔的中间业务已经成为商业银行不愿放弃的"淘金阵地"。

一、结算类中间业务

结算类中间业务就是各部门、各企事业单位以及个人之间发生商品交易、劳务供应和资金调拨等经济活动时，由商业银行代客户办理收款、付款和其他委托事项而收取手续费的业务，通称为银行结算。

银行结算分为现金结算和转账结算两种形式。发生经济活动的双方，以现金方式来完成经济往来的货币收付行为称为现金结算；收付双方通过银行的账户划转款项来实现收付的行为称为非现金结算，也称转账结算。

由于传统习惯与法律规定不同，各国商业银行的结算工具也有所差异。通行的结算工具有汇票、本票和支票三大类。

（一）汇票

汇票是出票人签发的，委托付款人在见票时或者在指定日期无条件支付确定的金额给收款人或者持票人的票据。按照出票人不同分为银行汇票和商业汇票。

一般企业间用得较多的是银行汇票和银行承兑汇票，前者是要求企业在银行有全款才能申请开出相应金额的汇票。

如果你要在开户行开 100 万元的银行汇票，则在该行账户上必须有 100 万元以上的存款；后者要看银行给企业的授信额度，一般情况是企业向银行交一部分保证金，余额可以使用抵押等手段（如开 100 万元的银行承兑汇票，企业向银行交 30% 的保证金 30 万元，其他 70 万元企业可以用土地、厂房、货物仓单等抵押；企业信誉好的话，也可能只需交部分保证金就可以开出全额）。

案例透析8.2

真假汇票

2022 年 1 月 30 日下午 3 时左右，客户吴德秀来到工行某分行营业部柜台前，要求办理 50 万元的银行现金汇票，该行经办人按程序为其办理了一张银行汇票，汇票要素为：号码 IXII00077761，出票日期为 2022 年 1 月 30 日，代理付款行为工行 A 省 B 市 C 县支行，收款人为吴德秀，金额为 50 万元。

2022 年 3 月 5 日，D 市分行营业部经办人接到 C 县支行电话查询，询问银行汇票真伪。该经办人请工行 C 县支行通过资金汇划系统查询，且按操作规程抽出银行汇票卡片联、多余款收账通知联进行核对，在核对时发现金额与原汇票不符。D 市分行营业部当即要求对方提供汇票传真件，当收到传真件后，即确认收款人金额及压数都被涂改，D市分行营业部立即通知工行C县支行将持票人扣住。但持票人一看情况不对，马上溜走了。

经过核对，该伪造银行汇票的主要疑点有以下两个：

（1）压数金额已经改为960 000.00，且字迹和字体均与原汇票不同。

（2）大写金额也被改为"现金玖拾陆万元整"。

启发思考：如何预防票据诈骗？

（二）本票

本票是由发票人签发的载有一定金额，承诺于指定到期日由自己无条件支付给收款人或持票人的票据，本票的基本关系人只有发票人和受票人。

本票按发票人不同，划分为银行本票和商业本票。银行本票是银行签发的，承诺自己在见票时无条件支付确定金额给收款人或持票人的票据。银行本票具有款随人到、见票即付、视同现金、允许背书转让、信誉高等特点。商业本票是企业签发的承诺自己在见票时无条件支付确定金额给收款人或持票人的票据。商业本票是以商业信用为基础的票据。此外，本票还可依收款人不同分为记名本票和不记名本票；依付款日不同分为即期本票和远期本票；依有无保证分为保证本票和无保证本票；依有无利息分为无息本票和有息本票；等等。

（三）支票

支票是活期存款账户的存款人委托其开户银行，对收款人或持票人无条件支付一定金额的支付凭证。支票是一种委托式的支付凭证，具有三个关系人，即发票人、收款人和付款人。我国的支票一律记名，经中国人民银行批准的地区，转账支票允许背书转让。目前，各国商业银行使用的支票种类较多，主要有记名支票、不记名支票、保付支票、划线支票、旅行支票等。

支票具有以下几个特点：

（1）支票为即期票据，各国票据法都不承认远期支票；

（2）支票具有自付性质，即支票的债务人实质上是发票人，但付款人是银行，是银行替发票人付款；

（3）支票具有支付手段，即为见票即付票据。

按支付方式分，我国的支票可分为现金支票和转账支票，现金支票可以转账，转账支票不可支取现金。我国支票的提示付款期限为自出票日起10日内，超过提示付款期限提示付款的，开户银行不予受理，付款人不予付款。出票人签发空头支票、签章和预留银行签章不符的支票、支付密码错误的支票，银行予以退票，并按票面金额处以5%但不低于1 000元的罚款。持票人有权要求出票人支付支票金额2%的赔偿金。对于屡次签发类似支票的出票人，银行应停止其签发支票。

二、代理类中间业务

代理类中间业务（以下简称代理业务）是指商业银行接受客户的委托，为客户提供资产管理和投融资服务，并收取一定费用的业务，包括代理证券业务、代理保险业务、代理商业银行业务、代理中央银行业务、代理政策性银行业务和其他代理业务。

商业银行充分利用自身的信誉、技能、信息等资源代客户行使监督管理权并提供各项金融服务。目前，在社会经济活动中起着不可或缺的重要

微课堂 信托基金

作用。首先，代理业务的发展有利于深化社会分工，提高社会经济效益。其次，代理业务的发展有利于维护良好、稳定的经济秩序。再次，代理业务的推广，有利于推动经营行为的规范化。此外，通过代理业务，银行可以增加在社会上的影响力，为开展其他业务奠定一定的社会关系基

础，从而增加银行的资金来源，为商业银行的发展提供广阔的天地。私人银行业务日益成为我国商业银行拓展中间业务的竞争核心。通常代理类业务有以下几种：

（一）代收代付业务

代理业务中应用范围最广的就是代收代付业务，此类业务几乎涉及社会生活的每一家、每一户。代收代付业务是指商业银行利用自身结算的便利，接受客户的委托代为办理指定款项收付的业务。如代发工资业务、代扣住房按揭消费贷款还款业务、代收交通违章罚款等。

代收代付业务的种类繁多，涉及范围广泛。归纳起来可以分为两大类：

1. 代缴费业务

就是银行代理收费单位向其用户收取费用的一种转账结算业务，如代收电话费、保险费、交通违章罚款、养路费等；

2. 代发薪资业务

就是银行受国家机关、行政事业单位及企业的委托，通过其在银行开立的活期储蓄账户，直接向职工发放工资的业务。

教学互动8.2

问：举出银行代收代付业务的例子。

答：代收通信类费用（电话费、传真费、电子银行服务费等）；物业管理类费用（水费、电费、燃气费、物业管理费等）；税费类费用（国税、地税、水利管理费、环保排污费等）；交通类费用（养路费、交通管理费、过桥费等）；社会保障类费用（医疗保险、失业保险、养老保险等）；其他类费用（代收学费、贷款等）。

（二）代理证券业务

代理证券业务是指银行接受委托办理的代理发行、兑付、买卖各类有价证券的业务，同时还包括代办债券还本付息、代发红利、代理证券资金清算等业务。

有价证券主要包括国债、金融债券、公司债券、股票等。

银行开办的主要代理证券业务包括银证通业务、代理发行业务、代理兑付业务、承销政府债券业务等。

敲黑板

> 银行多年的业务经营积累了得天独厚的客户资源，通过与券商投行部门的合作，商业银行参与各类债券的前期承揽与后期的资金监管工作，可以获得承销费分成与资金托管费双重收入。

（三）代理保险业务

代理保险业务是指银行接受保险公司的委托，代其办理保险业务。属于兼业代理。代理保险业务是目前我国银行保险发展的最为广泛的种类。

银行代理保险业务要符合中国银保监会2000年颁布的《保险兼业代理管理暂行办法》要求，符合兼业代理人的条件，才可以进行兼业代理活动。

（四）代理政策性银行业务

代理政策性银行业务是指商业银行接受政策性银行的委托，代为办理政策性银行因服务功能和网点设置等方面的限制而无法办理的业务，包括代理贷款项目管理等。

（五）代理中央银行业务

代理中央银行业务是指根据政策法规应由中央银行承担，但是由于机构设置、专业优势等方面的原因，由中央银行指定或委托商业银行承担的业务，主要包括财政性存款代理业务、国库代理业务、发行库代理业务等。

（六）代理商业银行业务

代理商业银行业务是指商业银行之间相互代理业务，主要是指代理资金清算业务，如代理银行汇票业务等。

三、资产托管业务

资产托管业务是指具备一定资格的商业银行（国内最常见的是四大银行）作为托管人，依据有关法律法规，与委托人签订委托资产托管合同，安全保管委托投资的资产，履行托管人相关职责的业务。

银行资产托管业务的种类很多，包括证券投资基金托管、委托资产托管、社保基金托管、企业年金托管、信托资产托管、农村社会保障基金托管、基本养老保险个人账户基金托管、补充医疗保险基金托管、收支账户托管、QFII（合格境外机构投资者）托管、贵重物品托管，等等。

教学互动8.3

问：托管和存管有什么不同？

答：存管，在某种意义上就是委托保管，单纯地给客户开立一个账户，将客户资金放在账户里；而托管的概念要更大，不仅仅是开立账户这么简单，要涉及账户的管理、监督资金使用情况、资金清算、信息披露等，银行所负有的责任更大。

四、信托业务与租赁业务

（一）信托业务

信托是指委托人基于对受托人的信任，将其财产权委托给受托人，由受托人按委托的意愿，以自己的名义，为受益人的利益或者特定目的进行管理或者处分的行为。

1. 信托的当事人

（1）委托人。委托人就是设定信托的人，一般就是信托财产的所有人。具有完全民事行为能力的自然人、法人或依法成立的其他组织都可以成为委托人。

（2）受益人。受益人是在信托中享有信托受益权的人。受益人可以是自然人、法人或依法成立的其他组织。委托人可以是受益人，信托人也可以是受益人，但不能是唯一受益人（英国规定受托人不得将信托财产出售给自己）。

（3）受托人。受托人是信托中接受完成信托财产管理等事务的人，受托人必须是具有完全民事行为能力的自然人、法人。受托人接受信托，应当遵守相关规定，以实现委托人的最大利益为原则处理相关事宜，不得利用信托财产为自己谋取报酬之外的利益。

2. 信托业务的种类

（1）个人信托业务，就是以个人作为委托人的信托业务。常用的形式有生前信托、身后信托等。

（2）法人信托业务，又称公司信托业务或团体信托业务，是指信托机构办理的以法人机构作为委托人的信托业务。法人信托业务是信托机构的主要收入来源。比较具有代表性的法人信托业务有公司债信托、动产信托、雇员受益信托和商务管理信托等。

（二）租赁业务

租赁是指商业银行按照合同规定，在一定期限内将物件出租给使用者（承租人）使用，承租人按期向出租人缴纳一定金额的租金，并在租赁关系终止时，将原租赁物返还出租人的经济行为。租赁一般包括租赁当事人、租赁物件、租赁期限和租赁费用等内容。

1. 租赁业务的特点

（1）租赁当事人比较复杂。一般租赁活动只包括出租人和承租人，复杂的租赁交易除了出租人和承租人之外，还包括其他当事人。如融资租赁中的销售商、贷款人等。

（2）租赁标的具有特殊性。在租赁行为中双方借贷的是物件，但实际买卖的是物件的使用权。一般租赁的标的物品必须具有以下特点：一是租赁物必须是实物资产，无形资产不能作为租赁物；二是租赁物使用后必须仍然保持原有形态，其原有的使用价值不因一次使用而丧失。

（3）租赁期限核算特殊。租赁期限受租赁物件使用寿命的影响，总租期不会超过租赁物件的使用寿命。

（4）租赁费用计算特殊。确定租金必须考虑投资成本、目标利润与租赁物件的使用寿命之间的关系，供求关系不是影响租金的主要决定因素。

2. 租赁业务的种类

（1）租赁业务从会计处理的角度分为融资性租赁和经营性租赁。

融资性租赁是指出租人按照签订的协议或合同，出资购置由承租人选定的设备，租给承租人长期使用，承租人按约定支付租金的租赁形式。一般涉及三方当事人，即出租人、承租人和供货商，是现代租赁中最重要的一种形式。

经营性租赁又称管理租赁或服务性租赁，是一种不完全支付租金，租赁设备的价值不是在一个租期内全部收回或大部分收回的租赁形式。出租人一般除了提供设备，还要提供相关的服务，如维修和保险等。一般租金比融资性租赁高。

（2）租赁业务从出资人的一般投资比例角度分为单一投资租赁和杠杆租赁。

单一投资租赁是出租人一方独立提供全部租赁设备金额（100%投资）的租赁交易。租赁关系比较简单，只需签订一个或两个合同。

杠杆租赁是一种融资性租赁，出租人一般只需要提供全部设备金额的20%～40%的投资，其余部分资金则是以出租设备为抵押，从银行或其他金融机构贷款取得。它主要适用于资本密集设备的长期租赁业务，如飞机、输油管道、石油钻井平台、卫星系统的租赁。

（3）租赁业务从业务操作方式的角度分为直接租赁、转租赁和售后租赁等。

直接租赁又称自营租赁，是指出租人自筹资金自行购买租赁设备，或购买由承租人选定的设备，成为设备的物主所有人，然后将设备直接出租给承租人的租赁方式。

转租赁是由出租人先从租赁公司租来设备，然后再出租给承租人的租赁方式。

售后租赁又称回租，是指承租人将自己的物件出售给出租人，同时与出租人签订一份融资租赁合同，再将该物件从出租人那里租回的租赁形式。通常先签订买卖合同，再签订租赁合同。

五、咨询顾问类业务

咨询顾问类业务是指商业银行依靠自身在信息、人才、信誉等方面的优势，收集和整理有关信息，并通过对这些信息以及银行和客户资金运作的记录和分析，形成系统的资料和方案，提供给客户的服务活动。

商业银行提供的咨询顾问类服务分为日常咨询服务和专项顾问服务两大类。

（一）日常咨询服务

日常咨询服务为基本服务，按年度收取一定的咨询服务年费，如政策法规咨询、企业项目发布、财务咨询、投融资咨询以及产业、行业信息与业务指南等。

1. 政策法规咨询

商业银行利用本行财务顾问网络及时发布与资本运营相关的国家政策、法律法规等，并为企业资本运营提供相关的法律、法规、政策咨询服务，帮助企业正确理解与运用。

2. 企业项目发布

商业银行利用自身全国性商业银行的资源优势，及时发布政府和企业有关产权交易与投融资等资本运营方面的各类项目需求信息，同时会员客户可以利用商业银行的网络平台进行项目的发布和推介。

3. 财务咨询

商业银行为会员客户提升财务管理能力、降低财务成本、进行税务策划和融资安排等提供财务咨询，推介银企合作的创新业务品种，为客户资金风险管理和债务管理提供财务咨询。

4. 投融资咨询

当会员客户进行项目投资与重大资金运用时，或者企业直接融资时机成熟以及产生间接融资需求时，商业银行提供基本的投融资咨询服务。

5. 产业、行业信息与业务指南

商业银行利用本行财务顾问网提供宏观经济、产业发展的最新动态以及行业信息和有关研究报告，并为客户提供商业银行所涉及业务的指南。

（二）专项顾问服务

专项顾问服务为选择性服务，是在日常咨询服务的基础上，根据客户需要，利用商业银行的专业优势，就特定项目为客户提供的专项财务顾问服务，如年度财务分析报告、独立财务顾问报告、直接融资顾问、企业重组顾问、兼并收购顾问、制定管理层收购及员工持股计划、投资理财、管理咨询等。

（1）年度财务分析报告：包括公司财务状况垂直比较分析和行业比较分析、年度财务指标预测和敏感性分析、年度资本运营和经营管理情况分析。

（2）独立财务顾问报告：即为企业（上市公司）关联交易、资产或债务重组、收购兼并等涉及公司控制权变化的重大事项出具独立财务顾问报告。

（3）直接融资顾问：包括企业融资和项目融资，以及对股权或债权融资方式进行比较、选择、建议和实施。

（4）企业重组顾问：包括为企业股份制改造、资产重组、债务重组设计方案，编写改制和重组文件，在方案实施过程中提供顾问服务，并协调其他中介机构。

（5）兼并收购顾问：包括为企业兼并收购境内外上市公司（或非上市公司）物色筛选目标公司；实施尽职调查；对目标公司进行合理评估，协助分析和规避财务风险、法律风险；协助制定和实施并购方案；设计和安排过桥融资；协助与地方政府、证监会、财政部的沟通和协调，协助有关文件的报备和审批。

（6）制定管理层收购（MBO）及员工持股计划（ESOP）：包括管理层和员工持股方案的设计；收购主体的设计和组建；收购融资方案的设计；相关部门的沟通和协调，协助有关文件的报备和审批。

（7）投资理财：包括为企业项目投资提供方案策划、项目评价和相关中介服务；帮助企业进行资本运作和投资理财，实现一级市场和二级市场联动收益。

（8）管理咨询：包括针对企业的行业背景和发展现状，为企业可持续发展提供长期战略规划和管理咨询；协助企业建立健全法人治理结构、完善内部管理。

第三节　商业银行的主要表外业务

除了可以反映在资产负债表上的业务，商业银行还有大量不能反映在资产负债表上的业务。

一、担保类表外业务

银行作为担保人，是以第三者的身份应交易活动双方中债务人的要求，为其现存债务进行担保，保证对债务人履行的有关义务承担损失的赔偿责任。换句话说，也就是银行在债务人没有履行或没有能力履行债务时，由银行代为履行其义务。担保业务对银行的资产和负债数据都没有任何影响，不计入资产负债表，利润数据仅计入利润表和现金流量表。

（一）银行承兑汇票

1. 银行承兑汇票的含义

银行承兑汇票是由收款人或付款人（或承兑申请人）签发，并由承兑申请人向开户银行申请，经银行审查同意承兑的商业汇票。

企业之所以要用银行承兑汇票，是因为企业在签发银行承兑汇票的时候不一定有那么多资金。例如：A 企业开出 1 000 万元的银行承兑汇票给 B 企业。那么 A 企业的银行给予 A 企业的条件是 30% 的保证金即可。那么 A 企业在开票时只需要有 300 万元就可以了。只要在票据到期日之前保证银行账户内有剩下 700 万元就可以了。B 企业拿到了 A 企业给它的到期日为半年（银行承兑汇票最长有效期为半年）的 1 000 万元银行承兑汇票，又着急用钱怎么办呢？可以把银行承兑汇票卖给银行，这个卖票的过程叫作贴现。银行承兑汇票没到期，银行也同样拿不到钱，贴现的钱就相当于一笔贷款。所以产生了贴现率。银行挣的只是贴现率减去正常拆借利率剩下的钱。

2. 银行承兑汇票的办理流程

企业申请办理银行承兑汇票时，需要提交商品交易合同、运输凭证及担保、承兑保证金情况、财务报表等资料。

（1）申请承兑：企业提出书面申请，并提交商品交易合同、运输凭证及担保、承兑保证金情况、财务报表等资料。

（2）调查与初审：银行对承兑申请人各项情况进行调查、对担保单位进行实地核实，撰写调查报告，提出初审意见。

（3）承兑审批：将承兑申请人递交的全部资料和银行初审意见交贷款调查部门负责人复审，按贷款审查、审批程序送贷款审查部门审核，报贷款签批人批准。

（4）签订协议：审批同意后，银行与承兑申请人签订银行承兑协议，并在专户存入相应的备付金；同时，担保人签订相应的担保协议。

（5）银行承兑：银行根据协议内容和要求承兑，并按规定向承兑申请人收取承兑手续费。

（6）承兑到期：承兑到期前，申请人应存入足够票据支付金额；银行支付票款后，信贷业务部门注销抵质押物，并将余额退还申请人。

（二）商业信用证

商业信用证是银行的一项传统业务，银行从事的商业信用证业务主要发生在国际贸易结算中。在该业务中，银行以自身的信誉为进出口商之间的业务活动做担保，银行在开立商业信用证时，往往要求开证申请人（进口商）交足一定比例的押金。而进口商所交纳的押金在减小商业信用证风险的同时，也为银行提供了一定量的流动资金。该项业务一般不会大量占用银行的自有资金，还可以收取手续费，所以，该项业务也是银行获取收益的一条重要途径。

（三）银行保证书

银行保证书又称保函，是指银行应客户的申请而开立的有担保性质的书面承诺文件，一旦申请人未按与受益人签订的合同约定偿还债务或履行约定义务，由银行履行担保责任。

商业信用证与银行保证书的区别如表 8.2 所示。

表8.2 商业信用证与银行保证书的区别

商业信用证	银行保证书
要求受益人提交的单据是商业单据（包括运输单据）	要求受益人出具的单据是关于委托人违约的声明或证明
开证行承担的是第一付款责任	保证行承担的是第二付款责任
在正常履行国际货物买卖合同的情况下使用	在申请人未履行合同时，由银行履行担保责任

（四）备用信用证

备用信用证又称担保信用证，是不以清偿商品交易的价款为目的，而是以贷款融资，或担保债务偿还为目的所开立的信用证。它是集担保、融资、支付及相关服务为一体的多功能金融产品，因其用途广泛及运作灵活，在国际商务中得以普遍应用。但在我国，人们对备用信用证的认知度远不及银行保证书、商业信用证等传统金融工具。

微课堂 备用信用证

视野拓展8.3

银行承兑汇票、备用信用证、银行保证书的异同

（1）共同点。

三者都会形成银行的或有负债。

（2）不同点。

银行承兑汇票：是由收款人或付款人（或承兑申请人）签发，并由承兑申请人向开户银行申请，经银行审查同意承兑的商业汇票。

备用信用证：开证行应借款人要求，以放款人作为信用证的收益人而开具的一种特殊信用证，以保证在借款人破产或不能及时履行义务的情况下，由开证行向收益人及时支付本利。

银行保证书：是指银行应申请人的请求，向第三方开立的一种书面信用担保凭证。保证在申请人未能按双方协议履行其责任或义务时，由担保人代其履行一定金额、一定期限范围内的某种支付责任或经济赔偿责任，包括投标保函、承包保函、还款担保履约书、借款保函等。

二、承诺类表外业务

承诺类表外业务是指商业银行在未来某一日期按照事前约定的条件向客户提供约定信用的业务，主要指贷款承诺和票据发行便利。

（一）贷款承诺

1. 贷款承诺的含义

贷款承诺是典型的含有期权的表外业务。在客户需要资金融通时，如果市场利率高于贷款承诺中规定的利率，客户就会要求银行履行贷款承诺；如果市场利率低于贷款承诺中规定的利率，客户就会放弃使用贷款承诺，而直接以市场利率借入所需资金。因此，客户拥有一个选择权。

2. 贷款承诺的步骤

（1）借款人提出贷款承诺申请，同时提交有关资料，报银行进行审核；

（2）银行和借款人就贷款承诺的细节进行协商，并在此基础上签订合同；

（3）借款人在协议规定的时间内通知银行提取资金；

（4）借款人按协议规定按时偿还承诺金额的本息。

视野拓展 8.4

亚当·斯密认为工资是财产所有者与劳动分离时非财产所有者的劳动报酬；马克思认为工资是资本主义社会劳动力价值的表现形态；克拉克提出工资取决于劳动的边际生产力；马歇尔提出工资水平由劳动的供求关系决定。

（二）票据发行便利

1. 票据发行便利的含义

票据发行便利是商业银行与借款人之间签订的一份协议，在协议期间内，由商业银行以包销借款人连续发行的短期票据方式向借款人提供资金。

票据发行便利（note issuance facilities）是指票据发行人根据事先与银行签订的协议，可以在一个中期内（通常为 5~7 年）以自己的名义周转性发行短期票据，银行承诺包销并承购到期未能售出的全部票据，或承担提供备用信贷的责任。它是一种具有法律约束力的中期周转性票据发行融资的承诺。具体分为包销的票据发行便利、无包销的票据发行便利、循环包销便利、可转让的循环包销便利、多元票据发行便利等业务种类。

如果票据发行人是银行，票据通常采用短期存款证形式；如果票据发行人是一般企业，则采用本票形式。发行的票据期限通常为 3 个月或 6 个月；票据的票面金额较大，其销售对象主要是专业投资者或机构投资者。

如果借款人不能在市场上顺利出售这些票据，则要由银行购进未销售部分，或者向借款人提供等额的贷款。这种便利票据的发行在市场上较为流行，大有取代银团贷款之势。

2. 票据发行便利的好处

票据发行便利的产生，对筹资者、投资者、包销银行来讲都是各取所得，受到普遍欢迎。

（1）对于筹资者的好处。

①筹资者可以通过循环发行短期票据，获取中长期资金，因为只支付短期利率，无须支付中长期利率，可降低筹资成本，从而增强了借款人筹资的主动权。

②在协议有效期间内筹资者还可以按协议随时发行短期票据，筹资的灵活性大大提高，从而可以提高资金的使用效率，避免浪费。

（2）对于投资者的好处。

①投资者通过购买短期票据，可以减少票据到期违约的不确定性风险。

②短期票据的流动性强，投资者需要资金时还可以在二级市场上出售。

（3）对于银行的好处。

对于包销银行来讲，一般都选好客户，客户所发行的短期票据都可以在市场上顺利出售，而无须自身垫付资金，这样在不动用自身资金的情况下，便可以获得收入。

为了节省票据发行费用，一些在市场上信誉高的借款人发行的短期票据，一般不再让银行进行包销，市场上便出现了不需包销的票据发行。

三、交易类表外业务

商业银行的交易类表外业务可分为远期外汇买卖、金融互换、金融期货、金融期权等。

（一）远期外汇买卖

1. 远期外汇买卖的含义

远期外汇买卖是指客户与银行签订远期外汇买卖合约，约定在未来的某一日根据预先约定的外汇币种、金额、汇率和期限进行资金清算。

远期外汇买卖是一款较为成熟的金融产品，具有结构简单易懂，且不存在期权费、手续费等交易费用的特点。可帮助客户提前确定未来某日的外汇买卖汇率、锁定汇率风险，规避由于未来汇率变动给客户带来的潜在损失。

2. 远期外汇买卖的操作流程

（1）交易申请。客户向银行递交外汇买卖委托书叙作交易，银行对客户资信、履约能力等进行审查。

（2）落实保证措施。客户需缴纳保证金或落实其他保证措施。

（3）交易达成。交易完成后，银行向客户出具交易证实书。

（4）交易撤销、更改。客户可在委托交易未成交之前更改或取消交易委托。委托交易一经成交，客户不能更改或撤销。

（二）金融互换

金融互换是指交易双方依据预先的约定，在未来的一段时期内，相互交换一系列现金流量的交易。金融互换交易交换的不是交换本金本身，而是不同债务的现金流。

金融互换可以给交易双方带来如下好处：一是可减少资金成本，消除或降低汇率风险；二是可增加资金取得的途径和资金运用收益；三是可调整财务结构，使资产和负债达到最佳配合，增加财务处理的弹性，对从事金融互换的商业银行来说，还可获得手续费收入。金融互换虽然历史较短，但品种创新却日新月异。除了传统的利率互换和货币互换外，一大批新的金融互换品种不断涌现。

（三）金融期货

金融期货（即期货交易）（futures transaction）是指交易双方在集中性的市场以公开竞价的方式所进行的期货合约的交易。而期货合约是指由交易双方订立的，约定在将来某个时期按事先约定的价格交割一定数量的某种商品的标准化合约。

按照交易对象的不同，金融期货可分为外汇期货、股票指数期货和利率期货。

1. 外汇期货

外汇期货（foreign exchange futures）是指买卖双方在将来某一日以约定的价格和数量进行两种货币交易的期货合约。

2. 股票指数期货

股票指数期货（stock index futures）是指通过若干种具有代表性的上市公司或企业的股票经过计算每天成交市价而编制出的一种价格指数，它代表股票市场平均每天涨跌变化的情况和幅度。

视野拓展 8.5

股票指数品种很多，著名的有：美国道—琼斯指数、英国金融时报工业平均股票指数、日本的日经指数以及中国香港的恒生指数。股票指数期货就是以股票市场的股票价格指数为标的物的期货，是由交易双方订立的、约定在将来某一特定时期按事先约定的价格进行股票指数交易的一种标准化合约。

3. 利率期货

利率期货（interest rate futures）是指交易双方在集中性的市场以公开竞价的方式所进行的利率期货合约的交易。利率期货合约的标的物是各种利率的载体。

视野拓展 8.6

利率期货按照交易标的物期限的长短可分为资金利率期货和资本利率期货。资金利率期货也称短期利率期货，是指交易标的物期限在一年之内的利率期货，主要有短期国库券期货、商业票据期货、港元利率期货、欧洲美元定期存款期货等；资本利率期货则是指标准化的长期带息证券期货，主要有中期国库券期货、长期国库券期货、市政公债指数期货以及房屋抵押债券期货等。美国财政部的中期国库券期货偿还期限在1~10年，通常以5年期和10年期较为常见。

（四）金融期权

期权（option）是一种能在未来某一特定时期以一定的价格买进或卖出一定数量的某种特定商品的权利。期权交易是以这种选择权为标的物的交易。金融期权是以金融商品或金融期货合约为标的物的期权交易方式。在金融期权交易中，期权购买者向期权出售者支付一定费用后，就获得了能在未来某个特定时间以特定的价格向期权出售者买进或卖出一定数量的某种金融商品或金融期货合约的权利。

1. 金融期权按照交易标的物的不同可分为股权期权和利率期权

（1）股权期权。

它是指买卖双方以某种与股票有关的具体的基础资产作为标的物所达成的期权协议。其主要有两种：一是股票期权（stock option），是指以股票作为合约标的物的期权。二是股票指数期权（stock index option），是指以某种股票价格指数或某种股票价格指数期货合约为标的物的期权。

微课堂　什么是期权

（2）利率期权（interest rate option）。

它是指以各种利率产品或利率期货合约为标的物的期权。其主要有三种：一是实际证券期权，是指在一定时期内按照一定的价格买进或卖出国库券、政府债券、政府票据的权利。二是债券期货期权，是指在一定时期内按照一定的价格买进或卖出政府债券期货的权利。三是利率协定，是指一种以减少利率波动的不利影响为目的而达成的期权协定。利率协定有三种形式，即上限协定、下限协定和上下限协定。

2. 金融期权按照买进和卖出的性质可分为看涨期权、看跌期权和双重期权

（1）看涨期权（call option），又称买方期权或多头期权，它赋予期权购买者在规定的时期内按约定的价格从期权卖方买入一定量的某种特定金融资产的权利。当市场价格上扬时，买方期权持有者就可以行使期权而获利；当市场价格下跌时，买方期权持有者既可以将期权削价出售，也可以放弃期权。

（2）看跌期权（put option），又称卖方期权或空头期权，它赋予购买者在规定的时期内按约定的价格出售一定量的特定金融资产的权利。一般当金融资产价格下跌或预期下跌时，人们才可能购买看跌期权，以期在市价确实下跌时获利。

（3）双重期权（double option），又称双向期权，它赋予期权买方在规定的时期内按约定的价格买进一定数量某种金融商品的权利，同时也赋予卖方在特定的时期内以相同的价格卖出一定数量的某种金融商品的权利。双重期权相当于期权的买方在同一成交价既买进看涨期权又买进看跌期权，在市价剧烈波动中，期权投资者可以两头获利，因此双重期权的权利要高于前两种期权。

3. 金融期权按交易场所是否集中和期权合约是否标准化可分为场内期权和场外期权

（1）场内期权（exchange traded option），又称交易所交易期权，是指在集中性的金融期权市场进行交易的金融期权合约。它是标准化合约，其交易数量、约定价格、到期日等均由交易所统一规定，且交易地点也在特定的地点，如费城股票交易所、芝加哥商品交易所。而且期权交易双方之间由清算所进行联系，清算所同时保证期权合约的执行，期权卖方还需缴纳保证金。

（2）场外期权（over the counter option），又称柜台式期权，是指在非集中性的交易场所进行的金融期权合约。它是非标准化的合约，其交易数量、约定价格、到期日等均由交易双方自主议定，期权买方也无须缴纳保证金。而且场外期权交易没有担保，它的执行与否完全在于期权卖方是否履行合约规定的义务。

教学互动8.4

问：期权交易对商业银行经营管理有什么意义？

答：

（1）期权是商业银行获得收益的有力财务杠杆。商业银行可以充分利用自身在融资、信息收集、规模交易方面的优势，运用适当的期权交易获得可观收益。

（2）期权为商业银行管理头寸提供了一项进取型技术。商业银行可以通过出售期权对其日常经营的巨额债券、股权头寸进行积极管理，从而获得可观的权利金收入。

（3）期权是商业银行进行风险管理的重要工具。期权可以使商业银行在降低风险管理成本的同时，在市场有利的条件下拥有获利可能性。尤其是在或有资产和或有负债的管理中，这点表现得尤为明显。

 案例透析8.3

工行曝票据大案：被虚假材料骗签

据21世纪经济报道，有不法分子利用虚假材料和公章，在工商银行廊坊分行开设了河南一家城商行焦作中旅银行的同业账户（问题的关键在于，工商银行廊坊分行没有严查法人是否签字就开设了同业户），以工行电票系统代理接入的方式开出了13亿电票。这些电票开出时，采用了多家企业作为出票人，开票行为工商银行，承兑行为焦作中旅银行。最后这些电票辗转到恒丰银行贴现。

恒丰银行通过定期的风险排查，发现由工商银行廊坊分行开具、恒丰银行青岛分行所转贴的电票存在风险，于是第一时间向公安部门报警，并向银监部门汇报了此事。对于具体涉及多少金额，恒丰银行未给出回复。

恒丰银行表示，自己也是受害者，自己是因为信任国有大行背书的真实性，而且是对电票系统的信任才转贴此票。

焦作中旅银行表示他们也是受害者，并且不知情。焦作中旅银行票据中心表示他们尚未建立电票系统，也没有在工行使用过电票接入系统。

近年以来，纸票频频爆发风险事件，涉及农业银行、中信银行、天津银行、宁波银行和广发银行等，对于一直被视作安全性极高的电票风险案件的曝光，业内人士认为，同业户出现问题有两种可能：一是小银行的账户出租给票据中介，一旦出了问题，责任就在小银行；二是不法分子冒用身份在大银行开设了同业户，大银行没有严格审核同业户的真实性，责任就在大银行。本案就是第二种情况。

启发思考：

分析此案件发生的原因以及对你的启示。

综合练习题

一、概念识记

1. 汇票

2. 本票

3. 支票

4. 基金托管

5. 信托与租赁

6. 银行承兑汇票

7. 商业信用证

8. 银行保证书

9. 备用信用证

二、单选题

1. 银行允诺对顾客未来交易承担某种信贷义务的业务是（　　　）。

A. 金融担保　　　　B. 贷款承诺　　　　C. 金融期货　　　　D. 远期利率协议

2. （　　　）是一种标准化的远期合约。

A. 金融期货　　　　B. 金融期权　　　　C. 金融互换　　　　D. 金融担保

3. （　　　）是一种未来买卖金融资产的权利。

A. 金融期货　　　　B. 金融期权　　　　C. 金融互换　　　　D. 金融担保

4. 期权的买方预测到未来利率上升，他会（　　　）。

A. 买入看涨期权　　　　　　　　B. 买入看跌期权

C. 卖出看涨期权　　　　　　　　D. 卖出看跌期权

5. 期权的买方预测到未来利率下降，他会（　　　）。

A. 买入看涨期权　　　　　　　　B. 买入看跌期权

C. 卖出看涨期权　　　　　　　　D. 卖出看跌期权

6. 期权的卖方预测到未来利率上升，他会（　　　）。

A. 买入看涨期权　　　　　　　　B. 买入看跌期权

C. 卖出看涨期权　　　　　　　　D. 卖出看跌期权

7. 期权的卖方预测到未来利率下降，他会（　　　）。

A. 买入看涨期权　　　　　　　　B. 买入看跌期权

C. 卖出看涨期权　　　　　　　　D. 卖出看跌期权

8. 保险代理业务属于（　　　）业务。

A. 资产业务　　　　B. 中间业务　　　　C. 负债业务　　　　D. 投资业务

9. 下列选项中（　　　）不属于商业银行为个人客户提供的个人理财业务。

A. 财务分析　　　　B. 财务规划　　　　C. 投资顾问　　　　D. 财务管理

10. （　　　）不属于商业银行向客户提供的理财顾问服务。

A. 财务分析与规划服务　　　　　　B. 个人投资产品推介服务

C. 信贷产品介绍、宣传和推介服务　　D. 投资建议

三、多选题

1. 金融期货按交易对象不同，可分为（　　　）。

A. 货币期货　　　　B. 利率期货　　　　C. 汇率期货　　　　D. 股票指数期货

E. 利率互换

2. 商业银行表外业务包括（　　　）。

A. 金融担保　　　　B. 贷款承诺　　　　C. 金融期货　　　　D. 金融租赁

3. 表外业务迅速发展的原因主要有（　　　）。

A. 规避资本管制，增加盈利来源　　　B. 适应金融环境变化

C. 转移和分散风险　　　　　　　　　D. 客户对银行服务需求的多样化

4. 贷款出售的类型有（　　　）。

A. 更改　　　　B. 转让　　　　C. 参与　　　　D. 承诺

5. 中间业务具有（　　　）的特点。

A. 不需要银行提供资金　　　　　　B. 以收取手续费为主要目的

C. 无风险　　　　　　　　　　　　D. 以接受客户委托的方式开展业务

6. （　　　）属于商业银行的中间业务。

A. 存款　　　　　　　B. 转账　　　　　　　C. 代收代付　　　　　　D. 出租保管箱

7. 企业申请办理银行承兑汇票时需要提交的资料有（　　　）。

A. 商品交易合同　　　　　　　　　　　B. 运输凭证及担保

C. 承兑保证金情况　　　　　　　　　　D. 财务报表

8. 金融互换可以给交易双方带来的好处是（　　　）。

A. 减少手续费　　　　　　　　　　　　B. 减少资金成本

C. 消除或降低汇率风险　　　　　　　　D. 调整财务结构

9. 票据发行便利的好处是（　　　）。

A. 对于筹资者的好处是增强了借款人筹资的主动权

B. 对于投资者的好处是可以减少票据到期违约的不确定性风险

C. 对于银行的好处是可以获得收入

D. 对于监管部门的好处是可在二级市场上出售

10. 场外期权可以由交易双方自主议定的有（　　　）。

A. 交易数量　　　　　　B. 价格　　　　　　C. 担保　　　　　　D. 到期日

四、判断题

1. 商业银行个人理财业务是指商业银行为个人客户提供的财务分析、财务规划、投资顾问、资产管理等专业化服务活动。　　　　　　　　　　　　　　　　　　　　（　　　）

2. 理财顾问服务是指商业银行向客户提供的财务分析与规划、投资建议、个人投资产品推介等专业化服务。　　　　　　　　　　　　　　　　　　　　　　　　　　　（　　　）

3. 所有不体现在资产负债表上，但会影响当期损益的业务，都可以是表外业务。　（　　　）

4. 一般来说，表外业务都是中间业务，但中间业务不一定是表外业务。　　　　（　　　）

5. 银行承兑汇票属于表外业务。　　　　　　　　　　　　　　　　　　　　　（　　　）

6. 中间业务与表外业务的界限有时很难区分清楚，因为二者存在相互交叉的现象。（　　　）

7. 金融互换交易交换的不是交换本金本身，而是不同债务的现金流。　　　　　（　　　）

8. 金融互换给交易双方增加了资金成本。　　　　　　　　　　　　　　　　　（　　　）

9. 中间业务具有收入稳定、风险程度低等特点，它集中体现了商业银行的服务性功能。

（　　　）

10. 信用业务风险程度要明显低于中间业务。　　　　　　　　　　　　　　　　（　　　）

五、简答题

1. 商业银行中间业务与表外业务的区别和联系是什么？

2. 商业银行中间业务的一般性质是什么？随着中间业务的发展和创新，中间业务的性质又发生了哪些新变化？

六、应用题

根据以下招商银行 2020 年年报，分析商业银行为什么要大力开展中间业务？

招商银行 2020 年年报显示：2020 年，招商集团非利息净收入 1 054.51 亿元。

按业务类型分：净手续费及佣金收入 794.86 亿元。托管及其他受托业务佣金收入 267.42 亿元；银行卡手续费收入 195.51 亿元；代理服务手续费收入 185.07 亿元；结算与清算手续费收入 126.51 亿元；贷款承诺及贷款业务佣金 61.91 亿元。其他净收入 259.65 亿元。

按业务分部看：零售金融业务非利息净收入 529.71 亿元，占非利息净收入的 50.23%；批发金融业务非利息净收入 400.56 亿元，占非利息净收入的 37.99%；其他业务非利息净收入 124.24 亿元，占非利息净收入的 11.78%。

第九章

商业银行的国际业务

知识目标： 了解商业银行国际业务的组织结构、国际业务客户的准入条件；掌握汇款结算业务、托收结算业务、信用证结算业务、担保业务；掌握商业银行出口押汇和进口押汇、代付、对外担保、避险融资、转卖应收款项业务和福费廷业务；掌握商业银行即期外汇交易和远期外汇交易业务；了解外汇期货、期权和互换交易、套汇与套利交易、远期利率协定业务。

素质目标： 了解在中美贸易摩擦以及贸易保护主义抬头的背景下，以内循环为主是强国之路。

进口商和出口商的顾虑

武昌造船厂拟出口船舶，由于是第一次出口，船东信誉待评估，并且大型船舶制造需要资金量较大。

出口商的顾虑是：①出口方将货物出运后，进口方能否按时付款；②出口商不希望买主找到真正的供货人并与其发生直接联系；③出口方一般来说弄不清楚进口国政府的外资管理和外汇管制情况。

进口商的顾虑是：①出口方能否按时交货；②进口方在付款前怎样才能核实即将运来的货物确实是他们所订的货物；③这批货物的数量、质量、品种、规格、包装等各项特殊要求是否符合买卖合约的规定。

在新的竞争环境下，各国商业银行均致力于开发和拓展各项业务，而国际业务作为一个内涵丰富的金融概念，成为各商业银行战略中的重要理念。如何在国际市场筹集资金，做大、做强国际业务，已经成为商业银行思考和研究的问题。

第一节　国际业务概述

商业银行的国际业务源于国际贸易的发生发展，随着国际金融市场的逐步完善并趋于全球化，以及先进技术被广泛应用，商业银行国际业务的发展空间得以拓展。目前，国际业务已成为各国商业银行逃避管制、分散风险、追求高利润的途径。银行业务国际化已成为各商业银行寻求自身发展的手段。只要有国际贸易、有跨境流动、有资本管制、有利率和汇率的差异、有企业希望突破种种限制、有实现国际化发展和套利套汇收益的动机，就有国际业务的发展机遇和创新空间。

目前，商业银行的国际业务主要有三类：国际金融（结算）、外汇买卖和国际信贷（融资）。

一、商业银行开展国际业务的必要性和合理性

商业银行的国际业务是指其业务在经营范围上由国内延伸到国外，即银行业务国际化。

商业银行到海外建立分支机构，其经营范围既是由国内发展到国外，也是从封闭走向开放的过程。从广义上讲，国际业务不仅是商业银行在国外设立分支机构，还包括一切有关跨越国界的资金融通业务活动。这包括两层含义：一是指跨国银行在国外的业务活动，另一个是指本国银行在国内所从事的有关国际业务。

视野拓展 9.1

2020 年我国商业银行海外机构已覆盖国家和地区如表 9.1 所示。

表 9.1　2020 年我国商业银行海外机构已覆盖国家和地区

类型	名称	境外覆盖国家/地区/个	境外机构资产/万亿元	境外税前利润/亿元	境外机构/个
大型商业银行	中国银行	61	6.4	576.30	559
	工商银行	49	2.75	186.55	426
	建设银行	30	1.43	−5.84	206
	农业银行	17	1.21	84.07	21
	交通银行	18	1.24	84.53	69
	邮储银行	—	—	—	—
股份制银行	招商银行	7	0.22	16.05	8
	中信银行	6	0.35	16.73	—
	广大银行	5	0.23	16.30	4
	浦发银行	3	0.20	60.96	—
	民生银行	1	0.17	43.79	1
	平安银行	1	0.02	—	1
	浙商银行	1	0.03	—	1
	兴业银行	1	0.18	—	1
	华夏银行	1	—	—	1

商业银行开展国际业务的必要性如下：

（一）商业银行为保持更高的盈利水平需要开展国际业务

1. 银行竞争加剧

（1）银行作为信用中介的作用被削弱。

很多企业掌握了除银行贷款外的其他融资渠道，如大中企业上市、发债和成长型企业引入私募、风投等，民间融资也不断扩张，银行的作用被削弱，盈利能力特别是议价能力也就相应下降了。

（2）互联网金融与第三方支付崛起。

随着技术发展和政策松动，特别是余额宝等具有一定收益的第三方支付的出现，使银行作

微课堂　我国商业银行对外资产负债

为基本支付渠道的地位受到挑战，这威胁到银行最赖以生存的客群优势。

视野拓展 9.2

国有商业银行仍是办理国际结算业务的主力，业务量在全行业占据主要地位。

2020 年，中行、工行、建行的科技投入占营业收入的比重分别达 3%、2.7% 和 2.9%。近年来业务流程线上化成为各大银行拓展境外业务的新趋势和新亮点。一是不断优化完善线上服务渠道。2020 年年末，中行的境外企业网上银行已覆盖 61 个国家和地区，支持 14 种语言，海外个人手机银行服务范围拓展至 30 个国家和地区；工行的境外网上银行、手机银行等线上渠道已覆盖 49 个国家和地区。二是创新推出专业化线上综合服务平台。中行的中银跨境撮合系统（GMS）搭建了境内外企业洽谈对接的线上合作平台，工行推出在线跨境贸易洽谈合作平台"环球撮合结算荟"，建行"跨境 e +"国际结算服务平台的服务范围不断扩大。三是加快数字化跨境业务产品创新力度。主要银行的区块链贸易融资平台建设不断完善，一站式综合金融服务模式不断升级，金融市场服务的特色化定制化服务不断提升。例如，中行成功办理上海票据交易所跨境人民币贸易融资转让服务平台全球首单业务、全国首笔区块链跨境电子提单信用证；工行利用区块链技术研发了"中欧 e 单通"产品；建行推出 BCTrade 区块链贸易金融平台，交易量超 7 000 亿元，加盟同业 75 家。

2. 银行利差收窄

（1）客户投资行为有了很大改变。年轻一代居民的投资和消费习惯不同以往，这也为市场上除银行外的其他主体创造了机遇，人们直接去买基金、买债券、买信托或从事各种投资行为，银行存款大量流失，在钱荒时被迫以更高的理财收益变相提高存款利率，如果将来利差从现在的 3 下降到 1.5，中国商业银行的盈利能力将变得非常不乐观。

（2）贷款比重急剧下降。在过去的十年间，间接融资即银行贷款在融资市场上的比重已从 9 成左右下降到不足 7 成；在过去 5 年间，股份制银行的利润增速已从 40% 以上下降到 20%，国有银行还低得多。

（二）国际业务的中间业务收入与国际商业银行比较有一定的差距

发达国家商业银行国际业务的中间业务收入占其营业收入比重一般在 40% 以上，欧洲一些商业银行更是高达 70% 以上，而我国商业银行中间业务收入占其营业收入比重目前一般为 20% 左右，主要原因在于国内商业银行的盈利模式仍然以传统的利差收入为主导。

因此，传统的依赖利差的盈利模式必须改变，国际业务的中间业务收入（如各种业务的佣金和手续费）所占比重必须提高到与国外银行相同的合理水平，在银行盈利版图中发挥更大作用。

（三）国际业务具有不可多得的竞争优势

1. 国际业务的中间业务收入具有效率优势

一般贷款的利差收入受到监管当局限制，如果简单提高基础服务收费，会受到社会舆论的抵制。而国际业务的中间业务收入是低风险高收益，比如开立国际信用证的开证费、提供对外担保的保函费、提供结售汇服务时收取的点差等。

2. 国际业务是国内业务的延伸

国际业务实际上是一种信用的跨境传递，商业银行在其中扮演的信用中介角色还未受到太多挑战，比如对于拥有境内银行授信的大中企业来说，可以通过境内银行的信用输出，帮助自己在境外尚不具备当地融资能力的子公司、项目公司、平台公司获得融资，商业银行可以从中赚取利差；对于没有境内银行授信的中小企业来说，可以通过在境内银行存入全额保证金或其他现金、准现金担保的方式完成这种信用输出，商业银行还可以从中获得宝贵的境内存款。

3. 国际业务具有安全保障

国际银行业中有一整套具有普遍约束力的行业规范、国际惯例，服务对象又是能够挺进国际市场和利用国际资源的、有一定实力的跨境企业，融资基于的是真实、特定的贸易背景，而非一般的流动性资金需求，开展国际业务对于商业银行而言有着较进入其他陌生领域或高风险中小企业更可靠的保障，这也促使国际业务成为商业银行转型中的一项理性选择。

二、商业银行国际业务的组织结构

商业银行国际业务的开展依赖于有关机构或关系的建立，最主要的是依赖于商业银行在海外开设的各种分支机构。商业银行在海外设置分支机构的目的是深入到他国的经济之中，更好地帮助本国企业占领市场，同时也是为银行自身占领市场。商业银行从事的主要业务决定了其海外机构的类别，同时，东道国的经济开放程度、金融管制情况以及银行本身的信用级别等情况，也使同一家商业银行在不同国家设置的分支机构有所区别。

（一）代表处

1. 代表处的定义

代表处是一种比较初级的海外分支形式。设立代表处是商业银行在国外设立分支机构、经营国际业务的第一步。代表处往往不是一个业务经营机构，它只是业务会谈和进行联络的场所，因此代表处的人员很少，一般就几个人。

2. 代表处的主要任务

（1）代表总行与东道国银行界、工商界和政界相联系；

（2）办理总行与当地客户的往来业务，宣传总行的各种金融咨询服务业务，为总行招揽生意；

（3）向客户解释总行母国政府的商业政策；

（4）对顾客进行信用分析，搜集东道国的政治经济信息，进行国情分析，并为总行分析各种风险提供背景资料。

（二）代理行

代理行是指与跨国银行建立长期、固定的业务代理关系的当地银行。在无法设立分支机构的情况下，这种形式有利于跨国银行有效地处理相关的国际金融业务。一般来说，较大的跨国银行在国外都有这样的代理行。

代理行（也叫代理机构）是一个营业性机构，但只可以做有限的业务。它可以进行商业和工业贷款，安排贸易融资，开立信用证，承兑、托收和贴现汇票，从事外汇买卖业务等。它不能从东道国的居民中吸收存款，只可以从母行或附属银行借款。

代理行的基本任务是为本国顾客提供贸易融资、为其总行经营外汇交易和充当本国政府的财政代理人。代理行的开设无须太多的单独资本，可以在不能设置分行的地方开业，因而其开业成本和营运成本比较低，管理费用也不多。

（三）分行

分行是总行派出在国外的、部门齐全的分支机构。从业务上来讲，分行是总行的一个组成部分，它受总行委托，代表总行在国外经营各种国际业务，其资产负债表并入总行的资产负债表，经营战略和信贷政策等也必须同总行保持一致，总行对它具有完全的控制权。从法律上讲，海外分行不是一个独立的法人实体，而是国内银行的一个组成部分，但也必须接受和遵守东道国的各种法规。

国外分行是商业银行开展国际业务的高级组织形式，也是最普遍的一种组织形式，许多跨国银行都在世界各地的金融中心设有分行，美国银行约60%的国际业务都是通过分行来开展的。

（四）子公司或附属机构

一些国家或地区的法律不允许外国银行在本地建立分行，这时跨国银行就可以通过入股控制当地银行或非银行机构的方式介入，从而间接达到在该国开展国际业务的目的。与分行相比，子公司或附属机构受东道国相关法规的限制更多、更严，但由于它们具有浓厚的本地色彩，容易与当地政府部门协调，也容易被当地的居民认可，因此可以发挥本土化的优势，最大限度地渗透到东道国的各个经济领域，起到国外分行所不能及的作用。

（五）合资联营银行

合资联营银行是由两家或多家银行（经常是不同国籍的银行）共同出资组建的一种海外分支形式，其中每家银行的股份均不超过50%。合资联营银行是一种历史比较悠久的海外分支形式，始于20世纪初的欧洲，当时一些无力单独经营国际业务的中小银行通过这种共担风险的方式来开展海外业务。随着银行的发展壮大，这种合资联营银行已经不再流行，目前在国际金融市场上，只有少数几家合资联营银行，且它们的总部多设在伦敦。

不同的银行在不同的发展阶段，可以有针对性地采取不同战略，以便更快、更有效地进入国际金融市场。

三、国际业务客户的准入条件

（一）国际业务的资质

与从事一般国内业务不同的是，国际业务客户还需要具有从事国际业务的资质，比如贸易项下的，需要具有进出口经营权；境外工程项下的，需要具有对外工程承包许可证；涉及保税区或其他特殊监管区域的，要看外汇登记证。

银行需要查询企业在外汇局的名录状态与分类状态，如A类企业可以自由、便利地开展国际业务；B类企业在收汇、付汇时受额度限制，同时从事转口贸易时还受到严格监管；C类企业需要单笔单批。

（二）企业要按照外管规定办理各项申报

企业在开展国际业务时要按照外管（国家外汇管理局）规定办理各项申报，需要在银行协助下完成各项操作。

1. 企业授信额度是否充足

（1）如果因为汇率变动而在做国际业务时出现了额度不足的情况，就要考察其具体原因，可能是之前一些业务已经结清但仍未释放相应额度，这时需要解除冻结。

（2）如果是系统原因，导致一笔连续的业务重复占用了不同品种的额度，如部分保证金项下的信用证押汇时同时占用了开证和押汇的额度，因额度不足无法放款时，就要有针对性地调整。

（3）对于那些没有足够授信额度的企业来说，也可以通过存入全额保证金、存单质押、银行承兑汇票等方式办理国际业务。

2. 企业的单笔业务是否符合授信条件

在授信审批部门、信用风险管理部门的合法性意见中，明确划定了不同品种间额度的分配关系，或明确了只允许参与某些业务，例如只能开立即期有货权的信用证、只能为某某系统内企业代理进口、只能进口实验仪器或新西兰某某公司的奶粉、必须由某担保公司逐笔担保或者按一定比例存入部分保证金等，审批中必须注意这些限制条件。

3. 交易背景

国际业务之所以被视为风险更低的业务，区别于流贷，是基于它所依赖的真实的、特定的贸易背景，并且它以客户在贸易项下的回款作为第一还款来源，其他一切可支配收入是次要的还款来源。客户能不能在银行做这一笔国际业务，首先取决于这一交易背景是否真实存在。信用证项下的合同，汇款融资（货到）项下的合同、发票、关单、提单等，都是佐证这种背景存在的关键材料。这些材料中，客户名称、金额、付款方式以及签章等是否无误，不同材料间（如双方协议与第三方单据间）是否能够相互印证，与客户向银行提交的申请资料和客户经理的审查意见是否一致等，都应视为审查要点，尤其对于转口贸易、保税区贸易、关联公司贸易、涉及可融资性商品的贸易等。

4. 客户在此单贸易中的盈利能力

在国际贸易中，商业银行还要注意客户在此单贸易中的盈利能力，比如属于代理进口的，要审查代理协议，看委托代理关系是否存续正常、销售和支付代理手续费有无保证；属于自营业务的，要看是否属于企业主营业务、是否初次进入、进口价格与国内价格的比较、销路是否顺畅；对转口贸易，要分别提供上下游合同，判断企业先支后收还是先收后支，看企业是否能够赚取差价；对托收押汇和汇款融资，一般还要求提交内贸合同，看下游企业的还款时间；等等。涉及价格变动较大的大宗商品，比如贵金属、矿产、农产品、纺织品，还要特别查看当前价格与客户进价的比较，以及近期这种商品的价格波动情况。

（三）对涉及行业和企业进行风险评估

1. 是否存在系统性风险

对一些产能过剩行业（如钢贸、造船、光伏、电子显示屏、脱硫脱硝等行业）或受到阶段性外部事件影响的行业（如奶制品行业、禽类养殖行业、白酒或高端奢侈品行业），要严格按照合法性要求从严审查，并提示注意行业风险。

2. 是否涉及高风险的国家和地区

要调查贸易中的各项要素，包括但不限于交易主体、货物产地、港口、船舶和船公司等，是否涉及高风险的国家和地区，特别是受联合国和美国制裁的国家和地区，货物是否为涉及军民两用或受到限制的其他物项（可在美国财政部网站中进行查询）。像对伊朗、朝鲜这样的国家，基本不能开展各类业务；如果是缅甸，则可在全面了解业务背景的前提下，根据实际情况，开展一些相对不太会被美国制裁的业务，如不涉及军方的业务、欧元清算业务等；如果是非洲一些国家，如苏丹、刚果金，则要细致地落实合法性要求，如不能从哪些国家进口钻石、象牙；如果是一些战乱国家，如叙利亚、利比亚、伊拉克等，则即便不受制裁、合法性亦没有明确限制，也要根据安全形势、国际环境等做出谨慎的判断；如果是维尔京、开曼群岛这样的避税天堂，也要求客户经理进行加强型的尽职调查，满足监管当局的反洗钱要求；对阿联酋的迪拜，还特别要求调查当地公司（如信用证项下的受益人）与之前破产的迪拜国际集团是否有关联。

（四）权限问题

（1）客户提交的材料是不是都完整有效，比如像合同这样的贸易背景资料，是不是有双方签章，框架性合同是不是还在有效期内，客户提交的申请书等是不是在审批前已经过核印。

（2）贸易背景资料上客户经理是否已双签并注明验看了原件，提交的审批材料中是否有相应的支行行长、运营条线主管、主协办客户经理签字，如遇行长外出的，副行长等在此期间是否已得到相应授权，这些签字人与系统中查看到的人员是否一致，这些客户经理是否已具有相应的大企业或小企业签字权。

👁 视野拓展 9.3

审查贸易背景

审查贸易背景，这种看似简单而带有重复性操作的事情，可能有时突然就会发现，客户名称出现了变化，哪怕是删改了几个字或者多加了一点后缀，就是完全不同的另一家公司，需要客户给出合理的解释；如果是要更名，那么企业的性质有没有改变，之前的授信是否还有效，授信条件是否已调整，原有未结清的业务是否已重新纳入了，所有这些都要落实；有时客户地址在不同材料中表述不同，那么它究竟是境内公司还是境外公司，体现出来的究竟是注册地址还是办公地址，如果是在香港地区的离岸公司，是否有相应的注册证明和离岸开户材料，又是否涉及高风险国家，所有这些都要仔细查证；那些每天出台或更正了的新制度、新政策、新公文、新案例，都要抽出时间学习，你可能昨天还按经验认为保税区企业间的业务或者保税区企业开证给境内区外企业的业务不属于国际业务，不能续作，但放宽后的政策尺度可能就会告诉你这类业务也可同样操作，只要在付汇名录中核实企业性质和状态，并且通过货物收据、关单、保税区备案清单来证实其交易的真实性即可；那些你曾经认为不属于你岗位权限和工作范畴，但在日常操作中可能涉及的知识，比如进口代付和直通车项下支行会计如何选择科目、如何记账，也都需要了解，否则就可能会在分行与支行之间、分行部门之间的分工合作中出现严重差错。

（3）按照该笔业务的金额、期限等，最终的有权审批人是何种层级的领导，比如200万元的业务与1 000万元的业务不同、授信项下业务同全额保证金的业务不同、一年期授信客户与中长期授信客户不同、开证效期5个月的同13个月的不同等。

（4）属于总行权限的，是否已向总行报审并得到批复，比如对某类特殊背景的业务（如技术引进项下的服务贸易、上下游企业均在一国的转口贸易）或超出分行权限的业务（如融资期限超过规程要求）是否同意叙作，对于一些本应提交的材料是否同意免于提交（比如一些重要客户和特殊业务模式的客户免于提交内贸合同）。

（5）对于需要占用短期外债的业务（比如付款期限在180天以上的外币信用证、汇款融资项下融资期限超过90天的外币代付或信用证项下付款期限与融资期限之和超过90天的外币代付等），总行是否同意占用短债（这是外汇局为各家商业银行限定的额度，属于稀缺资源）、占用短债部分执行的费率标准（一般不再执行原有优惠费率）等，都需要提早上报。

（6）涉及融资的，是不是已审批了定价，特别是因为不能满足指导价要求、不能达到单笔业务盈亏平衡而需要计划财务部或总行相关部门批准的，是不是进行了充分沟通。

第二节　国际结算业务

在国际业务发展中，国际上由于贸易或非贸易往来而发生的债权债务，要用货币在一定形式和条件下收付结算，因此就产生了国际结算业务。

国际结算业务的结算方式是从简单的现金结算方式，发展到目前比较完善的银行信用证方式。货币的收付形成资金的流动，而资金的流动又需要通过各种结算工具来实现。目前，商业银行的国际结算业务主要是通过汇款、托收和信用证三种结算方式来完成的。

一、汇款结算业务

汇款是付款人把应付款项交给自己的往来银行，委托银行代替自己通过邮寄的方法，把款项支付给收款人的一种结算方式。银行接到付款人的请求后，接受款项，然后通知收款人所在地的代理行，请其向收款人支付相同金额的款项。最后，两个银行通过事先的约定，结清互相之间的债权债务。

微课堂　电汇

汇款结算方式一般涉及四个当事人，即汇款人、收款人、汇出行和汇入行。国际汇款结算业务基本上分为三大类，即电汇、信汇和票汇。

（一）电汇

电汇（telegraphic transfer，T/T）是汇出行应汇款人的申请，拍发加押电报或电传（tested

cable/telex）或者通过 SWIFT（环球同业银行金融电讯协会）给国外汇入行，指示其解付一定金额给收款人的一种汇款结算方式。电汇以电报、电传作为结算工具，安全迅速，费用也较高，由于电报电传的传递方向与资金的流向是相同的，因此电汇属于顺汇。

🌐 视野拓展 9.4

SWIFT

SWIFT 即环球同业银行金融电讯协会，是国际银行同业间的国际合作组织，成立于 1973 年，目前全球大多数国家大多数银行已使用 SWIFT 系统。SWIFT 的使用，使银行的通信业务更安全、可靠、快捷、标准化和自动化，从而大大提高了银行的结算速度。由于 SWIFT 的格式是标准化的，目前信用证的格式主要都是用 SWIFT 电文。

（二）信汇

信汇（mail transfer，M/T）是指汇款人向当地银行交付本国货币，由银行开具付款委托书，用航空邮寄方式交国外分行或代理行，办理付出外汇业务。采用信汇方式，由于邮程需要的时间比电汇长，银行有机会利用这笔资金，所以信汇汇率低于电汇汇率，其差额相当于邮程利息。

在进出口贸易中，如果合同规定凭商业汇票"见票即付"，则由预付行把商业汇票和各种单据用信函寄往国外收款，进口商代理银行见汇票后，用信汇（航邮）方式向议付行拨付外汇，这就是信汇方式在进出口结算中的运用。有时进口商为了推迟支付货款的时间，常在信用证中加注"单到国内，信汇付款"条款。这不仅可以避免本身的资金积压，还可在国内验单后付款，保证进口商品的质量。但是，在实际业务中，信汇极少使用。

（三）票汇

票汇（demand draft，D/D）是由汇出行应汇款人的申请，代汇款人开立以其分行或代理行为解付行的银行即期汇票，交由汇款人自行寄送给收款人或亲自携带出境，由持票人凭票取款的一种汇款方式。

票汇以银行即期汇票作为结算工具。其寄送方向与资金流动方向相同。票汇与电汇、信汇的不同在于票汇的传送不通过银行，汇入行须通知收款人，而由收款人持票登门取款；汇票限制转让和流通，但经收款人背书后，可以转让流通，而信汇委托书则不能。

二、托收结算业务

国际托收是指债权人（出口商）为向国外债务人（进口商）收取款项而向其开出汇票，并委托银行代收的一种结算方式。债权人办理托收时，要开出一份以国外债务人为付款人的汇票，并通常随附发票和货运单据（物权凭证），然后将汇票以及其他单据交给当地托收行，委托当地托收行将汇票及单据寄交债务人所在地的代收行，由代收行向债务人收取款项并转交委托人（债权人）。

一笔托收结算业务通常有四个当事人，即委托人、托收行、代收行和付款人。托收可分为光票托收和跟单托收两种。

（一）光票托收

光票托收是指委托人开立的汇票不附带货运单据的托收。故不存在交单的问题。有时汇票也附带发票等票据凭证，但只要是不附带货运单据的，就属于光票托收。光票托收多用于非贸易结算。但近年来光票托收用于贸易结算的也逐渐增多，特别是在近邻国家间收取贸易货款时，在贸易双方相互信任的前提下，光票托收不失为一种省事、省时、省钱的好办法。

微课堂　光票托收
与跟单托收

光票托收仅凭汇票收款，简单易行，但由于缺少切实可靠的单据做保证，卖方一旦货物脱手便很难控制货权。所以光票托收更适合于收取出口货款的尾数、佣金、代垫费用等款项，同时，在贸易双方为母、子公司或为合资、合营、合作伙伴的情况下，也可用光票托收。

（二）跟单托收

跟单托收是出口人发运货物后开具汇票，连同全套货运单据如发票、提单、保单、装箱单、原产地证等，委托银行向进口人收取货款的一种方式。国际贸易中，使用托收方式收取货款主要是采用跟单托收的办法。

光票托收不随任何货运单据，或仅有一般商业单据，一般小金额的可以采取，比较简易，但风险较大，而跟单托收在出口商发货时开立汇票，连同货运单据交托收行代为收款，具有一定的约束力。

在国际托收中，托收行只是将汇票和单据寄交代收行办理。而代收行只需核对各项单据是否有缺漏，并按委托书所载明的收款办法收款，至于票据到期是否会照付，完全取决于付款人的信用，代收行不承担付款责任。

教学互动9.1

问：国际托收是商业信用还是银行信用？

答：不管预付货款还是货到付款，都是企业之间的约定，银行只是一方向另一方汇款的渠道。按照外汇管理政策，企业以自有资金去付款的，只需将合同、发票、报关单的其中之一提供给银行柜台就可以完成。当然，银行也可以根据客户授信额度或保证金的情况，审查贸易背景，给予预付项下的汇款融资（保证企业收货前的资金周转），或者货到项下的汇款融资（保证进口商品内销回款之前的资金周转）。但是，预付货款或货到付款，都是明显有利于其中一方而不利于另一方的（预付货款使进口商担心付款后对方不发货，货到付款使出口商担心发货后对方不付款），那么企业还可以在合同中约定更细致的付款方式，比如一部分是预付款、一部分是尾款、一部分需要在提交何种相应单据后支付、一部分要辅之以保函或质量证明等；或者，企业选择引入银行操作，即将单据提给银行，委托银行收款，这种我们称为托收的方式，本质上还是商业信用，而非银行信用。

三、信用证结算业务

（一）信用证的定义

信用证是银行应开证申请人（进口商）要求开给信用证受益人（出口商）的一份有条件的书面付款承诺。

一家中国企业从一家美国企业进口大豆，以海运形式从洛杉矶运至天津新港，双方就需要商定以何种形式付款。买家、进口商即中国企业可能会顾忌自己付款后对方并未发货，因而要求货到付款；卖家、出口商即美国企业可能会顾忌自己发货后对方并不付款，因而要求预付货款。预付货款或货到付款，都是明显有利于其中一方而不利于另一方的（预付货款使进口商担心付款后对方不发货，货到付款使出口商担心发货后对方不付款）。这时中国企业可以申请中国的银行向美国企业开立信用证，对自己的付款责任作出保证。

视野拓展9.5

在国际贸易的长期实践中，一种平衡双方利益的结算方式出现了：信用证结算方式。这种结算方式其实很大意义上类似于我们熟悉的支付宝，进口商的银行为其开出以出口商为受益人的信用证，保证在收到出口商提交的发货单据后，按期付款（即期信用证项下）或者承诺在之后一定期限内兑付（远期信用证项下）。

选择即期信用证还是远期信用证，其实取决于双方企业间的实力对比，如果是远期信用证，说明进口商更为强势，可以为自己争取更长的付款宽限期。如果银行在单据审查过程中发现单单不符或单证不符，是可以提示客户选择拒付的，这也就在一定程度上保证了进口商的利益；当然如果没有不符合点、没有什么重大瑕疵，银行需要承担第一付款责任，鉴于进口商银行的信用往往高于进口商自身的信用，这对于出口商取得回款而言也是一种更好的保障。

当出口商按照信用证的条款履行了自己的责任后，进口商就将货款通过银行交付给出口商。一笔信用证结算业务所涉及的基本当事人有三个，即开证申请人、受益人和开证银行。

教学互动 9.2

问：国外开来一份信用证，只规定受益人洽定的载货船只的船龄不得超过 10 年，但并未列明通过单据来证明。受益人按照信用证要求交单，但开证行提出拒付，理由为没有提交相关的船龄不超过 10 年的证明文件。开证行的拒付能不能被接受？为什么？

答：开证行可以拒付。因为信用证是银行应开证申请人（进口商）要求开给信用证受益人（出口商）的一份有条件的书面付款承诺。

（二）信用证结算方式的特点

1. 信用证是一项独立文件

信用证是银行与信用证受益人之间存在的一项契约，该契约虽然可以以贸易合同为依据而开立，但是一经开立，就不再受到贸易合同的牵制。银行履行信用证付款责任仅以信用证受益人满足了信用证规定的条件为前提，不受贸易合同争议的影响。

2. 信用证结算方式仅以单据为处理对象

在信用证结算业务中，银行对于受益人履行契约的审查仅针对受益人交到银行的单据进行，单据所代表的实物是否完好则不是银行关心的问题。即便实物的确有问题，进口商对出口商提出索赔要求，只要单据没问题，对于信用证而言，受益人就算满足了信用证规定的条件，银行就可以付款。

 敲黑板

> 单证相符强调的是单据内容表面上与信用证相符，而不是指单据真正的内容与信用证相符。如果受益人收到信用证认为条款不符合合同的约定或者违背常规，就应该提出修改信用证。一旦接受，就要完全按信用证的要求做。

3. 开证行负第一性的付款责任

在信用证中，银行是以自己的信用做出付款保证的，所以，一旦受益人（出口商）满足了信用证的条件，就直接向银行要求付款，而无须向开证申请人（进口商）要求付款。开证银行是主债务人，其对受益人负有不可推卸的、独立的付款责任。这就是开证行负第一性付款责任的意思所在。因此，银行的信用证结算业务是纯粹的单据业务，是不管贸易合同、不管货物、不管单据真伪、不管是否履约的"四不管"业务。唯一的要求是"单证相符的原则"。

四、担保业务

在国际结算过程中，银行还经常以本身的信誉为进出口商提供担保，以促进结算过程的顺利进行。目前为进出口结算提供的担保主要有两种形式，即银行保证书和备用信用证。

（一）银行保证书

银行保证书（letter of guarantee）又称保函，是指银行应客户的申请而开立的有担保性质的书面承诺文件，一旦申请人未按其与受益人签订合同的约定偿还债务或履行约定义务，则由银行履行担保责任。

当受益人在保函项下合理索赔时，担保行就必须承担付款责任，而不论申请人是否同意付款，也不管合同履行的实际事实。即保函是独立的承诺，并且基本上是单证化的交易业务。

1. 银行保函业务的特点

（1）以银行信用作为保证，易于为客户接受。

（2）保函是依据商务合同开出的，但又不依附于商务合同，是具有独立法律效力的法律文件。

2. 银行保函的种类

根据保函在基础合同中所起的不同作用和担保人承担的不同担保职责，保函可以分为以下几种：

（1）借款保函。

借款保函是指银行应借款人要求向贷款行所作出的一种旨在保证借款人按照借款合约的规定按期向贷款方归还所借款本息的付款保证承诺。

（2）融资租赁保函。

融资租赁保函是指承租人根据租赁协议的规定，请求银行向出租人所出具的一种旨在保证承租人按期向出租人支付租金的付款保证承诺。

（3）补偿贸易保函。

补偿贸易保函是指在补偿贸易合同项下，银行应设备或技术的引进方申请，向设备或技术的提供方所做出的一种旨在保证引进方在引进后的一定时期内，以其所生产的产成品或以产成品外销所得款项，来抵偿所引进之设备和技术的价款及利息的保证承诺。

（4）投标保函。

投标保函是指银行（保证人）应投标人（委托人）申请向招标人（受益人）做出的保证承诺，保证在投标人报价的有效期内投标人将遵守其诺言，不撤标、不改标，不更改原报价条件，并且在其一旦中标后，将按照招标文件的规定在一定时间内与招标人签订合同。

（5）履约保函。

履约保函是指银行应申请人的要求，向受益人开立的保证书，若申请人不履行约定义务，则银行保证向受益人赔偿。

（6）预付款保函。

预付款保函又称还款保函或定金保函，是指银行应供货方或劳务承包方申请向买方或业主方所做的保证承诺，如申请人未能履约或未能全部按合同规定使用预付款，则银行负责返还保函规定金额的预付款。

（7）付款保函。

付款保函是指银行应买方或业主申请，向卖方或承包方所出具的一种旨在保证货款支付或承包工程进度款支付的付款保证承诺。

其他的保函品种还有来料或来件加工保函、质量保函、预留金保函、延期付款保函、票据或费用保付保函、提货担保、保释金保函及海关免税保函等。

视野拓展9.6

保函业务，尤其需要与作为申请人和被担保人的客户，以及与转开行密切沟通。银行自己的保函格式对方能否接受，业主提出的保函格式能否符合银行要求，对哪些条款必须修改，对哪些条款又要进行必要的风险提示并得到客户和支行的确认（比如适用当地法律和仲裁、小语种的翻译版本可能造成双方理解偏差等），都需要反反复复地用电话、邮件和报文交流。

（二）备用信用证

备用信用证（stand - by letter of credit）又称担保信用证，是不以清偿商品交易的价款为目的，而是以贷款融资，或担保债务偿还为目的所开立的信用证。它是集担保、融资、支付及相关服务为一体的多功能金融产品，因其用途广泛及运作灵活，在国际业务中得以普遍应用。但在我国，备用信用证的认知度仍远不及银行保证书、商业信用证等传统金融工具。

（三）银行保证书与备用信用证的异同

1. 共同点

二者同属于银行信用。

2. 不同点

就银行的付款责任而言，备用信用证的开证行承担的是第一付款责任，而在使用银行保证书时，银行承担的是第二付款责任；就使用情况而言，备用信用证是在正常履行国际货物买卖合同的情况下使用，银行保证书相反；就有关付款依据而言，备用信用证只凭符合信用证条款的单据付款，与订立的合同无关，但是当受益人凭备用保证书向保证行索偿时，大多需经过调查证实委托人违反合同而又不赔偿时才进行。

教学互动 9.3

问：信用证与备用信用证两者的区别是什么？

答：①信用证在受益人完成信用证规定的条件后，开证行保证向受益人付款；而备用信用证是在受益人提出开证申请人未履行付款责任的情况下，由开证行负责对受益人付款；②信用证是受益人完成信用证规定的条件后开证行付款，而备用信用证是在开证申请人未完成付款义务的情况下，由开证行代为付款；③信用证是开证行的主动付款，而备用信用证是开证行的被动付款；④信用证一定为受益人利用，而备用信用证一般是备而不用，即备用信用证作为银行担保，开证申请人都会主动付款，所以，一般情况下不会真正利用备用信用证去索款的。

第三节　国际贸易融资与外汇买卖

国际业务融资是传统的商业银行国际业务，商业银行国际信贷活动的一个重要方面，是为国际贸易提供资金融通。这种资金融通的对象，包括本国和外国的进出口商。外汇买卖则是商业银行另一项主要的国际业务，是将一种货币按照既定的汇率兑换成另一种货币的活动。

一、商业银行国际贸易融资

商业银行为进出口贸易提供资金融通的形式很多，主要有以下几种：

微课堂　外汇种类

（一）出口押汇

出口商按合同发送货物并取得货运单据后，就向进口商开立汇票，如果进口商不能立即支付票款，出口商为了尽快收回货款，可以以这些货运单据和汇票作抵押，向出口地某银行请求贴现。该银行如果同意贴现，即收下这些单据和汇票，然后按票面额扣除贴现息后，把出口应收货款预先支付给出口商。这种出口地银行对出口商提供的资金融通过程就称为出口押汇。

微课堂　进口押汇

（二）进口押汇

进口押汇是指进出口双方签订买卖合同后，进口商请求其往来银行向出口商开立保证付款的文件（大多是跟单信用证），然后进口商将文件寄给出口商，出口商见证后，将货物发给进口商。商业银行为进口商开立信用保证文件这个过程就称为进口押汇。

在来单后，无论是即期要求付款，还是远期到期后要求付款，进口商都可以选择以自有资金付款，或者向银行申请押汇，即基于此单信用证的贸易背景得到一笔特定用途的外币贷款。如果是后者，则意味着企业在下游货款仍未回笼前，再次拖延了实际付款的时限，从而为自己的资金周转争取了更多时间。

视野拓展 9.7

如果我们将押汇利率同一般的流动资金贷款利率进行比较，会发现这一业务在价格上极有优势，这就不能排除企业以各种手段虚构贸易背景，或者假借这一背景进行过度融资，或者在下游已回款后仍然申请押汇，甚至在押汇到期后还继续选择展期。这对银行审贷和单证处理人员而言，审核贸易背景、条款、单据需要更加细致。从银行的管理角度看，对客户的资金用途、回款、展期的期限和定价也要严格限制，并要求客户经理认真负责贷后检查。

（三）代付业务

如果境内银行以自有资金为企业押汇，就会像银行其他表内贷款一样，存在较高资金成本、经营成本、税金及附加等。为了进一步取得定价优势，银行还可以开展代付业务。

1. 代付业务的含义

代付业务即指示其他资金成本更低的银行（通常是境外银行）代为付款。比如，一般汇款融资，正常操作是境内付款企业将境内银行的放款汇出给境外的收款企业。如果选择代付，则是境外银行按照境内银行的电文要求付款给境外收款企业的银行，等到此笔融资到期时，再由境内企业通过境内银行按境外银行的指示路径将本金、利息和费用还给境外银行即可。

2. 代付业务的操作

境外银行对于贸易背景的真实性有较高要求，这需要在发报之前的询价阶段就提前落实。同时由于境外银行放款是基于境内银行信用的，所以境内银行才是风险的最终承担者。这就意味着在定价审批中，境内银行的经济资本成本并不低于一般押汇。在代付业务中，境内银行在得到境外银行报价（即境内银行成本）后，再进行必要加点来满足指导价和盈亏平衡的要求，最终向客户报价，其中加点部分就是境内银行的利差。同时，由于境内银行撮合成交降低了客户融资成本，境内银行可据此收取一部分融资安排费等中间业务收入。

敲黑板

对代付业务来说，在询价阶段要找什么样的代付行、需要银行及客户提交何种材料、适用何种利率、能否接受预付、到期日是否已经避开节假日，以及对提单日和业务起息日间隔有无要求等，都需要及早落实，否则就会出现银行已经审批完成、发报、放款但代付行无法汇出的情况；对客户提供的收款人名称、账号、收款行 SWIFT 以及是否有中间行等信息，更要注意确认并留有记录，防止出现汇错路径的情况。

（四）避险融资

如果客户在做代付业务的同时，还存入了能够覆盖贷款本息的存款保证金，并锁定了远期汇率，那么就将这种业务模式称为避险融资。之所以这样做，主要是因为境内外之间、即期远期之间的汇率存在差异，客户锁定汇率可降低汇率波动带来的风险，取得一定的汇差和结售汇的收益。同时，由于境内人民币的存款利率高于境外外币的贷款利率，客户还可从中取得一部分利差收益。

对商业银行而言，代付业务与避险融资业务组合，一方面可帮助银行取得更大的价格优势，另一方面还能取得结售汇中收入和稳定的保证金存款，并作为全额质押业务而不受授信条件限制，是低风险、高收益、能够打开与新老客户合作关系并拓展国际业务的营销利器。

（五）对外担保

在国际业务中，还有一项非常独立的业务品种，叫作对外担保。与境内保函相类似，对跨境贸易项下的收货人、境外工程项下业主开出保函，实际上也是境内银行以自身信用为"走出去"的企业行为提供担保。

视野拓展9.8

中国企业在非洲建厂，首先要参与当地投标，需要境内银行为其开具投标保函，保证企业不会在开标后撤标，或者中标后不会拒绝签署合同；企业中标后，需要进一步提供银行预付款保函和履约保函，保证企业按合同约定操作，不会在收到业主提供的一部分预付款后就不再完成该项工程；项目接近完工时，企业需要提交质量保函或留置金保函，保证工厂、设备运作一定期限后不会出现故障，或者先行获得业主方面提供的尾款，但同意在出现问题时保修、赔付等。

保函开出后，极有可能根据合同和保函条款要求进行修改，比如增额、减额、延期、更新条款等，这些修改要求必须得到受益人的同意；如果是受益人提出的，则要求被担保人考虑同意修改，或者进行赔付。保函到期后，在受益人同意（比如信开保函退回正本，或者电开保函发电同意）的情况下，可以进行销卷；保函到期前，如果受益人同意，也可以告知被担保人及其银行提前撤销。有时，当地业主只能接受本地银行或一些特定银行

微课堂　银行保理业务

开出的保函，那么，境内银行还需专门联系这些银行进行保函转开，就保函格式等各种问题进行落实，达成申请人、受益人、境内银行和转开行都能接受的结果。

反过来说，如果境内企业是受益人，境内银行作为其转开行收到来自国外银行的保函，则需要做好保函通知工作；如果国外银行选择境内银行进行转开，则也需要进行相应操作，我们称之为来委业务；甚至有些属于国内保函范畴的，由于受益人的银行并不接受对方开出的纸质中文保函，也需要国际业务人员发送英文报文来验证真实性，这都需要银行之间的大量合作。

（六）福费廷

1. 福费廷的定义

福费廷（foffaiting）又称包买业务，是出口信贷的又一类型，它是在进口商延期付款的大型设备交易中，出口商把经进口商承兑的远期汇票无追索权地售予出口商所在地银行或大型金融公司，从而提前获得资金的一种融资方式。

微课堂　福费廷

视野拓展9.9

福费廷是1965年起始于西欧的一种中长期对外贸易融资方式，为改善出口商的现金流和财务报表，包买商从出口商那里无追索地购买已经承兑的，并通常由进口商所在地银行担保的远期汇票或本票，其业务称为包买票据，音译为福费廷。

2. 福费廷出口信贷业务的具体做法和程序

（1）进出口商在洽谈贸易时，如想使用这种方式，应事先和当地银行或金融公司约定，以做好各项信贷安排。

（2）进出口商订立贸易合同，协议使用福费廷，出口商向进口商签发远期汇票，并取得进口商往来银行的担保，但担保银行要经出口商所在地银行认可其资信方能担保。

（3）出口商在备货发运后，将全套货运单据通过银行寄交进口商，进口商则将经自己承兑的由银行担保的汇票或本票寄回至出口商。单据的寄交一般通过银行寄送。

（4）出口商在取得经进口商承兑的并附有银行担保的远期汇票或本票后，便可根据约定，以无追索权方式，向约定银行或金融公司提出贴现，取得现款。

视野拓展 9.10

如果是福费廷业务，开证行、包买行是否已与银行建立密押，必须提前查询，力争不给客户发出可以叙作的错误信息；包买行的包买条件是什么，是否需要开证行配合，对于预扣费算多算少或者开证行在承兑到期后拒绝付款给包买行的情况有无预案等，也都要在要约或者之后的往来电文、邮件中达成一致，避免以后产生纠纷。

（七）转卖应收款项

除了承担最终风险，境内银行还可以考虑将风险卖出。

1. 转卖应收款

企业采取赊销方式进行结算，出口商手中就掌握了大量应收账款，商业银行除提供催收等基本的保理服务外，还可买断这些应收账款，向客户提供融资。对客户而言，银行融资就意味着提前收汇，解决了进口商付款前的资金周转问题，同时还可以减少应收账款、美化报表。如果银行不准备以自有资金提供融资，还可将买入的这部分应收账款转卖给其他银行，由其提供更加廉价的资金。

2. 转卖福费廷

作为信用证受益人的出口商，为了提前收汇，将其拥有的信用证项下权益无追索地卖断给银行，而银行可再将其转卖给融资成本更低的境外银行，在境外银行报价基础上加点并向客户报价，赚取的点差全部计为中间收入，这对银行来说也是不担风险、没有实际资金占用、不受授信条件和贷款规模限制的优质业务。

当然，福费廷的转卖、保理融资的转让，也像之前提到的代付业务、联动业务一样，需要与境外银行密切沟通和配合。

二、外汇买卖业务

近年来，金融类衍生品无疑是市场交易的主流，其市场份额连续多年保持在90%以上。外汇期货、期权和互换交易、套汇与套利交易、远期利率协定等衍生品业务的收益会远远超过以上各种业务产品的收益，但是风险也很大。

（一）外汇的标价方法

国际上现有两种外汇标价方法：直接标价法和间接标价法。

1. 直接标价法

直接标价法又称应付标价法，是指以一定单位的外国货币为标准来计算应付出多少单位本国货币的一种外汇标价方法。就相当于计算购买一定单位外币应付多少本币，所以又称为应付标价法。包括中国在内的世界上绝大多数国家目前都采用直接标价法。比如我们常见的100美元兑人民币多少。

日本实行直接标价法，某日外汇标价：USD/CNY、USD/JPY。例如 USD/JPY 的银行报价为115.06/16，意思是银行买入价为115.06（银行买入价是指银行买入美元卖出日元的报价），银行卖出价为115.16（银行卖出价是指银行卖出美元买入日元的报价）。买入价为115.06，卖出价为115.16，差额为10个点。

2. 间接标价法

间接标价法（indirect quotation）又称应收标价法，它与前者正好相反，是以一定单位的本国货币为标准，来计算应收若干单位的外国货币的一种外汇标价方法。在国际外汇市场上，欧元、英镑、澳元等均为间接标价法。英国和美国都是采用间接标价法的国家。

英国实行间接标价法，例如，某日外汇标价：£1 = \$1.254 6 ~ 1.256 6。即买入价为1.254 6元，卖出价为1.256 6元，差额为20个点。

3. 直接标价法和间接标价法的区别

直接标价法是固定外币的数量，本币数量随汇率变动；而间接标价法是固定本币数量，外币数量随两币种汇率而变动。

（二）外汇交易业务

商业银行的国际业务中，外汇交易业务也是很重要的一部分。商业银行从事外汇交易的方式一般有两类：即期外汇交易和远期外汇交易。

1. 即期外汇交易

（1）即期外汇交易（现汇交易）的含义。

即期外汇交易是指在外汇买卖成交以后，按规定在两个营业日之内办理交割的外汇业务。

（2）即期外汇交易的目的。

即期外汇交易的目的是满足临时性的支付需要、调整持有的外币币种结构、进行外汇投机。

教学互动 9.4

某时外汇市场主要货币的即期汇率为：

$$USD/CHF = 1.255\ 5/59$$
$$EUR/USD = 1.328\ 1/86$$

问：客户用瑞士法郎买入美元，汇率应该如何计算？客户要求将100万美元兑换成欧元，按现有汇率可得到多少美元？

答：银行卖出美元，汇率应取1.255 9。

银行卖出欧元买入美元，汇率取1.328 6，故可得到：

$$1\ 000\ 000/1.328\ 6 = 752\ 671.98（欧元）$$

2. 远期外汇交易

（1）远期外汇交易的含义。

远期外汇交易（forward exchange transaction）又称期汇交易，是指外汇买卖成交后，根据合同规定的币种、汇率、数额，在预约期限办理交割的外汇业务。预约期限一般为1个月到6个月，也有长达1年的，但最常见的是3个月。与商业银行有关联的远期外汇交易业务，主要有商业银行与客户的远期外汇交易和银行之间的远期外汇交易两种。

微课堂 外汇期权与
远期外汇交易

（2）远期外汇交易的目的。

①套期保值（避免商业或金融交易遭受汇率变动的风险）。

套期保值是指卖出或买入金额相等于一笔外汇资产或负债的外汇，使这笔外币资产或负债以本币表示的价值避免遭受汇率变动的影响。

教学互动 9.5

某年9月20日，广东一企业出口一批货物，预计3个月后即12月20日，收入2 000万美元。若银行9月20日开报的3个月远期美元对人民币双边价为6.364 9 ~ 6.406 8，该企业同银行签订了人民币远期结售汇合同。

试分析该企业避免外汇汇率风险的结果。如果12月20日市场汇率变为6.264 9 ~ 6.306 8

（不做远期结售汇）。

问：该企业的损益情况又是怎样的？

答：利用人民币远期结售汇业务规避汇率风险。

银行 9 月 20 日开报的 3 个月远期美元对人民币双边价为 6.364 9～6.406 8。收入 2 000 万美元，则到了 12 月 20 日以 1 美元＝6.364 9 元人民币的汇率兑换收到 16 729.8 万元人民币，不管汇率如何变化，都按照约定履行。而如果 12 月 20 日市场汇率变为 6.264 9～6.306 8，若不做远期结售汇，到了 12 月 20 日，2 000 万美元以 1 美元＝6.264 9 元人民币的汇率只能兑换 16 529.8 万元人民币。亏损了 200 万元人民币。

②投机获利。

投机获利是指根据对汇率变动的预期，有意持有外汇的多头或空头，希望利用汇率变动来从中赚取利润。

（3）外汇套期保值与外汇投机的区别。

套期保值是为了避免汇率风险而轧平对外债权债务的头寸，而投机则是通过有意识地持有外汇多头或空头承担汇率变动的风险。

（4）远期汇率的报价。

远期汇率的报价一般都只报后 2 位，前大后小是贴水，前小后大是升水。

直接标价法的计算公式为：

$$远期汇率 = 即期汇率 + 升水$$

或

$$远期汇率 = 即期汇率 - 贴水$$

间接标价法的计算公式为：

$$远期汇率 = 即期汇率 - 升水$$

或

$$远期汇率 = 即期汇率 + 贴水$$

例如：某日外汇标价英镑市场即期汇率是 £1 ＝ \$1.254 6～1.256 6。

前者是银行买入价，就是说银行愿意以 1.254 6 美元的价格买入 1 英镑，即能以 1.254 6 美元卖出 1 英镑给银行；后者是银行卖出价，即能以 1.256 6 美元买到 1 英镑。假如一个月远期的报价为 70/86，就是英镑升水，那么三个月远期汇率是 1GBP＝USD1.254 6＋0.007 0～1.256 6＋0.008 6＝USD1.261 6～1.265 2，就是说你卖出的远期英镑价格是 1.261 6 美元。如果报价是 80/64，那么就是英镑贴水 1GBP＝USD1.254 6－0.008 6～1.256 6－0.007 0＝USD1.246 0～1.249 6。

3. 外汇期货、期权和互换交易

1）外汇期货交易

所谓外汇期货交易（foreign exchange future），是指在期货交易所内通过公开竞价的方法进行的外汇期货合约的交易。外汇期货合约是由买卖双方共同订立的、约定在未来某日以协议价格买卖一定数量的某种外汇的标准契约。其主要作用是为了防范或转移汇率风险，以达到外汇资产保值的目的。

教学互动 9.6

问：某年 2 月 10 日，某银行在国际货币市场买入 100 手 6 月期欧元期货合约，价格为 1.360 6 美元/欧元，同时卖出 100 手 9 月期欧元期货合约，价格为 1.346 6 美元/欧元。5 月 10 日，该银行分别以 1.352 6 美元/欧元和 1.269 1 美元/欧元的价格将手中合约对冲。分析该银行的交易结果如何？（1 欧元＝1.25 美元）

答：如表 9.2 所示，该银行在 6 月期欧元期货交易中亏损：（1.360 6－1.352 6）×125 000×

100＝100 000（美元）；该银行在 9 月期欧元期货交易中盈利：（1.346 6－1.269 1）×125 000× 100＝968 750（美元），那么通过跨月份套利，该银行在两份合约中共计获利（0.077 5－0.008 0）× 125 000×100＝868 750（美元）。交易净盈利 868 750 美元。

表 9.2　某银行外汇期货跨月套利交易

交易	6 月期欧元（100 手）	9 月期欧元（100 手）
开仓	买入 1.360 6 美元/欧元	卖出 1.346 6 美元/欧元
平仓	卖出 1.352 6 美元/欧元	买入 1.269 1 美元/欧元
结果	损失 0.008 0	盈利 0.007 5

2）外汇期权交易

外汇期权（foreign exchange option）是指买卖双方所达成的一项买卖外汇的合约，买方向卖方缴纳一定的期权费后，买方具有执行或者不执行合同的选择权，即在一定的时期内按协议汇价买进或不买进、卖出或不卖出一定数量外汇的权利。而期权合约的卖方收取了一定的期权费用以后，则必须承担在未来到期日或者到期日之前按协议价格卖出或者买进一定数量的某种外汇的责任。

例如：美国公司从德国进口 125 000 欧元的设备，3 个月后付款。为防范欧元汇率上升的风险。美国公司购买了一份 3 个月到期协定价格为 €1 ＝ ＄1.210 0 看涨期权，期权费为每欧元 0.04 美元。若 3 个月后市场汇率为：

$$€1 ＝ ＄1.198 0$$
$$€1 ＝ ＄1.208 0$$
$$€1 ＝ ＄1.248 0$$

在下列情况下，该公司是否会执行期权？试计算进口的总成本。

$$期权费 ＝ 0.04 × 125 000 ＝ 5 000（＄）$$

（1）市场汇率为 €1 ＝ ＄1.198 0 时，买方不行使期权，按市场汇率买进 125 000€，进口总成本为：

$$1.198 0 × 125 000 ＋ 5 000 ＝ 154 750（＄）$$

（2）当市场汇率为 €1 ＝ ＄1.208 0 时，买方不行使期权，按市场汇率买进 125 000€，进口总成本为：

$$1.208 0 × 125 000 ＋ 5 000 ＝ 156 000（＄）$$

（3）当市场汇率为 €1 ＝ ＄1.248 0 时，买方行使期权，按协定汇率买进 125 000€，进口总成本为：

$$1.210 0 × 125 000 ＋ 5 000 ＝ 156 250（＄）$$

案例透析 9.1

某美国银行发行一金额为 500 000 欧元的、6 个月期的定期存单，现行汇率为 ＄1.18/€。该银行预计 6 个月后汇率会发生变化，因此打算用外汇期权来规避未来偿还的汇率风险。目前执行价格为 ＄1.18/€ 的 6 个月期的欧元看涨期权和看跌期权的交易价格分别为 4 美分和 2 美分。

启发思考：

（1）该银行该买入哪种期权？为什么？

（2）假设 6 个月后的现汇汇率只可能为 ＄1.16/€、＄1.18/€、＄1.20/€ 三种情况，那么该银行对应的净支付金额分别是多少？

3）外汇互换交易

外汇互换交易是指互换双方在事先预定的时间内交换货币或利率的一种金融交易。双方在期初按固定汇率交换两种不同货币的本金，随后在预定的日期内进行利息和本金的互换。主要包括货币互换和利率互换以及货币利率互换等。商业银行在外汇互换交易中，可充当交易一方或充当中介人。交易者通过货币互换以降低筹资成本；通过货币互换工具消除其敞口风险，尽量避免汇率风险和利率风险；货币互换属于表外业务，可以规避外汇管制、利率管制和税收方面的限制。利率互换和货币互换比较常见。

（1）货币互换。

货币互换（又称货币掉期）是指两笔金额相同、期限相同、计算利率方法相同，但货币不同的债务资金之间的调换。简单来说，货币互换是不同货币债务间的调换。货币互换双方互换的是货币，它们之间各自的债权债务关系并没有改变。货币互换的目的在于降低筹资成本及防止汇率变动风险造成的损失。例如，假定英镑和美元汇率为 1 英镑 = 1.5 美元。

微课堂 外汇掉期
与货币互换

A 公司想借入 5 年期的 1 000 万英镑借款，B 公司想借入 5 年期的 1 500 万美元借款。但由于 A 公司的信用等级高于 B 公司，两国金融市场对 A、B 两个公司的熟悉状况不同，因此市场向它们提供的固定利率也不同，如表 9.3 所示。

表 9.3 市场向 A、B 两个公司提供的借款利率 %

公司	美元利率	英镑利率
A 公司	8.0	11.6
B 公司	10	12.0

从表 9.3 中的数据可以看出，A 公司的借款利率比 B 公司低，即 A 公司在两个市场都具有绝对优势，但绝对优势大小不同。A 公司在美元市场上的绝对优势为 2%，在英镑市场只有 0.4%。这就是说，A 公司在美元市场上有比较优势，而 B 公司在英镑市场上有比较优势。这样，双方就可以利用各自的比较优势借款，然后通过互换得到自己想要的资金，并通过分享互换收益，降低筹资成本。

$$（11.6\% + 10\%）-（12\% + 8\%）= 1.6\%$$

两者共享，各节省 0.8%。于是，A 公司以 8% 的利率借入五年期的 1 500 万美元借款，B 公司以 12.0% 的利率借入五年期的 1 000 万英镑借款。然后，双方先进行本金的交换，即 A 公司向 B 公司支付 1 500 万美元，B 公司向 A 公司支付 1 000 万英镑。假定 A、B 两个公司商定双方平分互换收益，则 A、B 两个公司都使筹资成本降低 0.8%，即双方最终实际成本分别为：A 公司支付 10.8%（11.6 - 0.8）的英镑利率，而 B 公司支付 9.2%（10 - 0.8）的美元利率。

若不考虑本金问题，货币互换的流程如图 9.1 所示。

图 9.1 货币互换的流程

（2）利率互换。

利率互换是指协议双方在同种货币的基础上，在预定的时间内，为对方支付利息。即两笔货币相同、债务额相同（本金相同）、期限相同的资金，作固定利率与浮动利率的调换。这个调换是双方的，假如甲方以固定利率换取乙方的浮动利率，乙方则以浮动利率换取甲方的固定利率，故称互换。互换的目的在于降低资金成本和利率风险。

如表 9.4 所示，假设有 A、B 两个公司，A 公司打算从甲银行借款 1 000 万元，B 公司打算从乙银行借款 1 000 万元。由于 A、B 两个公司的信用级别不同，A 公司的信用级别高于 B 公司。

甲银行为 A 公司提供两种计息方式：固定利率 10%，浮动利率 LIBOR + 0.3%；

乙银行为 B 公司提供两种计息方式：固定利率 12%，浮动利率 LIBOR + 1%（LIBO 为伦敦同业银行间放款利率，LIBOR 经常作为国际金融市场贷款的参考利率）。

表 9.4　A、B 两个公司利率互换

银行	公司	固定利率	浮动利率
甲银行	A 公司（AAA）	10%	LIBOR + 0.3%
乙银行	B 公司（A）	12%	LIBOR + 1%

①由 A 公司出面借款有绝对优势（此方法不被允许）。

A 公司向甲银行借款 2 000 万元，再将 1 000 万元借给 B 公司，此时 A、B 公司取得借款的利率和为最小，A 公司无论是选择浮动利率方式还是固定利率方式，均相对于 B 公司有绝对优势。

②A 公司、B 公司自己借款或合作。

A、B 公司借款方式组合如下：

A 公司：固定利率；B 公司：固定利率——各自按自己需要借款。

A 公司：固定利率；B 公司：浮动利率（利率和为 LIBOR + 11%）——各自按自己需要借款。

A 公司：浮动利率；B 公司：固定利率（利率和为 LIBOR + 12.3%）——互换。

A 公司：浮动利率；B 公司：浮动利率——各自按自己需要借款。

由以上组合可看出，第 1 种组合的总利率比第 3 种组合的总利率低 1.3%，当 A 公司打算以浮动利率借款，B 公司打算以固定利率借款时，我们发现将第 3 种组合转换成第 2 种组合的方式，总的利率可以降低。

③A 公司和 B 公司选择利率互换。

A 公司选择以固定利率方式向甲银行借款，B 公司选择以浮动利率方式向乙银行借款，A 公司与 B 公司之间签订利率互换协议。

④A 公司和 B 公司签订协议。

降低的总利率 1.3% 平均分配。

A 公司支付浮动利率给 B 公司，B 公司支付浮动利率给乙银行；

B 公司支付固定利率给 A 公司，A 公司支付固定利率给甲银行。

由此可见，A 公司取得浮动借款的利率降低为 LIBOR + 0.3% - 0.65%；B 公司取得固定利率借款的利率降低为 12% - 0.65%。

4. 套汇与套利交易

1）套汇交易

套汇交易是指在两个或两个以上的外汇市场上，利用外汇汇率的差异进行的外汇买卖。其目的是套取汇率的差价，从中获取利润。套汇分为地点套汇和时间套汇两种。

（1）地点套汇。

地点套汇是指利用不同外汇市场上存在的汇率差异，从低价市场买进，从高价市场卖出，赚取利润。主要分为直接套汇和间接套汇两种。

例如：

香港市场：USD100 = HKD778.07

纽约市场：USD100 = HKD775.07

投入 775.07 万港币在纽约市场上买入 100 万美元，再在香港市场上将美元卖出，换得 778.07 万港币，净赚 3 万港币。

（2）时间套汇。

时间套汇是指利用不同外汇交易的交割期限的差异所造成的汇率差异进行套汇交易，即掉期交易。

例如：在同一时间内，出现下列情况：

伦敦£1 = USD＄1.481 5/1.482 5

纽约£1 = USD＄1.484 5/1.485 5

某银行在伦敦市场上以£1 = USD＄1.482 5 的价格卖出美元买进英镑，同时，在纽约市场上以£1 = USD＄1.484 5 的价格买进美元卖出英镑，则每英镑可获得 0.002 0 美元的套利利润。若以 100 万英镑进行套汇，则可获得 2 000 美元（未扣除各项费用）。上述套汇活动可一直进行下去，直到两地美元与英镑的汇率差异消失或极为接近为止。

案例透析 9.2

假设在美国年利率为 8%，而在德国为 4%，即期汇率为＄1.18/€。

回答以下问题：

如果远期汇率为＄1.20/€，德国的一家银行准备用 1 000 万欧元的资金抵补套利。它将如何操作？所获得的收益是多少？（不考虑交易成本）远期汇率为多少时，这种套利会消失？

2）套利交易

套利交易是指利用在不同国家或地区进行短期投资的利率差异，将资金由利率较低的国家或地区转移到利率较高的国家或地区进行投资，从而赚取利率差额的外汇交易。

（1）不抛补套利。

所谓不抛补套利，主要是利用两国市场的利率差异，把短期资金从利率较低的市场调到利率较高的市场进行投资，以谋取利息差额收入。

例如：若美国 3 个月的国库券利率为 8%，而英国 3 个月期的短期国库券利率为 10%，如 3 个月后英镑对美元的汇率不发生变化，则投资者在出售美国国库券后，将所得的资金从美国调往伦敦购买英镑国库券，就可以稳获 2% 的利差收入。具体计算如下：

设一人在纽约拥有 100 万美元资产，如投资于美国国库券（3 个月期），利率为 8%，本利共为 108 万美元。但此时若进行套利，则获利便可增加。如即期市场汇率为£1 = ＄2.00，则他在即期市场卖出 100 万美元，获 50 万英镑。他将 50 万英镑调往伦敦并投资于 3 个月期英国国库券，3 个月后可获利 55［50×（1+10%）］万英镑。这时，若美元对英镑汇率没有发生变化，那么，他将在伦敦投资的收益 55 万英镑换成美元，则为 110 万美元，比他不进行套利交易多赚 2 万美元。

（2）抛补套利。

抛补套利是指套利者在把资金从甲地调往乙地以获取较高利息的同时，还在外汇市场上卖出远期的乙国货币以防范风险。

例如：援引上例，套利者不将 100 万美元投资于美国国库券以谋取 8% 的利息收入，而是在即期市场上将这笔美元卖出以换得英镑，随后将钱调往伦敦投资于利率 10% 的英国 3 个月短期国库券，由此他在 3 个月后可获得 55 万英镑。

同时，套利者马上在远期外汇市场上订立契约，卖出 3 个月的 55 万英镑以买进美元。为简便计算，仍设汇率为£1 = ＄2.00，这样 3 个月后他可稳获 110 万美元收入。

套利者之所以要在将英镑调入伦敦的同时，在外汇远期市场上售出英镑，购买美元，其原因是防止美元升值。如上例所述，如套利者不进行"抛补"（即在即期卖出的同时，远期买进，或相反），则当他投资于英国 3 个月国库券后获得 55 万英镑时，若美元与英镑汇率变为 £1 = $1.90，则 55 万英镑只能合 104.5 万美元，而套利者本来投资于美国国库券却可得 108 万美元，结果由于美元升值，他亏损了 3.5 万美元。

一般说来，在浮动汇率体系下，汇率在 3 个月内不发生变化几乎是不可能的，因此，套利者在进行套利的同时，又进行抛补，才是既防范汇率风险，又获得利息收入的安全之策。

案例透析9.3

下列三个外汇市场的汇率情况为：伦敦外汇市场 1 英镑 = 1.698 0 美元；巴黎外汇市场 1 英镑 = 9.676 2 法郎；纽约外汇市场 1 美元 = 5.791 0 法郎。

启发思考：分析如何套利？

5. 远期利率协定

远期利率协定（forward rate agreements，FRA）是指买卖双方就某一段时间内的利率达成协议，同时商定一个以伦敦银行同业拆放利率或美国银行优惠利率为依据的市场标准利率后订立的协定。

远期利率协议业务不涉及本金的收付，不交保证金，手续简便。远期利率协定主要用于银行机构之间防范利率风险，它可以保证合同的买方在未来的时期内以固定的利率借取资金或发放贷款。

（1）远期利率协定的特点。

①远期利率协定具有极大的灵活性。作为一种场外交易工具，远期利率协议的合同条款可以根据客户的要求量身定做，以满足个性化需求。

②远期利率协定并不进行资金的实际借贷，尽管名义本金额可能很大，但由于只是对以名义本金计算的利息的差额进行支付，因此实际结算量可能很小。

③远期利率协定在结算日前不必事先支付任何费用，只在结算日发生一次利息差额的支付。金融机构使用远期利率协议可以对未来期限的利率进行锁定，即对参考利率未来变动进行保值。

（2）远期利率协定的用途。

①规避利率风险。让使用者对已有的债务，有机会利用利率掉期交易进行重新组合。例如预期利率下跌时，可将固定利率形态的债务换成浮动利率，从而降低债务成本；若预期利率上涨时，则反向操作，从而规避利率风险。

②增加资产收益。利率掉期交易并不仅仅局限于负债方面利息支出的交换，同样，在资产方面也有所运用。一般资产持有者可以在预期利率下跌时，转换其资产为固定利率形态，或在预期利率上涨时，转换其资产为浮动利率形态。

③灵活资产负债管理。当想改变资产或负债类型组合，以配合投资组合管理或对利率未来动向进行锁定时，可以利用利率掉期交易调整，而无须卖出资产或偿还债务。浮动利率资产可以与浮动利率负债相配合，固定利率资产可以与固定利率负债相配合。

例如，某外贸公司 4 月 1 日有一笔 5 年期、浮动利率计息的美元负债，本金为 1 000 万美元，利率为计息日当天国际市场公布的 LIBOR + 1%，每半年付息一次。4 月 1 日借款利率为 3.33%，公司预测目前美元利率已经见底，未来利率有上扬的风险。为规避此风险，即与商业银行进行利率掉期交易，商业银行支付给公司以 LIBOR + 1% 计算的浮动利率利息，与客户的原借款利率条件完全一致，以让公司支付应付负债的利息，而公司支付商业银行固定利率 6.6%，如此一来，公司便可规避利率上升的风险。

综合练习题

一、概念识记

1. 信用证结算

2. 担保出口

3. 押汇

4. 进口押汇

5. 代付

6. 福费廷

7. 即期外汇

8. 远期外汇

9. 外汇期货

10. 期权互换

二、单选题

1. 严格地说，跟单汇票所指的单，是指（　　）。

　A. 商品检验单　　　B. 商品包装单　　　C. 货运单据　　　D. 商业发票

2. 现代国际结算的中心是（　　）。

　A. 票据　　　　　　B. 买卖双方　　　　C. 买方　　　　　D. 银行

3. 支票的出票人和付款人的关系是（　　）。

　A. 债务人和债权人　　　　　　　　　　B. 债权人和债务人

　C. 银行的存款人和银行　　　　　　　　D. 供应商和客户

4. 客户要求银行使用电汇方式向国外收款人汇款，则电讯费用由（　　）承担。

　A. 汇出行　　　　　B. 汇入行　　　　　C. 汇款人　　　　D. 收款人

5. 对进口商不利的贸易结算汇款方式是（　　）。

　A. 延期付款　　　　B. 赊销　　　　　　C. 售定　　　　　D. 预付货款

6. 信用证的第一付款人是（　　）。

　A. 开证行　　　　　B. 通知行　　　　　C. 议付行　　　　D. 开证申请人

7. 以下国际结算方式中，对出口商最有利的是（　　）。

　A. 货到付款　　　　B. 预付货款　　　　C. 托收　　　　　D. 信用证

8. 以下国际结算方式中，费用最高的是（　　）。

　A. 货到付款　　　　B. 预付货款　　　　C. 托收　　　　　D. 信用证

9. 收款最快、费用较高的汇款方式是（　　）。

　A. T/T　　　　　　B. M/T　　　　　　C. D/D　　　　　D. D/P

10. T/T、M/T和D/D的中文含义分别为（　　）。

　A. 信汇、票汇、电汇　　　　　　　　　　B. 电汇、票汇、信汇

　C. 电汇、信汇、票汇　　　　　　　　　　D. 票汇、信汇、电汇

三、多选题

1. 佐证信用证项下的背景材料有（　　）。

　A. 发票　　　　　　B. 关单　　　　　　C. 提单　　　　　D. 合同

2. 一笔托收结算业务通常包括的当事人是（　　）。

　A. 委托人　　　　　B. 托收银行　　　　C. 代收银行　　　D. 付款人

3. 商业银行国际业务的组织结构有（　　）。

A. 代表处   B. 代理行   C. 分行   D. 子公司或附属机构

E. 合资联营银行

4. 由出口商签发的要求银行在一定时间内付款的汇票不可能是（   ）。

A. 商业汇票   B. 银行汇票   C. 即期汇票   D. 远期汇票

5. （   ）事项引起的国际结算是非贸易结算。

A. 我国某著名运动员向悉尼奥运会捐赠 10 000 美元

B. 甲国无偿援助乙国 500 000 美元

C. 非洲某国向美国购买药品若干

D. 中国银行上海分行和纽约花旗银行轧清上年往来业务

6. 在国际结算中，银行充当（   ）。

A. 收款人   B. 保证人   C. 付款人   D. 中介人

7. 银行保证书可以解决交易中存在的（   ）问题。

A. 买方怀疑卖方的交货能力   B. 卖方怀疑买方的支付能力

C. 预付和迟付的矛盾   D. 买卖双方的资金不足

E. 在合约的执行过程中，因一方的违约导致另一方的损失

8. （   ）属于银行信用的国际贸易结算方式。

A. 信用证   B. 托收   C. 汇付   D. 汇款

E. 银行保证书

9. 下列属于商业单据的有（   ）。

A. 保险单据   B. 商业发票   C. 国际汇票   D. 运输单据

E. 产地证

10. 套汇分为（   ）。

A. 时间套汇   B. 地点套汇   C. 银行套汇   D. 不同国家货币套汇

四、判断题

1. 国际业务是基于它所依赖的真实的、特定的贸易背景，并且它以客户在贸易项下的回款作为第一还款来源。（   ）

2. 单证相符强调的不是单据内容表面上与信用证相符，而是指单据真正的内容相符。

（   ）

3. 光票不随任何货运单据，或仅有一般商业单据，一般小金额的可以采取，比较简易。

（   ）

4. 在直接标价法下，数额较小的为外汇买入价，数额较大的为外汇卖出价。 （   ）

5. 商业银行国际业务的开展最主要的是依赖于其在海外开设的各种分支机构。 （   ）

6. A 欠 B 800 元，以 1 000 元金额汇票偿还，背书时注明只转让 800 元，这种背书是有条件的背书。 （   ）

7. 跟单信用证中使用的是商业汇票，因此信用证结算方式是一种商业信用。 （   ）

8. 使用福费廷进行融资时，进出口双方要事先协商好。 （   ）

9. 国际保理业务偏重于结算，而福费廷业务偏重于融资。 （   ）

10. 预付货款对进口商不利，因为收货无保证。 （   ）

五、简答题

1. 简述银行保证书与备用信用证的异同。

2. 简述商业银行国际业务客户的准入条件。

六、应用题

日本 A 公司有一项对外投资计划：投资金额为 500 万美元，预期在 6 个月后收回。A 公司预测 6 个月后美元相对于日元会贬值，为了保证收回投资，同时又能避免汇率变动的风险，就做买入即期 500 万美元对卖出 6 个月 500 万美元的掉期交易。假设当时即期汇率为 1 美元 = 110.25/36 日元。6 个月的远期汇率为 152/116，投资收益率为 8.5%，6 个月后现汇市场汇率为 1 美元 = 105.78/85 日元。

问：分别计算出做与不做掉期交易的获利情况，并进行比较。

商业银行风险管理

情境导入

恒大集团现在的局面是什么导致的

人生无常，世事更是如此。为了还债，恒大连自己未来的深圳总部也卖掉了。2022 年 11 月 26 日，深圳公共资源交易中心公布的信息显示，位于深圳湾超级总部基地的原恒大总部地块——T208-0054 宗地块由深圳市安和一号房地产开发有限公司以底价约 75.4 亿元竞得。

恒大集团负债规模大的主要原因是高杠杆，盲目扩展，运营成本高，行业变化快。

1. 高杠杆发展房地产

恒大集团的主业是房地产开发，在全国 280 个城市，开发了 1 300 多个项目。其规模位居全国房企第二名，在正常销售时期，全年销售额峰值超 7 000 亿元。如此大规模地开发，除了恒大自有资金外，多数靠举债融资来支撑。到债务爆发时候，恒大通过银行借贷、海外发债、恒大财富平台融资、其他融资等总负债近 2 万亿元。

2. 主业房地产的变化

恒大主业房地产是受政策影响比较大的行业，当行业发展变化的时候，对企业冲击非常大。从 2020 年开始，房地产政策开始收紧，恒大受三道红线影响，新的融资跟不上，导致资金缺口。外加其他调控政策，卖出去的房子银行回款难，周期长，回款变慢变少。以前靠借新钱还旧债可以滚下去，当新款借不到时，债务问题也就爆发了。

3. 盲目多元化扩张

多个行业的扩张投入，最后拖垮了恒大。恒大除了搞房地产开发之外，其业务非常广。其中有恒大物业、恒大汽车、恒大冰泉、恒大粮油、恒大足球、恒大健康、恒大童世界、恒腾网络、房车宝等。

这些业务跨度非常大，从汽车业、足球业、影视业到健康业都涉足，每一个行业都是大行业，投入大，经营复杂，搞好每一个行业都不容易。恒大涉足这些行业，前期要进行大量资金投入，但后期经营情况未知，这么多年下来，多数都是亏损。比如恒大冰泉、恒大足球等，最后都是以亏损收场。

还有恒大汽车，投入超600多亿元，离量产还有很长一段时间，离盈利就更遥远了。

4. 企业运营成本高

企业发展好的时候，内部问题被遮盖，大家看到的都是繁荣。当企业出问题时，很多内部管理问题就暴露了。恒大也是如此，当主业房地产发展势头猛的时候，大举招人，发高工资，租高档办公室等，这样一来，企业运营成本居高不下，耗费巨大。比如恒大足球就是这样，长此以往，不合理损耗不小。

视野拓展 10.1

房地产的三条红线是为了限制房地产行业风险的一项政策，指的是：别除预收账款的资产负债率不得大于70%（企业在预售时收到的钱的总数占总资产的百分比不能超过70%）；净负债率不得大于100%（企业的利润不能低于主动有息负债减去货币资金后剩下的余额部分）；现金短债比不得小于1倍（现金短债比＝年经营现金净流量÷年末短期负债×100%的比例不能低于1，现金短债比可以衡量企业的运营是不是能保证在短时间内应对短期债务的风险和压力，这个比例越大，企业的短期偿债能力就越高）。

第一节　风险及信用风险

现代社会充斥着各种各样的风险，从自然灾害到突发重大公共卫生事件，不一而足。无论你是惧怕风险的人，还是敢于冒险的人，都需要认清什么是风险。只有认清了风险，才知道如何规避风险，才能在风险降临时从容应对。

一、风险的含义

（一）风险的由来

风险最开始的由来确实和风有一定的关系。在远古时期，以打鱼捕捞为生的渔民，每次出海前都要祈祷，祈求神灵保佑自己能够平安归来，其中主要的祈祷内容就是让神灵保佑自己在出海时能够风平浪静、满载而归；他们在长期的捕捞实践中，深深地体会到风给他们带来的无法预测无法确定的危险，他们认识到，在出海捕捞打鱼的生活中，"风"即意味着"险"，因此有了"风险"一词。

由于人类认知世界的局限性，所以一直以来都要与未来的不确定性打交道。例如，国际油价是涨还是跌？天气变化对谷物期货价格带来多大的影响？人们出于减少这些损失的愿望，开始了对风险的研究，试图找到一些可行的方法来认识风险、分析风险、监测风险、规避或减少风险的损失。

（二）风险的定义

风险是不确定性对目标的影响。定义只有10个汉字，但却是无数国内外专家咬文嚼字的结果，仔细推敲，这个概念主要从不确定性、目标和影响的角度对风险进行了诠释。

我们身边环境中充满了形形色色带有不确定性的因素。例如，公交车什么时候会来？什么时候地震？大雨多久才会停……从本质上讲，这些因素就是风险的源头。所以当我们

敲黑板

对企业而言，风险可归纳为两层含义：收益的不确定性、成本或代价的不确定性。如果连可能面临的风险都不了解，就无法提前做好防范措施，在大小风险面前，也就失去了抵抗的能力。

说："唉……这事可估不准。""嗯……这个可不太好讲。"这时候其实就是在谈不确定性，也就是在谈风险。

1. 不确定性是风险的根源

中国有句古话，叫"天有不测风云，人有旦夕祸福。"这里讲的"不测"，就是指不确定性，在这种不确定性中蕴含着发生种种风险的可能性。

风险发生的概率和造成的损失具有不确定性，即风险何时发生、在哪里发生、风险损失具体有多少，这些都是不确定的。

强调风险表现的不确定性，即风险产生的结果可能带来损失、获利或是无损失也无获利，属于广义风险，金融风险属于此类。

强调风险损失的不确定性，即说明风险只能表现出损失，没有从风险中获利的可能性，属于狭义风险。

教学互动 10.1

问：我每天过马路，几十年没出大事啊，所以说"风险无处不在"这句话不成立。

答：你几十年没出大事，是因为你的生活习惯在不知不觉中就控制了风险，比如你一看二慢三通过就是规避了风险，也可能这些风险因素凑巧没有同时发挥作用。事实上风险是客观存在的。

2. 需要面对的风险由目标决定

（1）有目标就要面对风险。我们所做的一切事情都是为了达到一定的目标，包括个人目标（例如快乐和健康）、项目目标（包括准时并在预算内交付成果）、公司商业目标（例如增加利润和市场份额）。一旦确定了目标，在成功达到目标的过程中，就会有风险随之而来。很多人说："这事儿没啥风险。"这是一个常见的误区。因为风险是否存在和风险有多大是截然不同的两回事，我们可以因为风险对目标的影响很小而忽略它，但绝不能否定它的存在，不知道风险存在就是最大的风险。

（2）有些不确定性与目标并不相关。不确定性是普遍的，生活中风险无处不在。可是如果做事时要把所有不确定性都考虑一遍，显然不现实，也没有意义，所以我们每天究竟要面对多少风险，还要由主观的一面来决定，这主观的一面就是目标。把风险和目标相联系，就可以确保风险识别过程关注于那些起作用的不确定性，而不会被不相关的不确定性分散精力。

例如，如果我们在印度实施一个 IT 项目，那么伦敦是否下雨，这个不确定性就是不相关的，但是如果我们的项目是重新规划英国白金汉宫的女王花园，那么伦敦是否下雨就是一个风险。

3. 不确定性对目标的影响

所有的影响都是就目标而言的。人们之所以关注风险，说到底，还是关注它对各类目标的影响。

（1）风险是威胁与机遇的统一体。有些不确定性的发生会使人们达到目标更加困难（即威胁），而有些不确定性的发生则会帮助人们达到目标（即机会）。当人们识别风险时，不仅要看到不确定性的负面影响，还要看到不确定性的正面影响。人们在考虑正面影响时，

敲黑板

目前很多文件提出的要"化解风险"，就是在防范风险的前提下，承认很多风险是不可控的，是难以从根源上防范的。例如市场方面的汇率风险、法律法规风险等。所以通过多样化的手段（包括战略选择、商业模式、合同条款、衍生工具、信息系统控制、服务外包、应急方案、保险等）来进行化解、保障总体目标实现，这是风险理念务实、成熟的表现，也是社会上对于风险的主要引导方向。

风险就是负面；人们在考虑确定性时，风险就是不确定性的；人们在考虑不确定性时，风险就是极端不确定；人们在考虑大概率时，风险就是小概率。

现实生活中，人们的目标非常丰富，结构也更复杂，很多目标相互重叠，甚至相互矛盾，而且随着时间不断变化，这就导致同样一个风险发生，对不同目标的影响也不同。比如，感冒了，耽误了合同，少赚了钱，却让疲惫的身心得到舒缓；失业了，短时间内似乎苦不堪言，实际上却迎来了事业的转机……

（2）风险管理的目标是实现风险与收益的平衡。从高层的角度看，风险管理的目标一定不是严防死守，不发生任何风险。风险管理得很死，防范得很好，对应的业务量肯定也会减少。所以风险管理的目标应该是个相对的概念，是与同业水平的比较。比如，不良率同业平均是2%，那么做到1%就是成功。

二、风险的构成要素

风险的构成要素一般认为有三个：风险因素、风险事故、风险损失。如图10.1所示。

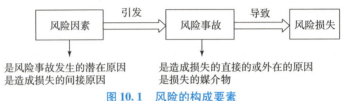

图 10.1　风险的构成要素

风险因素是风险事故发生的潜在原因，也是造成损失的间接原因。风险因素引发风险事故。风险事故造成损失的直接或外在的原因是损失的媒介物，风险事故导致风险损失。例如，2021年7月郑州暴雨这个风险因素，导致郑州地铁积水这个风险事故，造成300人遇难、损失655亿元的巨大损失。

风险因素结构，并不是一个简单的、一成不变的链条，而是时刻变化、相互之间复杂作用的网络，不确定性的复杂程度让无数专家跌碎眼镜，让不少投资者血本无归，甚至让一些百年企业轰然倒下，但同时也孕育了无穷的新市场和新机遇，这正是风险的魅力所在。

马蹄铁上一个钉子是否会丢失，本是初始条件的十分微小的变化，但其"长期"效应却是一个帝国存与亡的根本差别（丢失一个钉子，坏了一只蹄铁；坏了一只蹄铁，折了一匹战马；折了一匹战马，伤了一位骑士；伤了一位骑士，输了一场战斗；输了一场战斗，亡了一个帝国）。这就是军事和政治领域中的所谓"蝴蝶效应"。

对风险因素的控制起到防患于未然的作用，这是最理想的，但是由于不是所有的风险都能在事前、事中得到有效控制，所以必须全面考虑存在的各种潜在风险，建立一系列及时有效的补救控制措施，在风险发生后尽可能将损失降低到最小。

因此，需要建立完善与合理的现代企业信息系统，才能提升企业自身预测、监测、预警、量化及防范风险的管理能力，建立多维度风险信息收集渠道，提高风险管理水平。

三、商业银行风险种类

银行业是高风险行业，一般而言，市场风险、信用风险、交割风险、国家风险、体系风险来自银行外部，称为外部风险，而流动风险和操作风险来自银行内部，称为内部风险。

其中信用风险、市场风险、操作风险和流

敲黑板

如果按要素法将不确定性分类，就可以形成一套系统化的风险因素结构。例如常见的政治风险、市场风险、技术风险就是由政治、市场、技术方面的不确定因素引发的风险。按此逻辑还可以细分，例如我们经常在新闻里听到的汇率风险、利率风险、价格风险、信用风险……它们就是对市场风险细分的结果。

动风险是银行的主要风险，信用风险约占 70% ，市场风险、操作风险和流动风险占剩下的 30% 。

实际经济生活中引发信用风险、市场风险和操作风险的因素往往是相伴而生的。由于多重因素的风险管理失控会导致整个机构遭受灭顶之灾，因此，银行监管机构要求商业银行对信用风险、市场风险和操作风险资本需求的评估采取一种全方位的风险管理观。

（一）信用风险

信用风险（credit risk）是指交易对手不能完全履行合同的风险。发生违约时，债权人必将因为未能得到预期的收益而承担财务上的损失。

银行存在的主要风险是信用风险，这种风险不只出现在贷款中，也发生在担保、承兑和证券投资等表内、表外业务中。如果银行不能及时识别损失的资产，增加核销呆账的准备金，并在适当条件下停止利息收入确认，银行就会面临严重的风险问题。

微课堂　美国次贷危机

例如，你以 7% 的利率获得了 100 000 元的个人贷款，为期 10 年。你同银行支付了一些初始分期贷款，但之后停止支付。剩余的未付分期付款价值 30 000 元。这是银行的损失。它不仅限于零售客户，还包括小型、中型和大型企业。

（二）市场风险

市场风险（market risk）是指当利率、汇率或者其他资产价格发生变化时，银行交易账户中的资产和负债面临的波动风险。

2020 年年末，中国银行业总资产超过 319 万亿元，其中总贷款（人民币信贷）大约 173 万亿元，大量资产是交易型资产，包括债券、外汇、其他金融产品，等等。银行持有这些资产是为了交易获利，当这些金融资产的价格变动方向对银行不利时，银行就面临市场风险。

持有的交易资产规模越大，价格变动幅度越高，银行面临的市场风险越大。这就要求银行加强对交易型资产的管理和控制，包括限制某些资产的规模、限制交易员买卖资产的头寸，同时也要建立模型，评估和度量市场风险。

（三）操作风险

操作风险（operational risk）是指由不完善或失灵的内部操作流程、员工个人和信息科技系统，以及外部事件造成损失的风险。操作风险是所有银行业产品、服务和活动所固有的风险。相对于信用风险、市场风险和流动风险，操作风险是最鲜为人知且最难计量、管理和监控的风险。

微课堂　巴林银行倒闭

银行的运转离不开信息科技系统的支持，如果银行出现技术故障，导致不能正常交易或者客户信息丢失、网络被黑客攻陷、后台系统发生故障，都会引发操作风险。此外，员工失误和欺诈也是操作风险的重要来源，会给银行带来风险。例如，某公司的操盘手误将 200 元敲成 2 元将 200 000 股的股票卖掉，这就是操作风险。

（四）流动风险

流动风险即流动性风险（liquidity risk），是指经济主体由于金融资产流动的不确定性变动而遭受经济损失的可能性。

流动风险表现为流动性极度不足、短期资产价值不足以应付短期负债的支付或未预料到的资金外流、筹资困难等。

假设在银行里面所有顾客存了 100 万元，银行觉得只用 20 万元去投资赚钱太少，于是用 80 万元去投资，另外 10 万元做保证金，那么银行最后只剩 10 万元流动资金。如果有一天存款户要取款 20 万元，可是银行只有 10 万元现金，这就是流动风险。

视野拓展 10.2

美国伊利诺斯大陆银行（以下简称大陆银行）是个曾拥有 420 亿美元资产、290 亿美元存款的庞然大物，在 20 世纪 80 年代初风光一时，名列全美商业银行排行榜的第 7 位（1983—1984 年）。眼瞅着形势一片大好，意气风发的管理层又萌生了新的念头，希望能够百尺竿头、更进一步，于是着手全面实施了更富于进取性的"负债管理"策略，以高风险来换取高收益，在利率波动很大的行业环境中谋求更快的发展。开始阶段确实成绩斐然，很短时间内新增了 128 亿美元存款，令人鼓舞，水涨船高的贷款更昭示着未来丰厚的回报。欣喜之余，并没有太多的人注意到此时该行贷款对总资产的比率已经悄悄地上升到了 79%，而增加的存款又大多是可转让的短期存单和隔夜资金市场上的所谓游资，流动性不足的幽灵已经潜到了它的身边。

很快幽灵就发出了笑声。由于该行对拉美国家的大量贷款被发现存在问题，引发了公众的信任危机，大规模的挤兑现象在 1984 年的 5 月出现了。为摆脱困境，大陆银行使出了浑身解数，包括向美联储借入 20 亿美元巨款，从大银行财团筹得 53 亿美元的信贷额度，此外银行监管当局和某些大银行还为其提供了 20 亿美元的资本注入……不幸的是，以上所有努力仍然无法阻止储户疯狂地挤兑，回天乏术的大陆银行似乎注定难逃此劫。最后关头，出于对挤兑恐慌可能波及其他银行并引发大规模金融危机的担心，犹豫再三的联邦存款保险公司终于答应出手相救，施以空前的援助行动，这才使得破产倒闭的命运最终没有降临到大陆银行的头上。尽管如此，大陆银行还是落得个一蹶不振，难复当年之勇；此外也累得联邦存款保险公司元气大伤，要求对存款保险制度进行改革的呼声日盛，最终导致美国金融体制在几年之后出现了大的变动。

可以说大陆银行的危机在美国金融史上留下了令人难忘的一页，不少统计年鉴在记录该时期数据时甚至将这一事件作为附注单独列出，其引发的震荡由此可见一斑。世纪之交，回眸历史，除了感慨自以为是的美国人常玩火自焚外，我们还应发掘出更多的启示，当然，首先就是人们关注的焦点——银行的流动风险及其监管。

教学互动 10.2

问：流动性就是清偿能力吗？

答：流动性与清偿能力之间存在着较大的差异。流动性与清偿能力是两个完全不同的概念。清偿能力是指银行的资产大于负债，即资本为正值，换句话说，只要银行有足够的时间，完全可以将资产变现，清偿所有的负债。

可现实中上门提款的储户往往不会给银行变现的机会，当挤兑出现时更是一分钟都等不了了，这时就全靠银行在流动性上的功力了，即能够随时满足所有提款或还款以及客户信用需求的能力。

有的银行虽然资产总价值大于甚至远远大于负债总价值，在法律上具有充分的清偿能力，但只要流动性不足，应付不了挤兑，那么除了关门歇业之外，恐怕也就没有其他更好的选择了。反过来，有的银行虽然资产总价值远低于实际负债总价值，这可能是由于证券、房地产贷款损失或是其他别的什么原因造成的，但只要能保持大量的流动性资金，仍可满足公众的提款要求，则往往能够渡过难关，转危为安。

四、信用风险形成的原因

企业所处的内外部环境变动会给企业带来风险。

（一）外部环境因素

社会外部整体大环境因素的变动会导致企业风险，统称为外部风险，包括宏观风险和行业风险。

1. 宏观风险因素

宏观风险因素是主要的、全局性的外部因素，是大环境、大背景，与企业总体经营效益、盈利和现金流水平高度正相关，造成企业宏观风险的因素主要有以下几个方面：

（1）经济周期。

经济周期的四个阶段是繁荣、衰退、萧条和复苏，通常来讲，繁荣阶段和复苏阶段违约概率相对较低，而衰退阶段和萧条阶段违约概率相对较高。

经济紧缩时企业销售下降，生产下降，随着销售额的减少，大量的经营亏损会出现，甚至破产。反之，经济过热时，企业会不断地扩充生产力，过度扩张的结果必然导致企业背负过多的利息负担，一旦国家治理经济过热，企业必将首先遭到打击。

（2）国家产业政策。

国家产业政策在很大程度上决定了一个行业是否能够得到资金支持和政策优惠，进而影响企业未来的变化趋势。例如，属于国家重点支持发展的行业，这类企业在正常有效期内发展条件优越，风险相对较小；属于国家允许发展的行业，则市场竞争较为充分，风险度适中；属于国家限制发展的行业，则发展空间较小，风险度自然较大；属于国家明令禁止发展的行业，如小水泥、小玻璃、小火电等，则风险度极高。

（3）通货膨胀。

通货膨胀会导致企业现金流极度紧张，由于原材料价格的上涨，企业保持存货所需的现金必将增加，人工和其他现金支付的费用也将增加，由于售价的提高，销售时的应收账款占用的现金增加，现金购买能力被蚕食，最终导致企业的偿债能力减弱。

（4）财政金融政策。

当财政金融政策紧缩时，相关行业的税收会增加，企业收入降低。通常情况下，扩张的货币政策有利于改善行业经营状况，紧缩的货币政策则不利于改善行业经营状况。

（5）国际经济环境。

来自国际方面的因素同样对企业的经营状况构成威胁，主要表现在世界经济波动、国际技术竞争、汇率波动、国际资本流动、对外政策等。如中国加入世贸组织后，垄断程度较大的传统行业，如电力、铁路、建筑等受冲击较小，而那些开放程度较高、竞争较充分的行业或者较为落后的行业，如电信、汽车、金融、某些高新技术产业、农业等则面临严峻的考验。

视野拓展 10.3

宏观风险因素对行业的影响如表 10.1 所示。

表 10.1　宏观风险因素对行业的影响

原材料价格上涨	2007 年以来，钢材、能源、农副产品、化工等原材料价格相继大幅上涨，生产企业成本上升，给小家电、化纤纺织、造船、食品加工、集装箱、火力发电（重油发电尤其突出）等行业带来负面影响
劳动力成本上升	劳动密集型、产品技术含量低、盈利能力低的中小型企业受冲击；低档纺织、成衣、制鞋、玩具、小家电行业受影响最大
新《企业所得税法》颁布实施	新税法规定企业所得税税率 25%，从行业看，银行、饮料、通信、煤炭、钢铁、石化、商贸、房地产等实际税负高于 25% 的行业受惠；外资企业因其投资来源的特殊性所享有的税收优惠政策被取消
出口退税政策调整	对出口依赖程度高、"两高一资（外资）"、劳动密集型行业受影响较大。具体是纺织服装（包括成衣、鞋帽、纺织纱线、织物及制品）、箱包、皮革制品、塑料制品、染料、涂料、家具、初级钢铁制品、低档机械电子产品、高能耗高污染建材、农药、电池、化学原料、无机和有机砷类等

环保政策	对"高污染、高耗能"行业形成高压,提高企业运营成本;规模小、技术更新能力差、成本承受能力低的企业生存压力大;而具有环保优势和技术更新能力的大中型企业,环保压力可能转化为竞争优势
人民币升值	对航空、造纸、通信等一般原材料进口较多的行业有利;对国际市场依存度高的纺织、机械、电子、玩具、制鞋、化工等行业不利

2. 行业风险因素

中央和地方产业、信贷、税收等各方面政策规划以及国内外经济形势变化,是决定行业性、区域性整体逾期、不良事件发生最重要的条件,会影响银行贷款信用风险水平,除此之外,行业内部诸多不确定性因素的作用也会使银行面临各种风险。

(1)成本结构。

银行的成本结构对行业利润和业内公司间的竞争有重大影响,成本结构分为固定成本和变动成本。如果一家公司的固定成本比变动成本高,说明它的经营杠杆高,随着产量的提高,平均成本会降低;如果一家公司的固定成本比变动成本低,说明它经营杠杆低,当整个行业的产量下降时,这样的公司就会有优势,因为它可以很容易地降低变动成本。

在销售量很大且波动不大的行业中,经营杠杆高的公司比经营杠杆低的公司安全,反之,当一个行业的销售量波动大且难以预测时,经营杠杆低的公司比经营杠杆高的公司安全。

(2)行业成熟度。

行业发展经历四个主要阶段:起步、成长、成熟和衰退。银行贷款给处于不同发展阶段的行业时风险是不一样的,成熟期的行业风险较小,这是由于成熟期的行业有足够长的存续期并有良好的业绩记录,产品已标准化,行业格局基本明朗化,发生意外的可能性不大,由于行业正在成长繁荣期,可以合理地相信未来几年该行业将继续成功。相反,处于新生期的行业,其风险就比较大,新生行业缺乏业绩记录,变化很大,新产品推出频繁。

(3)业务周期。

业务周期,即该行业受经济周期起伏影响而形成的波动。不同的行业对经济波动的影响是不同的,有的正相关,有的则负相关,例如汽车修理和配件业,在经济衰退期,人们可能更倾向于修理汽车而不是购买新车。有的行业无周期性,例如食品业等必需品行业,其业务不受经济周期的影响。在实际的信贷调查中,必须弄清楚其受周期性影响的程度、行业的销售和利润与经济升降相关程度。风险最小的行业是那些不受经济周期影响的行业。

(4)盈利能力。

维持公司的运营需要盈利能力,一个长期不盈利的公司必将倒闭。整个行业也是一样,如果一个行业的多数公司由于费用超过收入而赔钱,行业的持续存活能力就受到了质疑。对于一个银行来说,信贷的最小风险是来自一个繁荣与萧条时期都持续大量盈利的行业,最大风险则来自一个普遍不盈利的行业。

(5)依赖性。

依赖性,即需要判断该行业受其他行业的影响程度,例如当房地产行业不景气时,木材业也会不景气,其他明显依赖的关系存在于为汽车业供货的钢铁业、玻璃业、轮胎业。借款人对一个或两个行业的依赖程度越大,贷款给该行业的风险越大。

(6)可替代程度。

当一个行业的产品与替代产品的价格相差太大时,消费者将转向替代品。如果银行贷款给其产品很容易被替代的行业,风险将大于贷款给其产品没有替代产品的行业。如果没有替代品,行业对成本价格差控制得更牢。

（7）政府监管。

政府监管可能对一个行业有利，亦可能使其在某一时期不可能盈利，在衡量行业风险时，尤其要关注正在构思中的监管是否会极大地改变行业的经济性。例如，保护自然环境的监管规定会影响许多行业，生产过程中产生有毒物质的行业明显地处于风险程度表的最前列。

视野拓展10.4

借款人行业分析中的风险预警信号

（1）行业整体衰退，销售量呈现负增长；

（2）行业为新兴行业，虽已取得有关产品的专利权或技术认定，但尚未进入批量生产阶段，产品尚未完全进入市场；

（3）出现重大的技术变革，影响到行业、产品和生产技术的改变；

（4）政府对行业政策进行了调整；

（5）经济环境发生变化，如经济开始萧条或出现金融危机，行业发展受到影响；

（6）国家产业政策、货币政策、税收政策等经济政策发生变化，如汇率或利率调整，并对行业发展产生影响；

（7）有密切依存关系的行业供应商或顾客的需求发生变化；

（8）与行业相关的法律规定发生变化；

（9）多边或双边贸易政策有所变化，如政策对部分商品的进出口采取限制或保护措施。

（二）内部风险因素

企业的经营目标、经营规模及行业（产品）所处地位、管理者的水平、财务状况是构成企业内部风险的因素。

1. 企业经营风险

（1）考察借款人在行业中的地位。

将借款人置于其行业之中，考察其经营规模及行业（产品）所处地位。规模暗示着市场份额及公司稳定性方面的信息。如果借款人享有很高的市场份额，损益表又显示盈利，则可以较合理地认为某公司不会在短时间内遭遇破产，某公司的经营风险及不确定性就小。当然，市场份额与规模并非绝对的风险指标，一些小公司成功地着眼于市场空白点，这些市场空白点是大公司因为成本较高而无法关注的地方，在这种情况下，小公司只要保持其特色，集中精力、资源，就能获取丰厚的利润，而不会受到竞争的冲击。

（2）分析企业目标及战略。

首先要对企业目标进行分析，看企业目标是否切实可行、易于实施；其次是对企业目前竞争情况进行分析，如企业的总体竞争力、行业优势、实施经营战略目标和赢得竞争优势的具体计划。再次，分别对企业的市场战略、财务目标和管理方式进行有针对性的分析，以此来印证企业的竞争优势、财务战略对实现目标的支撑作用和管理层对瞬息万变的市场的应变能力。

（3）分析产品市场。

企业只有提供适应市场和消费者需求的产品，才能为企业带来利润，企业也才能生存和发展。考察企业的产品市场，应分析市场份额、销售能力、销售前景等。

视野拓展10.5

市场方面的预警信号

（1）市场出现强劲对手，竞争处于不利地位，市场份额呈下降趋势；

（2）生产规模过度扩张，或投资项目失败；

（3）冒险投资于新业务领域，冒险兼并或受政府指令兼并其他企业；

（4）与公司往来密切的某大客户经济状况突然变坏；

（5）与主要供应商、销售商关系紧张，或失去一个或多个主要客户；

（6）内部谣言四起，人心涣散；

（7）存在从未实现的计划。

2. 企业管理风险

企业的兴衰与它的核心管理层息息相关，一个好的领导班子往往能在逆境中力挽狂澜，而一个不称职的领导班子往往会将一家蒸蒸日上的企业搞垮。在实际担保调查中应注重对企业核心管理层的考察。

（1）核心管理层主要负责人的品德和才能。核心管理层主要负责人的品德好坏通常就是企业信誉高低的标准，主要负责人的才能大小就是一个企业的竞争力大小。

案例透析 10.1

阿里巴巴公司重大人事变动

2011年2月21日，电子商务企业阿里巴巴公司公布重大人事变动：公司首席执行官卫哲和首席运营官李旭辉因为客户欺诈行为而引咎辞职，当天阿里巴巴股价下挫3.47%，次日收盘继续大跌8.27%。

从2009年开始，阿里巴巴国际交易市场屡遭欺诈投诉，此后的内部清查显示，2009年、2010年两年间，分别有1 219家（占比1.1%）和1 107家（占比0.8%）的"中国供应商"客户涉嫌欺诈；直销团队一些员工默许甚至参与协助骗子公司加入阿里巴巴平台。阿里巴巴内部被认为负有直接责任的近百名销售人员及部分主管和销售经理，接受包括开除在内的多项处理，首席执行官卫哲与首席运营长李旭辉引咎辞职，涉嫌诈骗者的信息提交司法机关深入调查。

启发思考：是什么原因导致阿里巴巴股价下挫？这属于什么风险？

参考答案：企业管理层是企业的核心，管理层的素质决定企业几年甚至十几年的发展前景，决定一个公司的生死成败。阿里巴巴公司首席执行官卫哲和首席运营官李旭辉的引咎辞职，说明管理者要善于培养所属员工，使其成长，同时要有过硬的业务能力和经验。此案例属于管理层的风险。

（2）核心管理层的决策机制。

就是分析企业的决策机制是否符合企业的现实发展需要，是民主式的还是独裁式的，决策组织、决策程序是否积极有效。

（3）核心管理层的年龄结构。

企业管理人员的年龄结构合理与否，事关整个管理层群体功能的发挥和企业的可持续发展，企业领导成员的合理搭配最好是年轻人与年龄较大的人各占相当比重，这样可以把年轻人的朝气与年龄较大的人的经验智慧有机地结合起来，充分发挥各自的优势。

（4）核心管理层的知识水平和专业结构。

学历是衡量个人文化素质和专业水平的一个重要标志，随着现代企业的分工越来越细，一个人不可能同时具备所有方面的知识和专长，这就要求企业的管理层要有一个合理的专业知识结构。

（5）核心管理层的经验或经历。

企业管理是一门艺术，它需要企业管理者具有创造性的解决实际问题的能力，因此经验对于一个企业管理者来说十分重要。一般来说，企业主要管理者从事本行业的时间越长，他们对本行业的特征就越熟悉，处理企业经营中出现的实际问题的能力就越强。

（6）核心管理层的能力。

企业管理者需要具备准确预测外部环境变化并据此进行正确决策的能力、组织协调与控制能力、公关能力以及创新能力。通常情况下，对一家公司核心管理层的考察是比较难的，一般情况下是参考企业以往的经营业绩来间接评价，如果一家企业以往的经营业绩比较好，相应地说明其管理者的能力较强，同时还应考察定性方面的因素，如企业在公众当中的知名度、企业获得的各种荣誉称号、管理层在职工中的威信、规章制度的完整性及其贯彻执行状况、内部协调合作的有效性等。

视野拓展 10.6

运营管理方面的预警信号

（1）逃税、骗税和违规经营；

（2）牵涉法律诉讼；

（3）行业不景气；

（4）国家政策出台对公司经营带来的负面影响；

（5）设备保养、维修不善；

（6）生产秩序混乱、生产环境脏乱差；

（7）存货陈旧且数额较大；

（8）销售旺季之后，存货仍大量积压；

（9）厂房和设备未得到很好的维修。

（7）核心管理层的稳定性。

如果企业的核心管理层不稳定，高级管理人员更换频繁，这会对企业的持续、正常经营产生不利影响，使企业的未来偿债能力具有很大的不确定性。

案例透析 10.2

董事长一职四易其人

天颐科技两年四易董事长，从 2015 年 7 月薛维军宣布辞去公司董事长至 2017 年两年多的时间里，天颐科技董事长一职四易其人：2015 年 7 月苗泽春（曾任帅伦纸业董事长，后任天发石油董事长）接任董事长之后，2016 年 5 月就被杨宏祥（曾任天荣股份总经理）取代；2017 年 5 月卜明星换下杨宏祥；刚刚半年，杨宏祥又被熊自强取代。而在此期间，公司总经理也变更频繁。2017 年年底，天颐科技通过媒体发布重大预亏消息，并进行财务调整，遭到证监会处罚。

启发思考：银行对其贷款应该如何管理？为什么？

（8）核心管理层的经营思想和经营作风。

如果企业管理层过度地追求短期利润最大化，就有可能导致种种消极后果，忽视在新技术开发、新产品开发、市场开拓、人力资源开发等方面下功夫，对企业的长期发展不利；管理层的经营作风对企业经营和发展的稳健型也具有实质性的影响，过于冒险的经营作风既可能给企业带来丰厚的利润，也可能给企业带来巨大的损失，使企业未来的偿债能力具有很大的不确定性。

视野拓展 10.7

企业人事管理方面的预警信号

（1）董事会成员、主要股东、高层领导人或财务负责人的人事变动；

（2）关键人物身体状况不佳或死亡，或主要管理人员和所有权的变化；

（3）各部门工作不协调；

（4）业务骨干流失率高，或有劳务纠纷；

（5）高层领导投机心理过重；

（6）高层领导对市场信息反应迟缓，缺乏长远的经营策略，急功近利。

3. 企业财务风险

（1）财务风险的内涵。

财务风险是指企业融资、会计核算以及会计或财务报告失误而对企业造成的损失。财务风险包括资金结构与现金流风险、会计核算与流程的风险、虚假财务信息风险、会计及财务报告风险等。

（2）财务风险信息的收集渠道。

①历史沿革（成立时间、背景、法人、现有生产规模和生产能力以及企业发展历程等）；

②企业资本结构（企业所有者及其持股比例和金额）；

③组织结构（企业管理层及各职能部门）；

④所属公司（直接管理或拥有的下属公司）；

⑤主要产品和工艺流程（产品类别和用途，以及生产加工该主要产品的工艺流程）、销售情况（销售策略、渠道、产品销售区域）；

⑥采购情况（原材料采购状况和主要供应商）；

⑦内部控制情况（是否已经有内部制度、是否有健全的内部流程手册）；

⑧财务状况和经营成果（资产负债状况和损益情况）；

⑨经营活动中重大投资融资事项；

⑩与本企业相关的行业会计政策；

⑪企业偿债能力、盈利能力、成本费用情况等汇总分析表。

 **案例透析10.3**

一年半的跨国诉讼

四川长虹是中国最大的家电制造商之一。由于在对外贸易中过多关注争夺客户和市场份额，2002年前后，在无法收回海外代理商货款的情况下，仍然向海外发货，忽视应收账款坏账风险；四川长虹在1998年至2003年间创造利润人民币33亿元，却遭受39亿元的海外欠款，最终不得不在2004年在美国向海外代理商提起诉讼，开始了长达一年半的跨国诉讼；2006年4月，四川长虹为尽早结束无休止的跨国诉讼，与代理商签订和解协议，预计可收回应收账款仅为人民币13.6亿元。

启发思考：四川长虹经历了什么风险？原因是什么？有哪些影响？

第二节　商业银行信用风险识别

对于商业银行来说，因业务需要必须承担风险，信用风险占银行总体风险的70%，银行系统为信用风险而储备的风险资本的数量要远远大于为市场风险和操作风险而储备的风险资本。在金融机构发展的历史中，大部分银行的倒闭案例都是由信用风险引起的。因此信用风险管理是风险管理最重要的一个部分。

贷款又是最主要的信用风险来源。一般来说，一笔正常的贷款取决于两个因素：还款能力和还款意愿，其中，还款能力是客观因素，还款意愿是主观因素，二者缺一不可。

一、还款意愿与还款能力

商业银行对借款人还款能力和还款意愿的评估，究其本质，是对借款人未来违约可能性的一种评估。对未来的评估，其本质是一种预测，既然是预测，那预测因受到一些主观和客观因素的影响就可能不准确。因此在实际业务中，为了提高预测的准确性，需要尽可能收集借款人的相关信息，并对信息进行分析和评估，以便做出合理的风险决策。

（一）还款意愿

还款意愿指借款人还款的意念和想法。还款意愿可以分为两类：主动的还款意愿和被动的还款意愿。

1. 主动的还款意愿

主动的还款意愿取决于借款人的人品和道德。没有主动的还款意愿，其实就是欺诈行为，一般分为两种：一种是直接欺诈，借款人在借款的时候就没有任何还款意愿，意味着风险收益是0；另一种是信用风险向欺诈风险转移，指借款人原本有微弱的还款意愿，随着时间的推移，微弱的还款意愿没了。与履约风险相比，欺诈风险尤其是团伙欺诈风险，破坏性更大，会大量蚕食企业利润，大幅提高损失率。

视野拓展 10.8

人品和违约成本是决定还款意愿的因素

所谓人品，意思是人的品德，是指个体依据一定的社会道德准则和规范行动时，对社会、对他人、对周围事物所表现出来的稳定的心理特征或倾向。具体到借贷项目中，是指借款人的商誉和诚信度。小贷公司在考察借款人的人品时可以参考以下因素：

①客户在当地社区的声誉；

②他人评价；

③生活习惯；

④对贷款流程的态度；

⑤家庭情况；

⑥不良信用记录；

⑦还款意愿表示；

⑧工作与收入；

⑨对小额贷款公司的印象或态度；

⑩固定的商业伙伴等。

还可以通过与借款人交谈过程中的直观感觉来判断借款人的人品，如通过借款人的表情、眼神、言谈举止以及对待家人、员工、业务伙伴的态度等无意间流露出来的信息，可以对其人品的判断提供参考依据。

违约成本，是指借款人需要为其违约行为付出的代价。借款人的违约行为可能为其带来的影响有以下几种：

①经营受到影响；

②家庭生活受到影响；

③小额信贷机构和其他债权人拒绝授信；

④额外的负担（逾期利息、违约金、律师费、诉讼费等）；

⑤社会声誉和评价受到重大影响；

⑥负面的征信记录等。

2. 被动的还款意愿

被动的还款意愿取决于借款人的违约成本,当借款人发现违约成本较低时,特别是违约成本的总成本远小于其贷款金额时,违约风险就会比较高。一般来说,在进行信贷决策时,借款人的违约成本越高,则未来还款的意愿越强,违约率越低。对借款人违约成本的评估是信用分析的一个关键,通常通过增加担保等方法提升借款人的违约成本是降低违约率的关键。

(二)还款能力

还款能力是衡量借款人财务状况和经营能力的重要标志,这里需要注意,人们对借款人的评估是对其未来的还款意愿和还款能力的评估,而借款人的财务状况仅是对借款人历史经营情况的记录,是其历史经营能力的反映。商业银行在对借款人进行调查时,除需要对借款人进行财务分析外,还需要调查了解借款人的经营管理能力,借款人的经营管理能力决定了企业能否按照预期正常经营下去。从还款来源的角度看,还款来源可以分为第一还款来源和第二还款来源。

1. 第一还款来源

第一还款来源是指借款人生产经营活动或其他相关活动产生的直接用于归还借款的现金流总称,它是借款人的预期偿债能力。因此要了解借款人的未来偿债能力,必须对借款人现实的情况做全面细致的调查,要对企业的财务状况进行分析并做出预测。一般人们可以认为,只要是借款人主动偿债,不管其偿债资金是来自经营活动还是来自投资活动或筹资活动,都应当归为第一还款来源。例如,借款人的股东追加的投资、转让对外投资、对外借款、主动处置资产等获得的现金流都属于第一还款来源。

> **敲黑板**
>
> 借款人的第一还款来源既可能来自借款人经营活动产生的现金流,也可能来自借款人投资活动或筹资活动产生的现金流。如果借款人没有主动还款,通过法院等机构处置其财产获得的现金流应当属于第二还款来源。第一还款来源和第二还款来源的区别在于现金流的来源是来自借款人主动偿债还是被动偿债。

2. 第二还款来源

第二还款来源是指当借款人无法偿还贷款时,通过处理贷款担保,即处置抵押物、质押物或者对担保人进行追索所得到的款项。如果经营活动产生的现金流不足以覆盖债务,要想借款人还钱,借款人就只能对外筹资或变卖资产了。因此,信贷机构除要关注借款人经营收入外,还要对借款人的再融资能力以及资产变现能力进行评估。

二、个人贷款和公司贷款的风险识别

贷款可以针对个人客户,也可以针对公司类客户。公司类客户又有单一法人客户和集团法人客户。

(一)个人贷款的风险识别

个人贷款是指贷款人向具有完全民事行为能力的自然人(借款人),因消费、经营或其他需要,出借货币资金的一种信用活动形式。一方面,个人贷款业务具有风险资本占用少、风险分散、资产质量高、利润率高的业务特点,对商业银行增加经营效益以及繁荣金融业起到了促进作用;另一方面,个人贷款业务单笔业务资金规模小,业务复杂,数量巨大。通常商业银行个人贷款业务的风险分析与识别,都是从个人客户的基本信息和个人客户信贷产品风险两个角度进行。

1. 个人客户的基本信息分析与识别

商业银行在向个人客户开展业务时，个人客户应提供能够证明个人年龄、职业、收入、财产、信用记录、教育背景等的相关资料，商业银行除了关注申请人提交的材料是否齐全、要素是否符合要求外，还应当通过与个人客户面谈、电话访谈、实地考察等方式了解核实客户所提供的材料是否真实有效，从多种渠道调查、识别个人客户潜在的风险。

具体来说是通过客户的资信情况和客户的资产与负债情况两个方面来进行调查。

视野拓展 10.9

个人客户的基本信息分析与识别

敲黑板

> 其他人对客户的评价主要包括客户的雇员、亲属、同行、合作伙伴或周围商户对客户的评价（在调查其他人对客户的评价时要注意两点：为客户保密，并注意判断信息的真实性和客观性）。在要求客户组建联保小组（寻找担保人）时，通过组建联保小组（寻找担保人）的难易程度可以间接了解到他人对客户的看法，但对于一些外地人或社会关系较少的客户要作特殊考虑。客户对待他们的态度以及自信程度也能反映客户的信誉状况。

（1）客户年龄。

通常情况下客户的年龄与客户的社会经验、工作经验成正比，而客户的经验会对客户的经营能力产生帮助（尤其对一些复杂程度较高的行业）。客户的年龄与客户的精力、健康程度成反比，年龄过大，身体健康差，就增加了借款人死亡的风险。

（2）客户的教育水平。

客户的教育水平高，就能理解在整个社会征信体制中个人信誉的重要性，通常教育水平高，社会地位也较高，也更重视自己的信誉；客户的教育水平高，发现、把握商机以及对生意的掌控能力也较强，而且其社会关系可能更广泛。

（3）客户的婚姻状况。

通常已婚客户出于对家庭的责任感、家庭声誉及对子女的影响，会更为用心地经营自己的企业，还款意愿也更为主动一些。

另外，对于个体工商户和私营企业来说，家庭的稳定性会对生意的经营有较大影响。

（4）客户是否有不良嗜好、不良行为和犯罪记录。

赌博等一些不良行为会对客户的家庭及生意的稳定性产生不利影响，酗酒会严重损害客户的健康状况，这些都构成了一定的违约风险。

有犯罪记录的客户，对家庭和生意影响更大。

（5）客户是否为本地人。

个人贷款的对象要求为本地人或者在本地长期居住的外地人，一般来说，长期居住的客户还款意愿要好些。

1）客户的资信情况调查

客户的资信情况调查包括利用外部和内部征信系统了解客户的资信状况，如对借款人的真实收入状况、贷款用途及还款来源的调查、担保方式的调查等。

重点调查可能影响第一还款来源的因素，第一还款来源主要为工资收入的，应对其收入水平及证明材料的真实性做出判断，主要还款来源为其他合法收入的，应检查客户提供的财产情况。

敲黑板

> 查询客户的信用记录是了解客户信用情况的一个重要手段，对于有不良信用记录的客户要了解其违约的真实原因，除非有特殊的原因，否则要将其视为客户还款意愿较差的一个重要证据。

判断其是否具备良好的还款意愿。

2）客户的资产与负债情况调查

商业银行通过调查客户的资产与负债情况，可以判断其是否具备良好的还款能力。通常商业银行是从借款人的偿债能力稳定情况、贷款购买的商品质量情况、抵押权实现情况等进行全面分析。

（1）借款人的偿债能力稳定情况。借款人的偿债能力稳定情况是指要确认客户及家庭的人均收入和年薪收入情况、其他可变现情况、客户在本行或他行是否有其他负债或担保情况、家庭负债总额与家庭收入的比重情况等。比如，借款人可能会因为失业或者其他原因造成收入的大幅度下降，从而无法按时还款引发一系列道德风险。

（2）贷款购买的商品质量情况。贷款购买的商品出现了质量情况，造成价格下跌，可能引发消费者不愿履约。比如，当银行之间缺乏信息互通，借款人多头贷款或者透支时，就会增加个人借贷的风险。

（3）抵押权实现情况。当客户不履行债务时，银行有权依照法律规定对该财产折价、拍卖、变卖，这个优先受偿的权利就是抵押权。抵押权实现困难就存在贷款风险。

> **敲黑板**
>
> 从2021年1月1日起施行的《新物权法》，优化了实现抵押权的程序。以前实现抵押权，要求债权人和债务人先协商，协商不成要提起诉讼。现在银行可以直接请求法院拍卖、变卖抵押物，不再需要提起诉讼。

2. 个人客户信贷产品风险的分析与识别

个人客户信贷产品风险的分析与识别应注意挖掘客户基本信息背后蕴藏的信息。信贷产品不同，分析的侧重点也不同。

我国商业银行个人信贷按用途可分为个人住房贷款、个人消费贷款、个人经营贷款。

1）个人住房贷款

个人住房贷款可能存在的风险如下：

（1）经销商风险。如房地产商尚未获得销售许可证便销售房屋；

（2）"假按揭"风险。"假按揭"的主要特征是，开发商利用积压房产套取银行信用，欺诈银行信贷资金；

（3）由于房产价值下跌而导致超额押值不足的风险；

（4）借款人的经济财务状况变动风险。

> **敲黑板**
>
> 个人住房贷款有不同的期限，期限越长，借款人经济财务状况变化的可能性就越大。如果由于工作岗位、身体状况等因素导致借款人经济、财务状况出现不利变化而无法按期偿还按揭贷款，而借款人是以其住房作为抵押的，则商业银行的抵押权在现行法律框架下就难以实现，该笔贷款就可能成为不良贷款。所以个人住房抵押贷款的发放必须以所购房屋或其他房屋做抵押。

2）个人消费贷款

个人消费贷款包括个人汽车贷款、个人教育贷款、个人耐用消费品贷款、个人旅游消费贷款、个人医疗贷款。

对于个人消费贷款来说，客户的真实收入状况（尤其是无固定职业者和自由职业者的收入状况）难以掌握；有的借款人的偿债能力也不稳定（如职业不稳定、大学生就业困难等）；贷款购买的商品质量有问题或价格下跌导致客户不愿履约；抵押权实现困难，则该笔贷款有可能具有风险。因此，对于助学、留学贷款还应当要求学校、家长或有担保能力的第三方参与担保；对用于购买商品（如汽车）的贷款，金融客户应对经销商的信誉、实力、资格进行分析考察。

视野拓展 10.10

个人消费贷款是指银行向个人发放的用于家庭或个人购买消费品或支付其他与个人消费相

关费用的贷款。

个人汽车贷款是指银行向个人发放的用于购买汽车的贷款。所购车辆按用途分为自用车和商用车；按注册登记情况分为新车和二手车（指从办理完机动车注册登记手续到规定报废年限一年之前进行所有权变更并依法办理过户手续的汽车）。

个人教育贷款是指银行向在读学生或其直系亲属、法定监护人发放的用于满足其就学资金需求的贷款。分为国家助学贷款和商业助学贷款。

国家助学贷款是指由国家指定的商业银行面向在校的全日制高等学校经济确实困难的本专科学生（含高职学生）、研究生以及第二学士学位学生发放的，用于帮其支付在校期间的学费和日常生活费，并由教育部门设立"助学贷款专户资金"给予财政贴息的贷款。实行"财政贴息、风险补偿、信用发放、专款专用和按期偿还"的原则。

商业助学贷款是指银行按商业原则自主向个人发放的用于支持境内高等院校困难学生学费、住宿费和就读期间基本生活费的商业贷款。实行"部分自筹、有效担保、专款专用和按期偿还"的原则。

个人耐用消费品贷款是指银行向个人发放的用于购买大额耐用消费品的人民币担保贷款。耐用消费品通常指价值较大、使用寿命相对较长的，除汽车、房屋以外的家用商品。通常由商业银行与特约商户合作开展，双方签订耐用消费品合作协议，而借款人需在银行指定的商户处购买特定商品。

个人旅游消费贷款是指银行向个人发放的用于个人及其家庭成员（包括借款申请人的配偶、子女及父母）参加银行认可的各类旅行社（公司）组织的国内、外旅游所需费用的贷款。借款人必须选择商业银行认可的旅游公司，并向银行提供其与旅游公司签订的有关协议。

个人医疗贷款是指银行向个人发放的用于解决市民及其配偶或直系亲属伤病就医时资金短缺问题的贷款。一般由贷款银行和保险公司联合当地特约合作医院办理，由借款人到特约医院领取并填写经特约医院签章认可的贷款申请书，持医院出具的诊断证明及住院证明到开展此业务的商业银行申办贷款，获批准后持个人持有的银行卡和银行盖章的贷款申请书及个人身份证到特约医院就医、结账。

3）个人经营贷款

个人经营贷款是指银行向从事合法生产经营的个人发放的，用于定向购买或租赁商用房、机械设备，以及用于满足个人控制的企业（包括个体工商户）生产经营流动资金需求和其他合理资金需求的贷款。个人经营贷款按贷款用途分为个人经营专项贷款和个人经营流动资金贷款。

视野拓展 10.11

个人经营专项贷款（简称专项贷款）是指银行向个人发放的用于定向购买或租赁商用房和机械设备的贷款，其主要还款来源是由经营产生的现金流。主要包括个人商用房贷款和个人经营设备贷款。前者指银行向个人发放的、用于定向购买或租赁商用房所需资金的贷款，后者指银行向个人发放的、用于购买或租赁生产经营活动中所需设备的贷款。

个人经营流动资金贷款（简称流动资金贷款）是指银行向从事合法生产经营的个人发放的、用于满足个人控制的企业（包括个体工商户）生产经营流动资金的贷款。

对于个人经营贷款，除了要了解客户的基本信息（如客户年龄、教育水平等）外，还要评判客户的经营能力和客户的营业背景。

（1）客户的经营能力，即客户经营业务的专门知识和动机以及经验和规划的能力、贷款用途等；

（2）客户的营业背景，如经营业务、目前经营状况、组织情况、供应商、现金流等。

案例透析10.4

如何分析这笔贷款是否有风险

小王投资开设茶餐厅资金不足，准备向银行贷款 50 万~100 万元。目前，一次性加盟费小王已经缴清，小王现有资产为：两套房子价值 200 万元，一辆车价值 15 万元，这些是市场价，评估价也基本如此。小王家属在某单位工作，年收入 15 万元。

启发思考：如何分析这笔贷款是否有风险？

（二）公司贷款的风险识别

公司贷款在银行债权总额中占有较大的比重，因此对公司贷款的风险管理一直是商业银行信用风险管理的重要内容。同时，公司客户风险涉及的因素多而且复杂，判断风险相对比较难。正因为难度大，更需要多方面综合分析。

公司类客户根据其组织形式不同，可以划分为单一法人客户和集团法人客户。

例如，2016 年 1 月 18 日成立的辽宁省交通建设投资集团有限责任公司，在交通的规划、设计、管理、运输、运营、实业发展和智能交通等方面都有所涉及，是一个很综合全面的交投投资企业。这就是一个集团法人。其旗下的公司，如辽宁省交通科学研究院有限责任公司、辽宁省交通规划设计院有限责任公司、辽宁省交通建设管理有限责任公司、辽宁省交通运输服务有限责任公司、辽宁省高速公路运营管理有限责任公司等就是单一法人。

对于公司类客户，商业银行在从非财务因素和财务因素两方面分析客户的风险的同时，重点还要从行业所处的周期、产品生命周期、专业贷款这几个方面进行风险识别。

1. 行业所处的周期

对于行业所处的周期的分析，要从该行业属于哪一类行业和该行业又处在哪个阶段来分析。不同的行业在一定的经济周期内会有不同的表现。行业可以分为顺周期行业、逆周期行业、无周期行业。

微课堂　经济周期

（1）顺周期行业（图 10.2）、逆周期行业（图 10.3）、无周期行业（图 10.4）。

顺周期和逆周期，是指一个企业或行业在经济周期不同阶段的表现。如果经济环境好，一个行业的业绩就会好，如果经济环境差，一个行业的业绩也差，那就是顺周期的。反之，经济环境好，一个行业的业绩差，经济环境差，行业的业绩好，那就是逆周期的。还有一些行业处于经济周期的不同阶段，业绩差异不大，称为无周期行业。

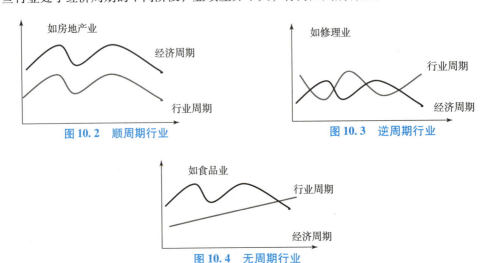

图 10.2　顺周期行业　　图 10.3　逆周期行业

图 10.4　无周期行业

如银行、汽车、房地产、建材、旅游、奢侈品等都是明显的顺周期行业。它们与经济周期的趋势存在天然的协同效应，互动关系基本同步。简单地说，顺周期行业不是平时生活所必需的。

当经济不景气的时候，人们有更多的时间来充电。因此，成人教育和培训非常受欢迎。经济下行，收入降低，无钱购买新的商品，导致修理行业业绩逆势增长，这就是逆周期行业。经济不好，人们没有钱去买很多昂贵的东西。口红等消费品就能满足女孩的消费心理，所以此时会畅销，这也是"口红经济"术语的由来。

与我们平时的生活必需品相关的行业如煤水电行业、食品行业、医药行业是无周期行业，这些行业不受大环境变动的影响。当然，随着人们生活水平的提高，从长时期看，这些行业也呈现出上涨趋势。

可见，银行要重点关注顺周期行业。一般而言，金融机构习惯于对顺周期行业的经济上升发展锦上添花。

从规律上看，如果经济上行放缓或趋于下行，经济增长效率必然下降，资金效率也势必降低，此时对于顺周期行业，金融机构须及时切割与资金占用效率低或无效率的行业的联系，以免被拖入鱼死网破的泥潭。

了解了目标行业属于顺周期行业、逆周期行业、无周期行业后，还要看目标行业处于行业周期的哪个阶段。

（2）行业周期的阶段。

纵观人们生活的世界，周期无处不在，宇宙爆炸、四季交替、生老病死……无论是真实的事物，还是虚拟的规律，无不存在于轮回更替之中。周期在经济中所发挥的作用更是难以忽视的。通常每个行业都要经历一个由成长到衰退的发展演变过程。行业的生命周期主要包括四个发展阶段：起步期、成长期、成熟期和衰退期（图10.5）。银行授信如果选错了行业，就有可能损失一大片。起步期，行业产品设计尚未成熟，行业利润率较低，市场增长率较高，需求增长较快，技术变动较大，违约概率比较高；成长期，成长迅速，市场增长率很高（每年可达到20%到100%），需求高速增长，技术渐趋定型，违约概率相对较低；成熟期，行业成长较缓，市场增长率不高（每年超过15%），需求增长率不高，不像新生行业那样爆发式地成长，技术上已经成熟，行业特点、行业竞争状况及用户特点非常清楚和稳定，产品和服务更加标准化，违约概率较低；衰退期，行业生产能力出现过剩现象，市场需求逐渐萎缩，技术被模仿后出现的替代品充斥市场，市场增长率严重下降，需求下降，违约概率比较高。

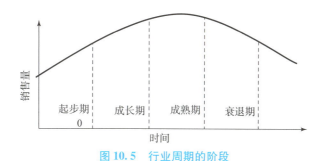

图 10.5　行业周期的阶段

行业分析可以根据行业销售增长率、新公司进入和原公司关闭、离开行业的比率推断出公司所属行业所处的发展阶段。

对于起步期的行业，商业银行显然不适合介入，因为这种首先不满足贷款的第一个条件，即没有盈利能力，还处于烧钱的阶段。

企业在成长期如同一个青年，充满了生命力，对眼前的事物有着无限的热情，授信风险几乎没有，因为企业预期的现金流完全能够覆盖贷款。银行可以放心大胆地贷款。企业的经营风险小，相应地财务风险就可以高一些，高杠杆、短贷长投都可以用。

成熟期的行业结束了高增长时代，增长缓慢，竞争也十分激烈。经营风险大，相应地财务风险就要小，企业应该降低负债率，保持现金流。

对于衰退期的行业，商业银行要及时止损。

公司贷款除了对于行业所处的周期进行分析外，还要对企业产品本身的生命周期进行分析。

2. 产品生命周期

产品生命周期是指产品的市场寿命，即一种新产品从开始进入市场到被市场淘汰的整个过程，分为引入期、成长期、成熟期、衰退期四个阶段，如图 10.6 所示。

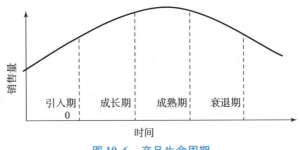

图 10.6　产品生命周期

从表面上看，行业生命周期和企业产品本身的生命周期非常相似，但实质内容却不一样。一般来讲，行业生命周期是站在一个行业整体的角度进行的分析，而产品生命周期是站在一个具体产品的角度进行的分析。

例如，我国家电行业的发展从目前来看，普遍认为已经进入了成熟期，这是行业生命周期阶段。但家电行业生产的家电产品种类很多，各自所处的产品生命周期阶段是不一样的，例如数字电视正被越来越多的消费者接受，产量越来越大，竞争越来越激烈，价格下降趋势明显，由此可以判断这种产品处于成长期。而传统的液晶电视已经慢慢退出了市场，销量一直处于下滑状态，很多家电企业甚至放弃了液晶电视的生产，这说明液晶电视处于产品生命周期的衰退期。

3. 专业贷款

公司贷款中有一些特殊贷款，它们的还款来源并不完全取决于特定企业，而是依赖于对该贷款资金运用的收益。专业贷款可以分为项目融资、物品融资、商品融资、产生收入的房地产融资和高变动性商用房地产融资五类。

（1）项目融资。

项目融资通常是指针对大型、复杂且昂贵的资本项目，如电厂、矿山、交通基础设施等提供的一种融资方式。这里的借款人通常是具有特殊目的的实体，它除了建设、拥有和运营这些设施外，不能履行其他职能。项目融资贷款的偿还只能通过这些项目运作后产生的收益或项目资产抵押品的变现来实现。

对项目融资信用风险的分析主要从两方面进行，即贷款项目是否能实现预期的现金流和作为抵押品的项目资产价值及其变现能力。

（2）物品融资。

物品融资是指为收购实物资产（如轮船、飞机等）而提供的一种融资方式。借款人收购这些实物资产的目的可能是自己运营，也可能是出租。在出租方式下，贷款的偿还主要依靠租赁收入，其风险不仅与这些资产运营所产生的现金流有关，还与租赁方式有关。

（3）商品融资。

商品融资是指对储备、存货或在交易所交易应收的商品（如原油、金属或谷物等）而提供的结构性短期贷款。

这类贷款往往与期货、期权交易有关，借款人没有其他业务活动，在资产负债表上没有其他实质资产，因而没有独立的还款能力，贷款的偿还来自商品销售的收益。这类贷款的风险主要来自商品价值的波动。

（4）产生收入的房地产融资。

产生收入的房地产融资是指为房地产（如用于出租的办公室建筑、零售场所、多户的住宅、工业和仓库场所及旅馆）提供资金的一种融资方法。

这里的借款人可以是一个专门从事房地产建设或拥有房地产的运营公司，也可以是一个除了房地产外还有其他收益来源的运营公司。在这种融资方式下，贷款的偿还主要依赖于资产创造的现金流，即房地产的租赁收入或销售收入。

（5）高变动性商用房地产融资。

高变动性商用房地产融资主要包括：用房地产作抵押的商用房地产贷款、为土地收购及该类收购的发展和建设阶段提供融资的贷款、还款来源高度不确定的商用房地产贷款。与其他类别的专业贷款相比，这种贷款具有较高的损失波动率，风险更大。其主要原因是较高的资产相关性和还款来源的不确定性等。

（三）集团法人客户风险的分析识别

集团法人客户是指由相互之间存在直接或间接控制关系，或其他重大影响关系的关联方组成的法人客户群。确定为同一集团法人客户内的关联方可称为成员单位。集团法人客户的状况通常更为复杂，一家企业倒闭，连带整个集团在银行出现不良贷款。因此需要更加全面、深入地分析和了解，其中，对集团内关联交易的正确分析和判断至关重要。单一法人客户与集团法人客户在风险的分析与识别方法上有一致性。

1. 集团法人客户的信用风险特征

与单一法人客户相比，集团法人客户的信用风险具有以下明显特征：

（1）内部关联交易频繁。集团法人客户内部进行关联交易的基本动机之一是实现整个集团公司的统一管理和控制，动机之二是通过关联交易来规避政策障碍和粉饰财务报表。例如，当企业需要"利润增加"时，往往通过虚构与关联企业的经济往来以提高账面的营业收入和利润；当需要降低或转移某企业的利润时，就由集团向该企业收取或分摊费用，或将一些闲置资产和低值资产以高价出售给关联企业，抽空企业利润甚至净资产，从而导致贷款企业的盈利能力下降、财务风险上升，同时变相悬空银行债权。关联交易的复杂性和隐蔽性使得金融机构很难及时发现风险隐患并采取有效控制措施。

（2）连环担保现象十分普遍。集团法人客户的成员单位通常采用连环担保的形式申请银行贷款，虽然符合相关法律的规定，但一方面，集团法人客户频繁的关联交易孕育着经营风险；另一方面，信用风险通过贷款担保链条在集团内部循环传递、放大，贷款实质上处于担保不足或无担保状态。

（3）财务报表真实性差。现实中，集团法人客户往往根据需要随意调节合并报表的关键数据。例如，合并报表与承贷主体报表不分；制作合并报表未剔除集团关联企业之间的投资款项、应收/应付款项；人为夸大承贷主体的资产、销售收入和利润；母公司财务报告未披露成员单位之间的关联交易、相互担保情况等。这使得金融机构很难准确掌握集团法人客户的真实财务状况。

（4）系统性风险较高。为追求规模效应，一些集团法人客户往往利用其控股地位调动成员单位资金，并利用集团规模优势取得大量银行贷款，过度负债，盲目投资，涉足自己不熟悉的行业和区域。随着业务扩张，巨额资本形成很长的资金链条并在各成员单位之间不断流动转达。一且资金链条中的某一环节发生问题，就可能引发成员单位多米诺骨牌式的崩溃，引发系统性风险并造成严重的信用风险损失。

（5）风险识别和贷后监督难度较大。由于集团法人客户经营规模大、结构复杂，商业银行很难在短时间内对其经营状况做出准确的评价。一方面，跨行业经营是集团法人客户的普遍现象，这在客观上增加了银行信贷资产所承担的行业风险；另一方面，大部分集团法人客户从事跨区域甚至跨国经营，对内融资和对外融资通盘运筹，常常使得银行贷款的承贷主体与实际用贷主体相分离，进一步增加了银行放贷后监督的难度。

2. 集团法人客户的信用风险识别点

根据集团内部关联关系不同，企业集团可以分为纵向一体化企业集团和横向多元化企业集团。

（1）纵向一体化企业集团的风险识别。这类集团内部的关联交易主要集中在上游企业为下游企业提供半成品作为原材料，以及下游企业再将产成品提供给销售公司销售。分析这类企业集团的关联交易，一方面可以将原材料的内部转移价格与原材料的市场价格相比较，判断其是否通过转移价格操纵利润；另一方面可以根据上游企业应收账款和下游企业存货的多少，判断下游企业是否通过购入大量不必要的库存以使上游企业获得较好的账面利润或现金流，获得高额的银行贷款。比如是否有以下几种交易：

①与无正常业务关系的单位或个人发生重大交易；

②进行价格、利率、租金及付款等条件异常的交易；

③与特定顾客或供应商发生大额交易；

④进行实质与形式不符的交易；

⑤易货交易；

⑥进行明显缺乏商业理由的交易；

⑦发生处理方式异常的交易；

⑧资产负债表日前后发生重大交易。

视野拓展 10.12

安然公司造假的手段

安然公司利用复杂的公司组织架构，通过关联方交易操纵利润。

安然声称发现了如何使传统能源公司一跃成为高增长、高利润的"新型企业"的"秘诀"。这个"秘诀"之一就是通过设置复杂的公司组织结构操纵利润、隐藏债务。安然公司组织结构的原理为：A公司（安然公司）通过51%的股份控制B公司，B公司再以相同方式控制C公司，以此类推，不断循环下去，到K公司时，由于A公司仅持有K公司权益的几个百分点，根据美国公认会计原则，K公司的个别报表将不并入A公司的合并报表中。但A公司实际上完全控制着K公司，可让其为自己筹资，或通过关联方交易转移利润，然而其负债却未反映在安然公司的资产负债表上。上述仅为纵向持股关系，而实际上还可以发生横向方面的交叉持股关系，例如，在从B公司到K公司的多个层次上相互交叉持股。通过以上模式，安然公司最终发展出3 000多家关联企业，其中约900家是设在海外的避税天堂。安然公司通过建立复杂的公司体系，拉长控制链条，将债务留在子公司账上，将利润显示在母公司账上，以自上而下传递风险、自下而上传递报酬。

（2）横向多元化企业集团风险识别。这类集团内部的关联交易主要是集团内部企业之间存在的大量资产重组、并购、资金往来以及债务重组。例如，目前关联企业较为普遍的一种操作模式是，母公司先将现有资产进行评估，然后再以低于评估价格的价格转售给上市子公司；子公司通过配股、增发等手段进行再融资，并以所购资产的溢价作为投资收益。最终的结果是母公司成功地从上市子公司套取现金；子公司获取了额外的投资收益，虚增了资产及利润，最终改善了账面盈利能力，降低了负债比率，以获得高额的银行贷款。商业银行应当重点关注这类关联交易，重点考察交易对双方利润和现金流造成的直接影响，判断其是否属于正常交易。因此，商业银行发现客户的下列行为、情况时，应当注意分析和判断其是否属于集团法人客户内部的关联方：

①不按公允价格原则转移资产或利润；

②互为提供担保或连环提供担保；

③存在有关控制权的秘密协议；

④除股本权益性投资外，资金以各种方式供单位或个人长期使用。

三、机构客户的风险识别

这里的机构，是泛指教育机构、医院、高校等非企业的经营单位。对机构客户作风险分析时，除了应当关注与公司类客户风险识别的共性外，还要识别是否存在以下风险因素：

（一）政策风险识别

不同的机构客户面临着不同的政策风险，例如，对教育机构日趋严格的控制收费政策、对医药行业采取的医药分离政策、要求新闻出版行业重视知识产权等政策，如果机构客户未能严格执行这些政策，将遭受严厉处罚，可能直接影响其按期偿还贷款本金和利息。

（二）投资风险识别

银行应当深入分析机构客户的投资计划及投资金额的合理性、自筹资金能否按计划全额到位（有些财政承诺的项目资金到位率不高，相应增加了债务比率，即增大信用风险）。例如，有些机构客户在评估被收购机构（如医院）的资产时，只做净资产评估，不做土地和无形资产评估，然后利用土地和无形资产抵押巨额贷款，再去收购别的项目，将风险全部转嫁给商业银行，一旦有些机构客户的资金链断裂，商业银行将蒙受巨大的信用风险损失。

（三）财务风险识别

有些机构客户（如高校）的固定资产投资规模大，资产负债比例高，偿债压力大，还贷能力弱，而且普遍存在财务制度不健全、管理混乱、内部审计不力、票据管理不规范等问题，存在严重的信用风险。

视野拓展 10.13

财务报表反映的预警信号

（1）不能及时（或拖延）报送财务报表、生产经营情况报告；

（2）有保留的会计师报告；

（3）存货或应收账款增长超过销售的增长幅度或存货的突然增加；

（4）经营成本的增幅超过销售的增幅或成本的上升和利润的下降；

（5）主营业务萎缩，销售额连续下降，或销售集中于一些客户，或连续 3 个月经营亏损；

（6）坏账增加或不提取坏账准备，净现金流入下降；

（7）100 万元（含等值外汇）以上的应收款及应付款账龄延长，或应收账款的收回拖延；

（8）短期融资挪作长期投资，或固定资产增长幅度超过 10%；

（9）不合理地改变或违反会计制度规定，或无故更换会计师、审计师及事务所；

（10）资产负债表结构的重大变化，负债增长幅度超过 10%，长期债务大量增加；

（11）公司有大额收费；

（12）拖延支付利息和费用，或盈利增长低于通胀率；

（13）与子公司、附属公司间发生大量往来款。

（四）担保风险识别

机构客户普遍难以落实或不愿找第三方担保，即使有第三方担保，也存在担保能力不足等问题。

 **案例透析10.5**

S大学向B银行借款是否符合资格

2021年11月10日，S大学为维修办公大楼，以维修办公室的名义向B银行借款人民币500万元，期限1年，该笔贷款由该大学基建处担保。贷款到期后，B银行客户经理上门催收，发现S大学维修的办公室已经解散，而该校基建处又新官不理旧账。学校领导班子换届后推说对当时的贷款情况不清楚。

启发思考：分析S大学向B银行借款是否符合资格？有可能导致的风险是什么？

第三节　信用风险的计量

如果你买了一只股票，市价为10元，5天内这只股票价格的走势是：11元、12元、11元、9元、8元。第一天和第二天，股票都是赚钱的，你一共赚了2元钱，从第三天开始，你开始亏损，先亏了1元钱，然后持续亏损，共亏损了2元钱。这种因为资产价格变动而产生亏损的风险，就是市场风险。你可以给自己设置止损线，如最多只能接受5元钱的亏损，所以如果股票的价格跌到5元钱，你就会卖出，这就是一种风险管理的思想和方法。

但是，在管理风险之前，你需要知道风险到底有多大，比如这只股票，经过你的评估，永远都不会跌到5元，那你把止损线设置在5元，是没有意义的。所以，知道风险有多大，是风险管理的关键。

金融界真实的经营情况可比只投一只股票复杂多了。那么如果面对庞大的资产，应该怎么计算风险呢？

信用风险的计量先后经历了从专家判断、信用评分模型到违约概率模型的发展历程。客户风险计量既是商业银行评估客户风险主要发展阶段的表现，也在各自领域各负其责的同时又彼此成就。

一、专家预测法

专家预测法是基于专家的知识、经验和分析判断的能力，在综合分析历史和现实有关资料的基础上，对未来市场的变动趋势做出预见和判断的方法。该方法自20世纪50年代由美国兰德公司提出后，逐步被广泛地应用到各个领域的综合评价实践中。专家预测法属于定性分析法，其中德尔菲法是最重要、最有效的一种，而且应用非常广泛。德尔菲法也是商业银行信用风险预测的方法之一。

（一）德尔菲法的含义

德尔菲法又名专家意见法或专家意见征询法，是指由项目执行组织召集某领域的一些专家，如来自组织外部的专业团体或技术协会、咨询公司、行业组织的专家教授，或者组织内部的技术、工程、市场营销、采购、财务、人力资源等职能部门的专业人员，就项目的某一主题，例如项目的解决方案、执行项目的步骤与方法、项目的风险事件及应对办法等，在互不见面、互不讨论的情况下背靠背地分别提出自己的判断或意见，然后由项目执行组织汇总不同专家的判断或意见，再让那些专家在汇总的基础上做出第二轮、第三轮的判断，并经过反复确认，最终达成一致意见的方法。

简单地说，被征询的专家匿名回答问卷，且相互之间不得讨论，只与调查人员联系，通过多轮次调查专家对问卷所提问题的看法，经过反复征询、归纳、修改，最后汇总成专家基本一致的看法，作为预测的结果。

（二）德尔菲法的实施步骤

在项目管理过程中，凡是需要收集不同的意见、产生不同的想法，并希望就这些意见和想法达成共识的场合，都可以采用德尔菲法。

德尔菲法的具体实施步骤如图10.7所示。

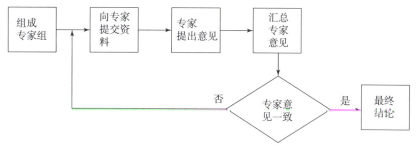

图10.7　德尔菲法的具体实施步骤

（1）组成专家小组。按照项目所需要的知识范围确定专家。专家人数的多少，可根据预测项目的大小和涉及面的宽窄而定，一般不超过20人。

（2）向所有专家提出所要预测的问题及有关要求，并附上有关这些问题的所有背景材料，同时请专家提出还需要什么材料。然后，由专家做书面答复。

（3）各个专家根据他们所收到的材料，提出自己的预测意见，并说明自己是怎样利用这些材料并提出预测值的。

（4）将各位专家第一次的判断意见汇总，列成图表进行对比，再分发给各位专家，让专家比较自己同他人的不同意见，修改自己的意见和判断。也可以把各位专家的意见加以整理，或请身份更高的其他专家加以评论，然后把这些意见再分送给各位专家，以便他们参考后修改自己的意见。

敲黑板

　　逐轮收集意见并为专家反馈信息是德尔菲法的主要环节。收集意见和信息反馈一般要经过三四轮。在向专家反馈的时候，只给出各种意见，但并不说明发表各种意见的专家的具体姓名。这一过程重复进行，直到每一个专家不再改变自己的意见为止。

（5）将所有专家的修改意见收集起来汇总，再次分发给各位专家，以便专家做第二次修改。

（6）对专家的意见进行综合处理，从而得出最终预测结果。

视野拓展 10.14

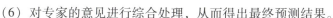

专家预测法依赖于经验丰富的信贷专业人士的知识。一般以申请人和贷款的"5C"为标准，用以对借款人的信用风险进行分析。

（1）道德品质（character）。检查借款人的信用记录，如果没有信用记录，银行可以要求联系的推荐人了解借款人的声誉。

（2）资本实力（capital）。计算借款人的资产（如车、房等）与负债（如租金等）的差额。

（3）抵押担保（collateral）。计算借款人如不能偿还时提供的抵押品（担保）的价值。

（4）还款能力（capacity）。通过调查借款人的工作状态、收入等来评估借款人支付本金加利息的能力。

（5）经营环境（Conditions）。调查借款的经营环境，包括内部和外部因素（例如经济衰退、战争、自然灾害等）。

随着统计方法现在越来越流行，此判断方法已经有些过时。但在没有历史数据的情况下（尤其是针对新的信贷产品），它仍然被广泛使用。

（三）德尔菲法的优缺点

1. 德尔菲法的优点

德尔菲法能充分发挥专家的优势，能够集思广益，收集不同方面尽可能多的意见，避免因数据不充分而做出错误的决策；避免个人因素对结果产生的不当影响；通过反复论证和分析，最终能就某一主题达成一致的意见，有利于统一思想、产生步调一致的行动；可以加快预测速度和节约预测费用。

2. 德尔菲法的缺点

德尔菲法的缺点在于对于分地区的顾客群或产品的预测可能不可靠；专家的意见有时可能不完整或不切合实际；过程比较复杂，花费时间较长。

敲黑板

统计学是应用数学的一个分支，主要通过利用概率论建立数学模型，收集所观察系统的数据，进行量化的分析、总结，并进而进行推断和预测，为相关决策提供依据和参考。一方面，银行的实时信贷决策可以在数字世界中保持竞争力，使用统计方法产生的数学模型能够帮助信贷决策自动化以及更快地提出解决方案，当银行没有时间等待 1～2 个月来了解贷款状况时，许多借款人可以通过银行网站申请贷款；另一方面，还能够减少贷款审批人员的违规成本。

（四）德尔菲法的注意事项

由于专家组成员之间存在身份和地位上的差别以及其他社会原因，有可能使其中一些人因不愿批评或否定其他人的观点而放弃自己的合理主张。要防止这类问题的出现，必须避免专家们面对面地集体讨论，而是由专家单独提出意见。

对专家的挑选应基于其对企业内外部情况的了解程度。专家可以是第一线的管理人员，也可以是企业高层管理人员和外请专家。例如，在估计未来企业对劳动力需求时，企业可以挑选人事、计划、市场、生产及销售部门的经理作为专家。

敲黑板

最初，信用评分卡技术广泛应用于消费信贷，尤其是在信用卡领域。随着信息技术的发展和数据的丰富，信用评分卡技术也被用于对小微企业贷款的评估。

二、信用评分模型

信用评分模型（又叫信用评分法）就是我们平常所说的信用评分卡模型（简称评分卡或信用评分卡）。

信用评分模型是使用统计模型的方法对潜在客户和已有客户在贷款时的风险通过评分卡的方式进行评价的一种方法。信用评分模型具有全流程智能风控管理、运用科学方法将风险模式数据化、提供风险刻量尺、减少客观因素的影响、减少人力成本以及提高风险管理效率的优势，其核心点是解决效率和标准化的问题，属于定量分析。

（一）评分卡的分类

在金融风控领域，评分卡这种形式便于理解和使用。一方面，信用评分卡建立以后可以帮助银行一线人员进行多种决策，例如，是否

敲黑板

数据模型描述了因变量和自变量的关系，尝试去解释因变量形成的机制，是一种以达到用自变量去预测因变量的统计模型。用通俗的话来说，模型就是数学公式，它揭示了数据间的规律，套用模型可以预测数据。

同意某笔贷款的发放、是否同意个人的信用卡申请及向其发放何种类型的信用卡、是否同意客户关于提高信用卡透支额度的申请、当客户的信用卡发生延期还款时，如何制定催讨策略。另一方面，通过信用评分卡方式，监管机构很容易看到银行使用了哪些因素作为审核标准，从而判断这种标准是否合规，以此对银行审核标准合规性进行有效监管。

信用评分模型的类型较多，在信贷产品的生命周期中，各个阶段（前、中、后）均可以建立相应的信用评分模型。我们经常提到的A卡、B卡、C卡就是按照使用阶段划分的申请评分卡、行为评分卡和催收评分卡，如图10.8所示。

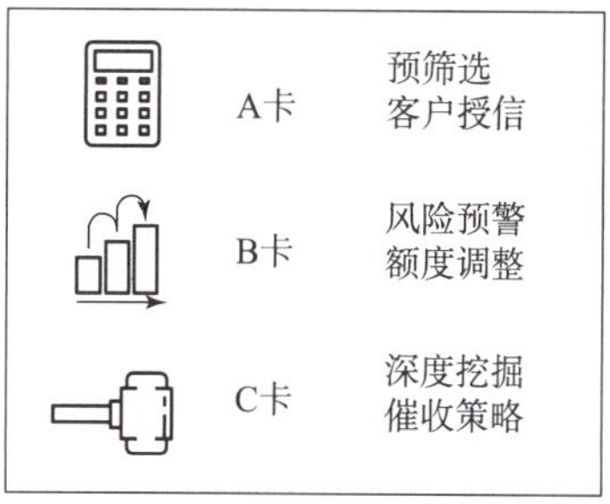

	A卡	预筛选 客户授信
	B卡	风险预警 额度调整
	C卡	深度挖掘 催收策略

图 10.8　评分卡的分类

1. A卡

A卡（application score card）即申请评分卡（简称申请卡），A卡适用于申请贷款或信用卡的新（首次）客户。它估计申请人申请贷款时的违约概率。A卡可以有效地排除不良信用客户和非目标客户的申请。A卡的目的是预筛选客户授信。

申请信用评分、申请欺诈评分、收入预测评分等都是可以在这个阶段进行应用的评分模型。该模型会对客户未来做风险预测，即模型会在客户授权的情况下收集客户多维度的信息，以此来预测，如果将一笔钱贷给客户，那他接下来的一段时间内，不还钱的概率有多大？如果这个数字超过了银行的风险偏好，那么客户的信贷申请就会被拒绝。

案例透析10.6

某银行的评分卡如表10.2所示。

表 10.2　某银行的评分卡

属性	类别	信用评分/分
年龄/岁	≤24	80
	25～34	100
	35～40	150
	大于40	200
性别	男	85
	女	170
收入/元	≤10 000	100
	10 001～30 000	120
	30 001～50 000	140
	50 001～70 000	170
	≥70 000	200

假设发放贷款的截止分=350分，小李，男，30岁，工资15 000元，第一次贷款。

启发思考：分析银行的决定是什么？

教学互动10.3

问：A卡的目的是什么？

答：A卡的目的在于预测申请时（申请信用卡、申请贷款）对申请人进行量化评估。

2. B 卡

B 卡（behavior score card）即行为评分卡（简称行为卡），B 卡侧重于贷中，当贷款发放以后，银行还可使用信用评分卡系统对客户的行为进行持续监测，该模型根据客户的行为数据，对其做出升额、降额的预判或预警。

假设某用户在某银行贷款后，又去其他多家银行申请了贷款，那么可以认为此人资金短缺，可能还不上钱，如果再申请银行贷款，就要慎重放款。和 A 卡一样，B 卡也是一套评分规则。

教学互动 10.4

问：B 卡的目的是什么？

答：B 卡的目的在于预测使用时点（获得贷款、信用卡的使用期间）未来一定时间内逾期的概率。

3. C 卡

C 卡（collection score card）即催收评分卡（简称催收卡），C 卡侧重于贷后，其目的在于预测已经逾期并进入催收阶段后未来一定时间内还款的概率。

催收评分卡是行为评分卡的衍生应用，其作用是预判对逾期用户的催收力度。对于信誉较好的用户，不催收或轻量催收即可回款。对于有长时间逾期倾向的用户，需要从逾期开始就重点催收。

例如，如果银行风控机构能通过模型判断出这是一位经常出差的消费者，那他在网络情况不佳、转账还钱不是特别方便的情况下，一般可认为是技术性逾期。他会在网络稳定时把钱还上。风控机构就需要基于已经发生过这种情况的客户群体建模，并据此来预判一下这种客户逾期的可能性是多少，如果这种逾期会主动还款的概率非常高，那在风控机构的催收策略里，就可以先不催收。

教学互动 10.5

问：C 卡的目的是什么？

答：C 卡的目的在于预测已经逾期并进入催收阶段后未来一定时间内还款的概率。

案例透析 10.7

美国的个人信用评分系统是评分卡的始祖，始于 20 世纪 60 年代。主要是 fair isaac company（费埃哲公司）推出的 FICO 评分卡，FICO 评分系统也由此得名。目前，美国人经常谈到的得分，通常指的是 FICO 分数。FICO 评分卡（A 卡）的示例如表 10.3 所示。

表 10.3 美国 FICO 评分卡

信用评分/分	人数百分比/%	累计百分比/%	违约率/%
300～499	2	2	87
500～549	5	7	71
550～599	8	15	51
600～649	12	27	31
650～699	15	42	15
700～749	18	60	5
750～799	27	87	2
800～850	13	100	1

从表 10.3 中可以看到两个规律：一是信用评分特别低和特别高的人占比都较少，大多数人信用评分中等；二是信用评分分值越高，违约率越低。根据信用评分的高低可以进行诸如是否发放贷款、贷款额度多少、是否需要抵押等重要决策，这就是信用评分的核心价值所在。

通常如果借款人的信用评分达到 680 分以上，贷款方（银行）就可以认为借款人的信用卓著，可以毫不迟疑地同意发放贷款，如果借款人的信用评分低于 620 分，贷款方或者要求借款人增加担保，或者干脆寻找各种理由拒绝贷款。如果借款人的信用评分介于 620～680 分之间，贷款方就要做进一步的调查核实，采用其他的信用分析工具，做个案处理。

FICO 评分在美国应用十分广泛，人们能够根据得分更快地获得信用贷款，甚至有些贷款可以直接通过网络申请，几秒钟就可以获得批准，缩短了交易时间，提高了交易效率，降低了交易成本。信用评分系统的使用，能够帮助信贷方做出更公正的决策，而不是把个人偏见带进去，同时，客户的性别、种族、宗教、国籍和婚姻状况等因素，都对信用评分没有任何影响，保证了评分的客观公正性。在评分系统中，每一项信用信息的权重不同，越早的信用信息，对分数的影响越小。

启发思考：分析 FICO 评分卡的用途有哪些？

视野拓展 10.15

信用评分模型用于对每个客户进行评分，以评估客户违约的可能性。当你去银行贷款时，银行会检查你的信用评分。该信用评分可以由银行内部建立，也可以使用征信局的评分。

微课堂　金融企业如何
对客户风险进行评估

征信局从各家银行收集个人信用信息，以信用报告的形式出售，并发布信用评分。在美国，FICO 评分是非常流行的信用评分，范围在 300～850 分之间。在印度，CIBIL 评分用于相同的评分，介于 300～900 分之间。

（二）信用评分模型的应用

目前商业银行已经从粗放式的经营转变为精细化管理，通过信用评分模型的应用，在客户申请审批阶段就可以预测客户开户后一定时期内违约拖欠的风险概率，以排除信用不良客户和非目标客户的申请；在账户管理期，通过对持卡人交易和还款行为的动态分析，对其风险、收益、流失倾向做出预测，据此采取相应的风险控制策略；对于逾期账户，可以预测催收策略反应的概率，从而采取相应的催收措施。同时，银行除了将信用评分模型用于风险管理外，还可以将信用评分模型运用在收益管理中。

1. 信用评分模型的结果可用于风险量化中

信用评分模型在金融机构当中的应用远远不只是评价客户是否能够按时还款以及计算风险损失。信用评分模型将不同年龄、职业、收入、学历等的客户进行了标准化，成为一种重要的管理工具，在各个维度发挥着重要作用。另外，对于商业银行来说，在监管资本计量要求下，需要进行信用风险量化，确认计算风险资产函数公式的变量，这也就是平时所说的风险定价。信用评分模型的结果可应用于其中贷款违约率、违约损失率等的指标计算。

2. 信用评分模型可以帮助风险定价

风险定价能力是金融企业的核心竞争力。如果银行对风险资产收取的利息过低，可能会被违约损失侵蚀利润；如果对风险资产收取的利息过高，则会在市场竞争中损失客户。

人们都知道高风险高收益，但是究竟多高的风险对应多高的收益呢？这就是风险定价的关注重点。

而信用评分模型，会把客户的信用评分划分为一定的等级，每一级别代表不同的风险水平，然后再针对不同风险水平，制定不同的政策以区分客户。

如果银行是风险厌恶型，经营策略以降低风险水平为主要目标，可以通过设定较高的临界值水平，包括自动通过和自动拒绝的临界值，减少系统自动审批通过、增加系统自动拒绝的贷款申请数量，提高贷款审批标准，降低违约风险。

如果银行是风险偏好型，经营策略以扩大业务规模为主要目标，则可以通过降低临界值水平，增加系统自动审批通过、减少系统自动拒绝的贷款申请数量，扩大贷款发放的数量和规模。

案例透析10.8

如图10.9所示，对于100%的申请客户，按照信用评分从高到低进行排列。信用评分越低的客户风险越高，边际坏账率越高。如果希望达到50%的审批通过率，那就必须接受边际坏账率为1.5%的这部分客群；同时也能够用这个数据计算出累计坏账率（图上未标明）。如果这个累计坏账率即损失率是可以接受的，同时50%的审批通过率对于销售前端来说也是可承受的一个范围，那么其所对应的280分就是可以设定的临界水平。

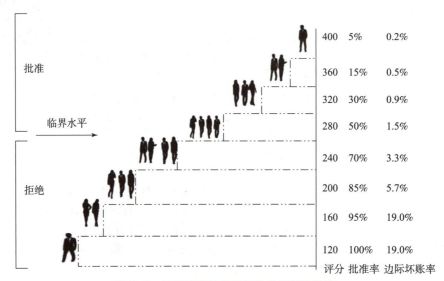

图10.9　按申请者的信用评分排列风险顺序

同样的，由于每一个信用评分区间的客户都对应着相应的损失率，使得分客群定价成了可能。对于信用评分较低、风险较高的人群，使用较高利率覆盖坏账成本；对于信用评分较高、风险较低的客群，使用较低利率或者其他更优惠的方式。

启发思考：分析如何按贷款申请者的信用评分排列风险顺序？使用信用评分模型的意义有哪些？

三、违约概率模型

（一）违约概率模型简介

信用评分卡的最大优势是可以根据风险排序，贷款方可快速、客观地了解申请者违约的概率大小。但是，随着信贷业务规模不断扩大，对风控工作准确率的要求也逐渐提升，当信息维度高时，评分卡建模会变得非常困难，这时候静态评分卡的弱点就暴露出来了。另外，某些暂时不重要的特征，在另一时刻会变得重要。例如在疫情期间，和收入相关的特征重要度会上升。

从案例透析10.7中可以看到，当总分超过680分，就给予授信额度。这种评分卡，操作简单，就算是个小学生都能算出风险值。

类似FICO这种静态的评分卡最大的优点在于操作简单，可解释性强。但随着时间的推移，目标客群会不断发生变化，这种静态的方式难以满足需求。于是，基于机器学习模型的信用评分卡展现出了更大的潜力。其能够根据数据的变化去动态调整不同特征的权重，从而不断迭代以适应新的数据模式。

违约概率模型分析属于现代信用风险计量方法。

与传统的专家预测法和信用评分法相比，违约概率模型能够直接估计客户的违约概率。

例如，你正坐在办公桌电脑前，桌子上摆着水杯、剪刀、插座等物品。可能面临以下风险：

①不小心被剪刀弄破手指；

②水杯打翻烫到了手；

③水杯打翻毁坏了电脑屏幕；

④水杯打翻毁坏了电脑硬盘。

这时你本能地就会对风险做出评价：①是极小概率，就算发生了，问题也不人；②是小概率，发生了会有点麻烦；③是小概率，发生了需要花钱换屏幕；④是小概率，发生了会使数据丢失……

在《巴塞尔协议Ⅲ》中，上述可能被描述成预期损失，可以简单认为是风险。这就是贷款机构根据现有数据计算的期望损失。

预期损失由违约概率和损失程度两部分组成。违约概率是指不还款的风险，损失程度是指违约发生后损失的程度。客户违约概率直接影响着银行内部评级法以及全面风险管理的应用，因此，准确地测度违约概率有十分重要的意义。

> **敲黑板**
>
> 《巴塞尔协议Ⅲ》基于内部评级的方法有四个信用风险组成部分：违约概率（PD）、违约风险暴露（EAD）、违约损失率（LGD）、贷款期限（M）。

> **敲黑板**
>
> 对于违约概率（PD）的评估可以选择自上而下的方法，主要考虑交易对手的相关因素：经济周期、行业周期、交易对手的财务状况。如果违约概率（PD）为0%，那么说明借款人百分百不会违约，如果PD是100%，那么说明借款人肯定会违约。

预期损失可以这样计算：

$$EL = PD \times EAD \times LGD \times F(M)$$

可见，预期损失（EL）与违约概率（PD）、违约损失率（LGD）、违约风险暴露（也叫违约风险敞口）（EAD）以及贷款期限（M）有关。

$F(M)$ 中的 M 是贷款期限（也叫到期期限），是 $F(M)$ 函数中的自变量。

 视野拓展 9.15

商业银行资产分零售贷款（业务）和批发贷款（业务）两类。零售贷款是指总体上违约风险暴露比例很大的贷款，包括中小企业贷款、住房贷款、小于一定数字的循环贷款以及大部分的固定期限贷款。不用考虑贷款期限（M）因素。批发贷款包括企业、银行和政府贷款。批发贷款的特点是笔数少、金额高，每笔交易受到大量关注，客户风险和交易风险应该分别进行评级。贷款期限和企业规模应在计算中考虑。很多时候人们设计贸易融资产品，要求账期相符，或者讨论银行承兑汇票、信用证的期限时，就是在行使期限调整的逻辑。

1. 违约概率

违约概率（probability of default，*PD*）是指借款人在未来一定时期内会发生违约（拖欠信用卡、抵押贷款或非抵押贷款）的可能性，即债务人违反贷款规定，没有按时偿还本金和利息的概率。概率以百分比的形式表示，介于 0～100% 之间。

违约概率越大，商业银行承担的风险也就越大。违约概率受债务人经济状况影响，一般用评级描述。通常风险建模、评分卡、风险审批、行业基本面分析等都是在获取违约概率。

视野拓展 10.16

PD 建模的数据源

（1）人口统计数据。申请人的年龄、收入、就业状况、婚姻状况、当前地址、工作年限、邮政编码等；

（2）与银行的关系。任期（逻辑时间）、产品数量、付款表现、先前的索赔等；

（3）信用关系。违约或拖欠历史、信用额度、查询等。

2. 违约风险敞口

违约风险敞口（exposure at default，*EAD*）也叫违约风险暴露（简称风险敞口或风险暴露），是指客户可能发生违约风险的资金额度。可以简单理解为本息之和，甚至再简化为借出去多少钱，比如 60% 的承兑汇票，如果开票 100 万元，开票的企业要交 60 万元的保证金给银行，另外 40 万元就是敞口部分，即银行借给别人的钱的本金加利息就是风险暴露。银行借给别人的钱越多，银行承担的风险也就越大。

假如客户违约后处置担保品预期可覆盖 50% 的风险敞口，则 *LGD* = 0.5，产品模式为贷款，即 *EAD* = 100%，而对该类客户的历史统计违约概率为 *PD* = 2%，则该业务的预期损失 *EL* = 50% × 100% × 2% = 1%，那么在此类业务的风险定价中，就需要计入 1% 的风险成本作为补偿。

当人们讨论小而分散、总量控制、限额等时，是在试图降低或者分散 *EAD*。

（1）产品决定风险敞口。影响金融产品风险敞口的因素包括银行内部的准入政策、定价、风险处理手段，银行外部的交易主体、交易结构以及主体在特定交易结构之间的权利义务关系等内容。

产品对风险敞口的影响有些可以量化，例如《巴塞尔协议 III》对银行不同的业务品种给出了不同的风险权重或系数（比如未提示的跟单信用证为 20%，私人机构贷款为 100%，持有房产为 400%，比特币为 1 250%……）；而有些影响难以直接量化，但却实际存在，例如交易结构的变化（比如将保理融资改为保理助贷）能够显著影响同一客群 *PD* 的高低。所以，不同的金融产品，*EAD* 的度量和建模差异很大。

（2）风险敞口是一个随着时间和市场情况变化而变化的变量。

风险敞口在大多数情况下随时间变化而变化。比如按揭贷款，违约发生的时间越晚，*EAD* 就越小，因为未偿付本金随着时间而降低，降低的原因，可能是确定的时变因素，也可以是随机因素。

再比如场外衍生品，其风险敞口每日都随着衍生品和抵押品的盯市价值的变化而变化，因此 *EAD* 是一个复杂的随机过程。

视野拓展 10.17

盯市是期货交易术语之一，期货交易，有一方的盈利必然来源于另一方的亏损。为防止这种负债现象的发生，逐日盯市、每日无负债结算制度（简称逐日盯市制度）便应运而生了。

盯市价值/公允价值会计规则，要求公司按市价对持有的证券估价，而非按照证券的购买价格或是其他什么价值估价。

3. 违约损失率

违约损失率（loss given defaull，*LGD*）是指某一债项违约导致的损失金额占该违约债项风险敞口的比例，即损失占风险敞口总额的百分比，它由 1 - 回收率计算。简单地说，就是交易对象违约时，对银行所面临的风险的估计。

违约损失率是商业银行预测借款人拖欠贷款会产生损失的一个重要指标，也是国际银行业监管体系中的一个重要参数。对于商业银行来说，违约成本越高，违约概率越低；违约成本越低，违约概率越高。一般来说，在没有抵押品的情况下，*LGD* 通常在 60% ~ 80%。在有抵押品的情况下，*LGD* 在 0 ~ 40%。违约概率越大，商业银行承担的风险也就越大。比如贷款有抵押物，银行的违约损失率就不是 100%，因为即使客户出问题了，银行可以处置抵押物。当人们讨论存货监管、控货、保证金等时，其实是在降低 *LGD*。违约损失率受抵押物或其他担保措施的影响。

教学互动 10.6

有人从银行借了 100 000 美元的房屋贷款来购买公寓。在违约时，贷款的未偿还余额为 70 000 美元。银行止赎公寓并以 60 000 美元的价格出售。

问：风险敞口、违约损失率各是多少？

答：风险敞口为 70 000 美元。

违约损失率的计算方法如下：

$$（70\,000 - 60\,000）/70\,000 = 14.3\%$$

在《巴塞尔协议 III》中，*LGD* 是不可或缺的一部分。*LGD* 之所以如此重要，是因为在对经济资本金、预测损失、监管资本进行计算时，都需要用到这个数值。

例如，张先生贷款 400 000 美元购买公寓，分期付款几年后，张先生面临财务困难不能按期还贷，导致贷款的未偿还余额即违约风险敞口为 300 000 美元。于是银行查扣该公寓，以 240 000 美元的价格将其出售。

$$该银行的净损失 = 300\,000 - 240\,000 = 60\,000（美元）$$
$$而\ LGD = 60\,000 \div 300\,000 \times 100\% = 20\%$$

在这种情况下，预期损失通过以下公式计算：

$$LGD（20\%）\times 违约概率（100\%）\times 违约风险敞口（300\,000）= 60\,000（美元）$$

如果商业银行是预测潜在但不确定的损失，则预期损失将有所不同。

假设场景与上述相同，但违约概率为 50%，则预期损失计算公式为：

$$LGD（20\%）\times 违约概率（50\%）\times 违约风险敞口（300\,000）= 30\,000（美元）$$

4. 到期期限调整

到期期限调整（maturity adjustment）是对剩余贷款期限或还款安排的调整，应用于批发市场中期限超过一年的产品。

一般而言，贷款剩余期限越长，收不回来的风险就越大。当然，这并不总是符合实际，但反映了风险和期限有关的思想。

PD、*LGD* 和 *EAD*，每一个都会影响预期损失，控制每一个要素都可以控制预期损失。

可见，预期损失（*EL*）和违约概率（*PD*）、违约损失率（*LGD*）、违约风险敞口（*EAD*）以及贷款期限（*M*）有关。现在我们对风险的量化有了更深刻的认知，风险不再是虚幻的概念，已经是具象的了。

（二）违约概率模型的应用

信用是现代市场经济良好运营的重要保障，据统计，在中国几百万家企业中，倒闭或停业的原因有七成是无法如期偿还欠款，而最终结果通常是其供应商或其他债权人无法得到足额清偿，许多供应商处于货款被拒付的危险中。企业由于信用不佳或经营不善随时都可能破产。因此，加强信用管理组织完善，重视调查和跟踪客户信用状况变化，较早地预见客户的经营风险，在结果到来之前逐渐减少供货量，或者及时回收货款或贷款就显得十分必要。在这样的需求背景下，信用评级应运而生。

1. 信用评级机构

客户信用评级是商业银行对客户偿债能力和偿债意愿的计量和评价，反映客户违约风险的大小。客户评级的评价主体是商业银行，评级目标是预测客户违约风险，评价结果是信用等级和违约概率（PD）。信用评级机构一般有外部信用评级机构和内部信用评级机构两种。

（1）外部信用评级机构。外部信用评级机构是专业信用评级机构对特定债务人的偿债能力和偿债意愿的整体评估，从而提供客户评分，评级对象主要是企业。外部信用评级机构在对企业客户进行评级时，更加注重客户的非财务信息，主要依靠专家定性分析，一般以信用评级报告的形式对评级客户的信用做出评价，并给出相应的等级。一般来说，借款企业的信用等级分为三等九级，即AAA、AA、A、BBB、BB、B、CCC、CC、C。

国际上公认的最具权威性的专业信用评级机构有三家，分别是美国标准·普尔公司、穆迪投资服务公司和惠誉国际信用评级有限公司。

每家信用评级机构都有其成熟的信用评价体系，而这种体系的形成与完善离不开数据的支撑，因此数据资源是信用评估机构最重要的资料，如国际知名的消费信用评估公司FICO。表10.4所示是借款企业信用等级含义。

表10.4 借款企业信用等级含义

等级	含义
AAA	短期债务的支付能力和长期债务的偿还能力具有最大的保障；企业经营处于良性循环状态，不确定因素对企业经营与发展的影响最小
AA	短期债务的支付能力和长期债务的偿还能力很强；企业经营处于良性循环状态，不确定因素对企业经营与发展的影响很小
A	短期债务的支付能力和长期债务的偿还能力较强；企业经营处于良性循环状态，未来经营与发展易受企业内外部不确定因素的影响，盈利能力和偿债能力会产生波动
……	……

（2）内部信用评级机构。内部信用评级机构是银行利用自有数据和可获取的第三方数据资源自行开发的信用评级体系，对客户的风险进行评价，并根据内部数据和标准估计违约概率及违约损失率，作为信用评级和分类管理的标准。

内部评级法的实施是银行风险管理发展中的一场革命，保证银行内部评级体系的正常运作，不仅是外部合规监管的要求，更是银行提升风险量化能力和完善风险管理体系的内在要求。巴塞尔委员会鼓励有条件的商业银行使用基于内部评级体系的方法来计量违约概率、违约损失率。

敲黑板

国际监管机构巴塞尔委员会通过的《巴塞尔协议》的核心内容是内部评级法，而计算客户违约概率是实施内部评级法的关键步骤。事实上，在整个内部评级法以及全面风险管理的应用中，客户违约概率的准确计量都是最核心的问题，这是预期损失经济资本、贷款风险收益率计算的基础。

视野拓展 10.18

银行内部评级

银行客户信用评级是指商业银行使用自己的评估系统，对企业客户所作的信用等级评定，是银行内控机制的一个重要环节。

评级结果作为内部信贷管理和对客户风险判断识别的工具，直接用于综合授信和贷款审批活动，仅在银行内有效，不对外公布，因此也叫银行内部评级。

企业信用等级评价指标体系有企业素质（包括法人代表素质、员工素质、管理素质、发展潜力等多方面）、偿债能力（这里主要是指资产负债率、流动比率、速动比率、现金流等）、获利能力（包括资本金利润率、成本费用利润率等）、经营能力（包括但不限于销售收入增长率、流动资产周转次数以及存货周转率等）、履约情况（包括但不限于贷款到期偿还率、贷款利息偿还率等）、发展前景（如宏观经济形势、行业产业政策对企业的影响、行业特征、市场需求对企业的影响等方面）等。

评级指标体系是评级方法的核心部分，包括评级业务采用的评价要读、指标设置、权重赋值等。

2. 量化风控的内容

不论是金融机构的贷前评分卡还是贷后评分卡，在整个风险体系中都有其业务的落脚点。整个量化风控的内容都贯穿到 $EL = PD \times EAD \times LGD \times F(M)$ 公式中了。

资产价值下降时，借款人很有可能想早点出货脱手，这会导致出现以下情况：

（1）LGD 的变化。当违约数量增多的时候，LGD 主要受经济下行时违约的影响，造成资本金计算和定价都不足；催收周期变长，造成 LGD 和 PD 升高；

LGD 主要受到以下因素影响：债务类型、合同条款、细分市场、经济状况。此外贷款机构的谈判能力、资产处置的管理经验、将抵押品变现的能力等也会影响 LGD。

（2）风险敞口的变化。通常风险敞口遇到像疫情这样的黑天鹅风险，都会调节相关的风险敞口金额。一般情况下，商业银行会根据在经济周期和个体差异变化中感知的风险来放松或收紧贷款政策，这都是正常的逻辑。但有时在经济环境较差的时候人们的信贷需求也会增加，商业银行也会提高信贷规模，EAD 也会稍微升高。所以，如何选择优质的资产放款，这非常考验商业银行的风险筛选能力。

教学互动 10.7

问：德尔菲法、信用评分卡、违约概率模型的应用领域有哪些？

答：信用评分卡一般应用在个人消费贷款和小微企业贷款风险识别与分析中，违约概率模型一般应用在大型企业贷款风险识别与分析中，德尔菲法和信用评分卡的结果应用在违约概率模型的每一步计算中，使得在整个风险体系中计算预期损失都有其业务的落脚点。预期损失的计算结果又成为德尔菲法和信用评分法的依据之一。

综合练习题

一、概念识记

1. 风险
2. 专家预测法
3. 德尔菲法
4. 信用评分模型

5. 违约概率模型

二、单选题

1. 银行存在的主要风险是（   ）。

A. 市场风险　　　　　B. 信用风险　　　　　C. 交割风险　　　　　D. 国家风险

2. 属于无周期行业的是（   ）。

A. 煤水电行业　　　　B. 旅游　　　　　　　C. 奢侈品　　　　　　D. 建材

3. 属于顺周期行业的是（   ）。

A. 汽车　　　　　　　B. 医药　　　　　　　C. 培训　　　　　　　D. 修理业

4. 影响企业短期偿债能力的主要因素是（   ）。

A. 盈利能力　　　　　B. 销售收入　　　　　C. 资产的结构　　　　D. 资产的变现能力

5. 违约概率为（   ），说明借款人百分百不会违约。

A. 0%　　　　　　　　B. ≥0　　　　　　　　C. ≤0　　　　　　　　D. 100%

6. 以下不属于个人零售贷款的是（   ）。

A. 汽车消费贷款　　　B. 信用卡消费贷款　　C. 留学贷款　　　　　D. 公积金贷款

7. 关于违约损失率，下列表达错误的是（   ）。

A. 违约成本越高，违约概率越低

B. 违约成本越低，违约概率越高

C. 违约损失率是预测借款人拖欠贷款会产生损失的一个重要指标

D. 违约损失率不受抵押或其他担保措施的影响

8. 以下说法错误的是（   ）。

A. 在有抵押品的情况下，LGD 在 $0\sim40\%$

B. 在没有抵押品的情况下，LGD 通常在 $60\%\sim80\%$

C. 违约概率越大，商业银行承担的风险也就越大

D. 在没有抵押品的情况下，LGD 通常在 $40\%\sim100\%$

9. （   ）不属于集团法人客户的信用风险特征。

A. 内部关联交易频繁

B. 连环担保现象十分普遍

C. 财务报表真实性强

D. 系统性风险较高，风险识别和贷后监督难度较大

10. 对于德尔菲法表述错误的是？（   ）

A. 被征询的专家实名回答问卷

B. 专家相互之间不得讨论

C. 专家只与调查人员联系

D. 多轮次的看法最后汇总成基本一致的看法

三、多选题

1. 个人贷款业务具有（   ）的业务特点。

A. 风险资本占用少　　B. 风险分散　　　　　C. 资产质量高　　　　D. 利润率高

2. 下列关于商业银行违约风险敞口的表述，不正确的是（   ）。

A. 违约风险敞口应包括对客户的应收未收利息

B. 违约风险敞口应扣除相应的担保抵押资产

C. 违约风险敞口只包括对客户已发生的表内资产

D. 违约风险敞口只针对银行的表外资产

3. 以下（   ）属于商业银行内部风险。

A. 体系风险　　　　　B. 流动风险　　　　C. 国家风险　　　　D. 操作风险

4. 个人零售贷款在风险分析时要分析以下（　　）情况。

A. 借款人的真实收入状况　　　　　　　B. 借款人的偿债能力稳定情况

C. 贷款购买的商品质量情况　　　　　　D. 抵押权益实现情况

5. 机构客户有（　　）。

A. 政策风险　　　　　B. 投资风险　　　　C. 财务风险　　　　D. 担保风险

6. 专业贷款包括（　　）。

A. 项目融资　　　　　　　　　　　　　B. 物（商）品融资

C. 产生收入的房地产融资　　　　　　　D. 高变动性商用房地产融资

7. 个人住宅抵押贷款的风险有（　　）。

A. 经销商风险　　　　　　　　　　　　B. 假按揭风险

C. 房产价值下跌风险　　　　　　　　　D. 借款人的经济财务状况变动风险

8. 以下（　　）属于商业银行外部风险。

A. 市场风险　　　　　B. 信用风险　　　　C. 流动风险　　　　D. 国家风险

9. 以下（　　）属于风险构成的主要要素。

A. 风险因素　　　　　B. 风险事故　　　　C. 风险损失　　　　D. 风险结果

10. 以下哪些说法是正确的？（　　）

A. 处于经济扩张期，信用风险降低　　　B. 处于经济扩张期，信用风险增加

C. 处于经济紧缩期，信用风险增加　　　D. 处于经济紧缩期，信用风险降低

四、判断题

1. 流动风险表现为流动性极度不足、长期资产价值不足以应付短期负债的支付或未预料到的资金外流、筹资困难。（　　）

2. 信用评分模型是建立在对历史数据模拟的基础上，因此对借款人历史数据的要求不高。（　　）

3. 信用评分模型可以给出客户信用风险水平的分数，能够提供客户违约概率的准确数值。（　　）

4. 有目标就要面对风险。（　　）

5. 需要面对的风险由目标决定。（　　）

6. 确定性是风险的根源。（　　）

7. 风险是威胁与机遇的统一体。（　　）

8. 风险是确定性对目标的影响。（　　）

9. 由于人类认知世界的局限性，一直以来人们都要与未来的不确定性打交道。（　　）

10. 只有认清了风险，才知道如何规避风险，在风险降临时从容应对。（　　）

五、简答题

1. 某银行贷款给 A 同学 1 亿元人民币，A 同学的违约概率为 0.01%；某银行贷款给 B 同学 100 元，B 同学的违约概率为 90%。请分析谁的风险高？为什么？

2. 某商业银行当期信用评级为 B 级的借款人的违约概率是 0.10，违约损失率是 0.50。假设该银行当期所有 B 级借款人的表内、外信贷总额为 30 亿元人民币，违约风险敞口是 20 亿元人民币，则该银行此类借款预期损失为多少？

六、分析题

举例说明违约概率、违约损失率、预期损失和信用评级的关系。

第十一章

商业银行数字化营销

学习目标

知识目标：了解传统营销思维和数字化营销思维的不同；掌握资金端和资产端运营模式的转变；掌握商业银行数字化营销涉及的主流技术，能够对客户转化进行分析。

素质目标：使学生深刻理解科技创新是引领社会发展的第一动力，培养学生的创新意识和创造能力。

情境导入

数字化已经来临

互联网的数据是实时增加的，因为每天网民在互联网上的各种行为会产生海量的数据，在这么多的大数据中要找到企业的目标客户是不是很难？但是，数字化营销就能够做到。比如一个人可能在微信上叫小明，在微博上叫小刚，而通过大数据技术就可以知道两个名字是同一个人，系统会给这个人起另外一个名字，即用一串唯一的数字来加以识别。这样这个人在网上的各种行为就被记录和整合起来了，根据这些数据就可以对他进行画像，描述出的画像可能是：男，30岁，白领，刚有小孩，喜欢足球，爱喝酒，喜欢读历史书等一系列标签。系统画像靠的是人工智能。

当所有人都被画像了，那对于营销人来说，找人就容易了。因为系统会知道你在网上搜索过什么信息，浏览过什么资讯，去过哪里，买过什么东西，甚至推测出你的意图。比如你可能最近要买车，可能要买房，可能要出国留学，等等。不仅能找到你，还能找到能影响你的人，比如知道你喜欢刘德华，你最近想买路虎车，那系统就可以在你看刘德华演唱会视频的时候跳出来路虎车的广告。消费者千人千面，如果单靠人力为每个人贴上标签是不现实的，而数字化营销则可以做到这一点。比如三个人同时搜索同样的词"宝马320"，看到的会是三个结果：第一个人看到的是弯道超过的海报，因为他关注操控感；第二个人看到的是一家三口在车里，因为他关注舒适；第三个人看到的是红色绚丽的车身，因为他注重外观。随着数据维度的不断丰富，应用场景的不断增多，尤其是移动化所带来的位置数据、物联网数据的日趋丰富，数字营销也在快速演进，数字化营销时代已经到来。

第一节　客户引流

没有网络时，我们通过报刊浏览信息，报刊是流量载体，商家会通过刊登广告获取流量；电视问世时，我们通过电视浏览信息，电视是流量载体，商家会通过电视广告获取流量；传统门店兴起时，我们通过门店消费，门店是流量载体，商家会通过选址获取流量；网络发达时，我们通过网页浏览信息，网页是流量载体，商家会通过网页广告获取流量；短视频发达时，我们通过刷短视频浏览信息，短视频则是流量载体，商家会通过短视频广告获取流量。

一、流量

在规定时间内通过指定地点的人数称为流量，流量是所有商业模式的基础，解决流量问题是营销的首要条件，商家积淀的流量越多，能够获取的资源也越多，最后获利也会越多。比如我们去旅游，会发现买当地小吃街美食的人非常多，甚至还需要排队，其实小吃味道一

敲黑板

目前，我国互联网基本得到普及，据统计，截至 2021 年 12 月末，中国互联网人口达 10.32 亿，移动互联网用户数量达到 10.29 亿。流量固定了，但新的媒介平台却在逐年增加，媒介平台如喜马拉雅、抖音、快手、西瓜小视频、火山小视频、微视频……都在争夺现有的流量。传播平台的增加，使公众的注意力被分散，就增加了营销的难度。

般，价格也不便宜，但是，因为旅游小吃街流量大，所以生意自然就会很好。

网络流量是指在一定时间内打开网站地址的用户访问数量，有时也指手机移动数据。

跟线下做生意花钱买店铺获客，然后卖货盈利没有本质的差别，线上获客本质基于流量思路，用户访问在哪里，哪里获客就最高效。中国互联网主要流量入口的三大巨头为 B（百度系）、A（阿里系）、T（腾讯系）。

视野拓展 11.1

新一轮抢客大战：银行和第三方支付巨头纷纷涌入 ETC

ETC 的全称是"不停车电子收费系统"。只要安装了 ETC 设备（OBU）的车辆，在经过高速 ETC 通道时就不必人工持卡，通过车上安装的设备（OBU），利用计算机联网技术与银行进行后台结算处理，即可大大缩短收费时间。

2019 年 5 月 28 日，国家发展改革委、交通运输部印发了《加快推进高速公路电子不停车快捷收费应用服务实施方案》，要求 2019 年年末全国 ETC 用户数量突破 1.8 亿。

据了解，在正常通行的情况下，安装 ETC 的客车平均通过省界的时间由原来的 15 秒减少为 2 秒，下降了大概 86.7%；货车通过省界的时间由原来的 29 秒减少为 3 秒，下降了 89.7%。从政府层面来看，推广 ETC 有利于提高全国高速公路的通行效率，能极大地降低全社会的物流成本，同时促进节能减排。

对银行来说，有车一族是优质的潜在客户，还可以借机推广银行的借记卡、信用卡等产品和业务。因此，在推广 ETC 的政策出来后，各银行都加大力度积极争抢 ETC 客源。

进入 2019 年 6 月后，几乎每个银行网点都在大堂显眼位置摆放了办理 ETC 的宣传标识："免费安装、通行费 9.5 折""充 100、送 100""加油立减 50"……一些银行还支持网上申请，用户在手机客户端即可办理。

ETC 争夺战不仅在大城市上演，在偏远的山区同样也在上演。某山区网点所有的工作重点就是寻找有车一族，并帮他们安装 ETC 设备。

2019 年 7 月 1 日，支付宝宣布与中国邮政储蓄银行联合推出免费办理 ETC 业务，线上申请办理，通过邮寄的方式将 ETC 设备寄到车主家中，每次 ETC 过高速出行都有绿色能量；同时，未来每次账单查询、电子发票、账户更改都可以通过支付宝一站式完成，但每次使用过程中支付宝都要收取 1% 左右的服务费。

微信方面也宣布，在 ETC 助手、高速 ETC 办理等小程序上就能直接申办 ETC。微信 ETC 有两种办理方式：一是办理记账卡，记账卡需要提前充值，充值金额在 300～5 000 元；二是直接绑定借记卡或者微信零钱，这种形式的 ETC 需要额外购买设备，虽然设备没有折扣，但是可以参

与抽奖。

ETC 属于日常刚性支付场景，而且用户开通后若需更换，需解绑卡方能注销，所以用户黏性较高，各大银行及第三方巨头之所以重视推广 ETC，看重的是 ETC 背后可以拓展的很多应用场景，如小区车辆门禁、停车场收费、自助加油收费、自助洗车扣费、充当电子车牌等。可见，争夺的不是高速收费业务带来的利润，而是下一个支付流量入口。

微课堂　流量

（一）衡量流量的数据指标

要获取足够的客户名单，就必须获得足够的流量，没有流量就没有人，没有人就没有成交。衡量流量的基本数据指标如下：

敲黑板

> 一间屋子（网站）一天内有某个人不断地进出，可以理解为他每一次进出都是一次 PV（访问量）（访问次数）。而一间屋子（网站）一天内有 5 个不同的人进出，可以理解为这一天的 UV（访客数）（独立访客）就为 5。

1. 访客数

访客数（unique visitor，UV）是指一定时间内访问网页的人数。在同一天内，不管用户访问了多少网页，他都只算一个访客。UV 越高，说明有很多不同的访客访问网站，网站流量增加必然多。

2. 浏览量

浏览量（page view，PV）是指页面的浏览次数，用以衡量用户访问的网页数量。用户每打开一个页面，便记录 1 次 PV，多次打开同一页面，则浏览量累计；例如我们在论坛帖子或文章头部经常看到的"阅读次数"或者"浏览次数"。

3. 访问次数

访问次数（visit view，VV）是指从访客来到网站到最终关闭网站的所有页面离开，计为 1 次访问。若访客连续 30 分钟没有新开和刷新页面，或者访客关闭了浏览器，则被计算为本次访问结束。访问次数记录所有访客 1 天内访问了多少次网站，相同的访客有可能多次访问某个网站，说明这个访客对这个网站很有兴趣。

（二）流量池

流量就是市场、客户和商机。懂得流量思维可以快而有效地利用各种工具，帮助我们整合资源。因此，如何去找一个新的流量池？如何有效转化流量？如何通过运营手段，让流量的转化更加可持续？如何构建私域流量池？……成了新时代营销的热议话题。

1. 流量池的含义

流量蓄积的容器就是流量池，流量池是为了防止有效流量流走而设置的数据库。比如，流量很大的网站（淘宝、百度、微博），或某个导流（抖音）的网站或 APP，只要有预算，就可以持续不断地从平台获客。

假设池塘 1 养了很多的鱼虾蟹，你想把池塘 1 的鱼虾蟹引到另一个池塘 2 里，就需要在池塘 1 旁边再挖一个池塘 2，灌溉好水后，在两个池塘中间挖一个引流池，这样水和鱼虾蟹就引流到池塘 2 了。池塘 2 就是想导流的网站或 APP，鱼虾蟹就是不同类型的用户，水就是内容。

2. 流量池的作用

无论哪种互联网商业模式，都是以流量作为基础的。基于流量的需求，引入各类在线供给，形成交易，获取收益，这是普遍的逻辑。

例如，做 B2C 商业模式，一定要确定自己的流量池究竟是 B 还是 C。如果流量池是 B，就应该基于 B 类流量的需求，引入匹配的 C 类用户；反之，如果流量池是 C，就应该基于 C 类流量的需求，引入匹配的 B 类商户。

简单地说，假设 C 端是线上用户，B 端是线下用户，怎么把 C 端用户引入 B 端用户，这就是流量池的作用。

教学互动 11. 1

问：举例说明什么是流量池？

答：比如你微信有 4 000 个好友，每天你都会在微信里面发送一些案例分析、走访记录，等等，每天观看量大概有 3 000 个，点赞 120 个，评论 50 个，转发 1 000 次。这些就是你自己的流量数据，这些流量数据叫作私域流量数据，而你的好友群叫作私域流量池。

二、公域流量与私域流量

公域流量和私域流量并不是绝对概念，而是相对概念。比如一家商场开在步行街上，商场里的流量相对于步行街就是私域流量，因为店铺在步行街内。而步行街的流量相对于商场就是公域流量，因为其他店铺也可以享用。再比如，从淘宝打开一个网店，网店里的流量相对于淘宝就是私域流量，而淘宝的流量相对于网店又成了公域流量。同样，公众号的流量相对于微信就是私域流量，微信的流量相对于公众号就是公域流量。

敲黑板

常见的公域流量平台有五大板块：电商平台（淘宝、京东、拼多多等）、社区平台（百度贴吧、微博、知乎等）、新闻资讯平台（腾讯新闻、搜狐网、今日头条等）、视频平台（腾讯视频、爱奇艺、抖音、快手、视频号等）、搜索平台（百度搜索、谷歌搜索、搜狗、360 搜索等）。

（一）公域流量

公域流量是被集体所共有的流量。公域流量依托于一个公共平台，从这个平台获取用户。公域流量的用户属于平台。

公域流量具有以下特点：

1. 容易获取

所在的平台都有主动分配流量的权力，哪怕你一个粉丝都没有，你的内容也会有成千上万的人看到。

2. 不可控

公域流量通过广告投放获客，但由于行业竞争激烈，投放效果差，转化率低。

3. 黏性差

在公域流量中，获取的用户不属于商家，属于平台。公域流量虽然有可持续不断地获取新用户的渠道，但它不属于单一个体，所以也称一次性流量。

（二）私域流量

私域流量的用户属于企业或商家个体。私域流量是指品牌或个人拥有、无须付费、可多次利用并且能随时触达用户的流量。私域流量的常见形式有企业微信、企微社群、公司官网、小程序或自主的 APP 等。

一个大的池塘里面刚开始鱼多，捕鱼的人少，即便捕鱼的技术一般，也能有所收获。随着捕鱼的人越来越多，池塘老板开始收费了，捕到鱼的成本越来越高，鱼的质量却越来越低，于是很多人就开始自建鱼塘养鱼，这样捕鱼的成本低了，也更容易捕到鱼了，还能租出去让别人钓鱼，自建鱼塘就是私域流量。私域流量不用付费，但是可以在任何时间、任何频次，直接触达用户的，例如，微信朋友圈、微信群、公众号、QQ 群，还有企业或个人 APP 等。

私域流量具有以下特点：

1. 人性化

经营者和客户可以进行一对一的服务，同时也可以做出针对私人的定制产品和服务。

2. 可信任

通过运营私域流量，与用户建立起情感互动，粉丝信任度更高，相对于在公域流量卖东西，更有人情味，同时产生的复购和转介绍也会更多，客户关系更牢固。

3. 可复制

通过聊天或者是朋友圈的分享可产生信任，并且商家可以通过多个微信号同时操作一种销售技巧和方式。

4. 可扩展

私域流量的运营能让商家与消费者建立起更亲密的连接，商家就可以基于产品做延展，并且随时根据经营需求改变自己的经营范围。不管是二次营销还是多元化营销，只要你输出的内容不让用户反感，就有助于销售。

> **敲黑板**
>
> 过去十年，用户红利从 PC 端转移到移动端、从线下到线上、从中心城市到三四线城市、从新闻视频到网红主播，流量费用高企，转化越来越难，流量红利几乎殆尽。此时，企业营销进入从增量到存量竞争的时代。在存量竞争的当下，挖掘老用户/人际圈的潜在价值已经成为很多公司的共识，这也是私域流量大行其道的原因。

教学互动 11.2

问：举例说明什么是私域流量？

答：你在自己家玩电脑，有权决定玩还是不玩，你和电脑之间就是私域流量。

案例透析 11.1

老孙做线上老板培训教育，为了更好地服务客户，他专门打造了 VIP 客户服务系统，该系统可以根据老板的需求制作单独的课程。老孙增设了两个窗口：一个是企业咨询窗口"老孙下午茶"；另一个是专门为会员客户做一些策划工作的"老孙策划室"。

启发思考：从以上案例中分析老孙获得了哪些好处？

（三）公域流量与私域流量的区别

公域流量与私域流量的区别如图 11.1 所示。公域流量主要是通过覆盖、点击、咨询、购买、复购等方式获取客户信息；而私域流量则通过购买、留存互动、分享扩散、转介绍来获取客户信息。

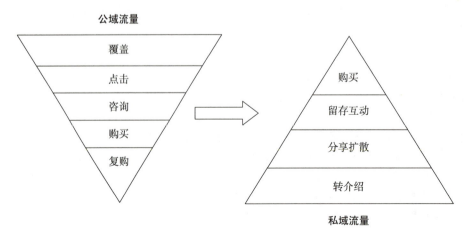

图 11.1 公域流量与私域流量的区别

具体来讲，公域流量与私域流量的区别如下：

1. 获客成本不同

公域流量平台流量大，竞争激烈，例如在淘宝平台。同一类型产品可能有几十上百个同行竞争。

想要在公域流量平台实现持续曝光和获客，需要源源不断地投入。一方面，广告费越来越贵，做一场活动，投了不少广告，但最后带来的转化远远少于前期的宣传成本；另一方面，通过公域流量平台进来的流量只是一次性的，活动一结束，就不会有人再记得这个产品或者这个店。若想再做活动时，只能重新推广与投放广告。

私域流量只属于自己，无论是朋友圈、私聊、小程序、公众号触达，都不需要成本投入。比如自建一个福利群，可每天推广自己的产品，也不会有其他同行在群内竞争。

若构建自己的私域流量，流量一旦进来，当产品再有活动时，可直接推广触达，极大地提升活动的曝光效果。后面再做活动时就可以节省一部分推广的成本，从而实现用户多次复购的可能，让流量变得可控。

2. 转化方式不同

在公域流量平台中，因为产品类目多，选择多，一次成交后很难再次利用，客户流失率高。

而在私域流量平台，企业或商家可以利用系统工具来进行精细化运营，且活动推广触达率精准，易提升用户对品牌的黏性，提高用户留存度。

> **敲黑板**
>
> 从几大头部互联网企业的主要业务内容来看，腾讯主打社交，蚂蚁金服主打支付，拼多多主打电商，字节跳动主打内容生产，这些都与现代生活的高频需求息息相关，让流量经营有了可靠的获客来源。

3. 运营方向不同

在公域流量平台，大家关注的是如何获取更多红利流量。公域流量适合曝光、引流；公域流量平台自带万千粉丝，品牌只需要借助新鲜有价值的内容，就可以快速吸引到一定数量的粉丝，达到一定程度曝光；而私域流量平台不再是研究增量与扩大用户基数规模，更关注用户增长，将流量思维转变为用户思维，将已拥有的用户作为核心资产去经营，思考怎么把单个用户的终身价值做大，延长用户在品牌生命周期里能带来的更多价值。所以适合转化与成交，渠道具有更强的私密性和信任感，与用户间像朋友一样交流，降低戒备心理，更容易成交和复购。

三、流量的导入

流量的导入可以从品牌、裂变入手。

（一）流量品牌

流量品牌是指用户通过某种渠道了解了这个品牌，然后添加过来的流量。这里所说的品牌，指产品品牌和个人品牌。流量品牌往往对个人或产品有着很强的信任度。

1. 品牌是稳定的流量

流量其实就是流动的用户，这些用户来过即走，不做过多的停留，没有过多的期待。但如果一个企业是有品牌的，那么意味着用户来过还想再来，对产品抱有更多的幻想和期待。

2. 流量是即时的品牌

在互联网的强大传播支撑下，人气流量就像是黏合剂，将用户碎片化的注意力整合起来，能吸引到一定的关注度并强有力地实现消费转化。

3. 流量与品牌方的关系

品牌对于用户来说，有各自不同的选择，因此诞生了不同品牌代理服务运营模式。一次性品牌需要的是快速显著的流量变现服务，而长期品牌则需要长久陪伴式地营销来传达品牌的故事。

教学互动11.3

问：如何让用户成为回头客？

答：

（1）首先把用户从公域的海洋里吸引到相对较小、相对封闭的品牌私人领地里。这个领地以微信生态为主（微信公众平台、微信商户平台、微信开放平台、微信广告）；以企业微信社群和私聊为用户运营阵地；一旦粉丝被吸引到这个地方，企业就可以用各种各样的营销方式、服务方式、互动方式和粉丝建立更加亲密的关系。

在这个过程中，用户会越来越信任品牌，甚至都不需要任何信任成本，到最后，品牌推什么，粉丝都会高兴下单。

（2）通过在私域流量平台搭建会员制度，让粉丝在社群有持续活跃、持续下单等和品牌保持联系的动作，培养更多的忠实客户。

这样这些粉丝就真实地属于品牌了，企业也就可以在这里多次、免费、长久地触达他们。还可以和用户的关系越来越密切，吸引用户多次复购。当用户想找企业的时候，第一时间就可以在这里找到，然后快速下单，而不是又跑到公域流量平台，去进行一番筛选比较。

（二）裂变

流量裂变是建立在有一定基础数量之后的二次引流上。目前多数裂变都在微信平台进行，已经出现较为完善的裂变产业链，工具主要有公众号、微信群、个人号和小程序。线下裂变的主要形式是产品裂变，产品裂变既可以与线上结合，也可以做单纯的线下促销，比如集瓶盖、集瓶身、集纸卡等，而比较有名的案例则是OFO的小黄人共享单车。

1. 裂变的分类

（1）按动力分类。

让用户参与裂变是需要动力的，而最根本的动力则来自用户的需求，根据这一点，可以把裂变分为口碑裂变、社交裂变、利益裂变。比如教育行业的口碑获客、连咖啡的口袋咖啡馆、饿了么等的裂变红包。

（2）按模式分类。

裂变的不同模式在于分享者和被分享者之间的利益分配，据此可以分为转介裂变、邀请裂变、拼团裂变、分销裂变、众筹裂变。

（3）按平台分类。

任何平台都可以做裂变，按照此分类的裂变主要有APP裂变、微信裂变、产品裂变。

视野拓展11.2

裂变的模式

转介裂变即分享后得福利，此裂变方式适用于单次体验成本较高的产品，尤其是虚拟产品，比如知识付费产品、线上教育课程等。最常见的方式就是分享免费听课，通过分享来抵消实际价格，同时触达更多潜在用户。

邀请裂变即邀请者和被邀请者同时得福利，老拉新是裂变的本质，而要老用户愿意拉新人，见效最快的就是给老用户拉新奖励，同时也给新用户奖励，这已经是标配玩法，尤其适合APP和微信公众号。

拼团裂变即邀请者与被分享者组团享福利，这已经是比较基本的玩法，用户发起拼团，利用社交网络让好友和自己以低价购买产品，从而起到裂变效果，基本逻辑是通过分享获得让利。

分销裂变即发展下线赚取佣金，这是目前很火爆的玩法，本质是直销的二级复利，用户只要推荐了好友或者好友的好友购买，推荐者即可获得一定比例的收益，即佣金，而某些平台的推广员模式、裂变海报模式皆属分销裂变。

分销裂变和邀请裂变不太一样，前者是付费用户邀请付费用户且均获利，后者则不一定是付费用户进行邀请，且只有邀请者才获利。

众筹裂变即邀请好友帮助得利。众筹也是比较流行的玩法，主要是利用好友间的情绪认同，加上福利的外在形式来实现，这个福利主要是优惠、产品等。

2. 搭建裂变道路

私域流量越来越火爆，几乎成了所有公司筑起流量护城河的必要手段。每家企业都在找机会切入，有的靠裂变活动，有的靠干货内容，有的靠实物地图，但私域流量的搭建，始终都离不开裂变。如何搭建一条高效裂变的道路，需要做到以下几点：

（1）获取种子用户。想获取种子用户，就要找到有种子用户存在的地方，也就是我们所说的公域流量。公域流量就像河流，私域流量就像池塘，搭建私域流量，就需要从河流中引流入塘，将公域流量的粉丝，吸引到私域流量池中，为进一步实现锁粉和变现打基础。通常从以下公域流量平台能够找到种子用户，如表 11.1 所示。

表 11.1　公域流量平台

平台	旗下
腾讯	QQ 群、微信群和企鹅号
头条系	今日头条、抖音
新浪	大 V 评论区留言、找大咖互推、与粉丝互动

教学互动 11.4

问：如何在 QQ 群和微信群引流？

答：在 QQ 群里可以打造专家人设，回答群友问题，通过主动讨论等方式在群内活跃，来引起群内好友的关注，最终引流到自己的私域流量池。

在微信群可以分享资料、电子书、PDF 文档，作为诱饵，吸引更多的粉丝链接。

（2）选择诱饵。在裂变环节中，最关键的就是诱饵的选择，诱饵不能照搬，而要在了解目标用户需求和深刻洞察人性的基础上进行，以下是常用的几种类型：

①实用性诱饵。实用性诱饵就是实用性强的福利，比如书籍、风扇和手机壳，等等。

②高价值诱饵。人们对于高价值诱饵还是没有抵抗力的。设置高价值诱饵的关键，在于让用户感知到它的价值，因为诱饵价值大，用户获取的成本也高，如果你没有一个良好的品牌背书和信任背书，用户不太容易相信，因此适合经常使用。

③虚拟诱饵。因为虚拟诱饵成本低、边际成本低和参与成本低，所以很多企业都会用虚拟诱饵进行裂变。

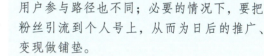

敲黑板

在设计虚拟诱饵时要注意以下几点：

做活动前，必须考虑清楚自己的目标（是希望公众号涨粉还是个人号涨粉，是要建立私域流量池还是要建社群），目的不同，用户参与路径也不同；必要的情况下，要把粉丝引流到个人号上，从而为日后的推广、变现做铺垫。

每次做完活动后要对策划的活动做评估，分析后续用户粉丝的利用价值，不能让粉丝进入流量池后又不产生价值，所以要经常做活动促活粉丝。

3. 设计裂变规则

微信生态内的裂变规则通常有三种。

（1）用户通过扫描海报二维码关注公众号。用户扫描后公众号弹出用户的识别海报，用户邀请好友助力（关注公众号），助力成功后，任务完成，用户获取奖励。

（2）用户扫描海报二维码关注裂变社群。社群内有社群公告，告知用户领取奖励的方式，一般要求用户将海报发送至朋友圈，3 人助力成功后，任务完成，用户获取奖励。

（3）前两种的组合。也就是用前两种方式的任意一种方式，完成任务后，还需要添加企业微信好友，才可以领取奖励，实现企业个人号的引流。

案例透析 11.2

互金平台再现拉新大战——华融道理财力推组团赚

2017 年 8 月，随着淘宝的"双 11"、京东的"618"被热炒成网上购物狂欢节，各大互金平台也纷纷大搞网络理财节，凡是"518""618"之类的传统带有好口彩的日期，各大互金平台都会精心设计各种活动进行促销，大力吸引新客户注册投资，而如"88""818"这样的好日子，当然更不能错过。

对于互金行业，新用户就像源泉，只有源源不断地流入新泉水，平台的运营才能更稳健、更鲜活。所以，互金平台对拉新的投入不遗余力，理财通推出集财神抢红包活动、久金所投资抽 iPhone，各平台的新手红包、体验金等更是常规福利，力求用更实惠的利益、更多样化的玩法吸引用户，惠及更多的投资理财者。而这其中，华融道理财则力推组团赚，玩起了社交营销。

组团赚的核心思路在于邀请好友，即已注册用户组团邀请好友注册，邀请 1 位新团员注册成功，即可获得 0.3% 加息券，邀请 2 位得 0.7% 加息券，邀请 3 位得 1.2% 加息券，满 4 位则满团，可获得 1.8% 加息券。此外，邀请人还可享受与每位团员前三笔投资收益 10% 等额的现金返利。如果说加息的奖励只是让用户在投资时能享受到更高的收益，而返利的奖励则让用户不投资也能享受收益。而根据华融道理财 APP 显示，每个月都有用户纯靠邀请好友赚到高达万元的收益。

而作为被邀请者的团员，也能获得比普通用户更多的福利。首先新手红包会多出近一倍，达到 368 元；其次可获得额外的首投奖励（话费和京东卡）。

启发思考：华融道理财在互金平台拉新的推广方式优势是什么？

第二节 客户转化

品牌解决了用户是谁的问题，裂变解决了用户怎么来的问题，转化则是要解决用户付费的问题。转化的形式有很多，如投放、合作、直播、优惠、续费。

一、金融业获取流量的渠道

保持一个老客户的营销费用仅仅是吸引一个新客户营销费用的 1/5；向现有客户销售的概率是 50%，而向一个新客户销售产品的概率为 15%；

客户忠诚度下降 5%，企业利润则下降 25%；如果每年客户关系率增加 5%，那么企业利润可能增长 85%；企业 60% 的新客户来自现有客户的推荐。

影响客户转化的因素非常多，通常靠渠道来源、用户营销、网站或 APP 体验来提高用户留存度，从而增加用户黏性。

金融业数字营销场景化获客需要建立在流量的基础之上。获取流量的模式有线上推广、线下推广和异业合作（商务合作）。

视野拓展 11.3

短视频＋直播助流量变现

武汉知名连锁餐饮企业肥肥虾庄在当地拥有 20 多家门店。近年来先后在深圳、西安等地开店，希望能让更多人品尝到他的小龙虾。但店多了，如何能让更多人看到，从而到线下门店去尝试？创始人想到了经常关注的抖音，但对于传统的餐饮线下门店来说，因为没有专业团队做运营，所以迟迟没有开展。

2021 年，通过与巨量引擎武汉本地直营中心开展合作，肥肥虾庄在传播曝光、触达精细化用户群体、提升转化效果方面业绩明显，直播单场销售额突破 20 万元，并通过达人探店等短视频内容登顶抖音武汉美食人气榜第 1 名，而这一切仅用了 1 个月的时间。

2021 年 3 月 5 日，肥肥虾庄正式入驻抖音，3 月 11 日开始做短视频。在围绕门店特色菜品进行展示、产出自身内容的同时，邀请本地达人探店，借助美食达人的影响力，向本地用户、粉丝传播肥肥虾庄的菜品品质、口味、环境等，扩大传播声量，并通过直播进一步提升客流转化率。

一家新店，初入抖音，如何提升热度？除了围绕门店特色菜品进行展示外，巨量引擎湖北本地直营中心为肥肥虾庄进行了一对一的商家培训，从短视频的内容如何建立，到优化传播方案，再到精细化分析短视频完播率、点赞量、评论量等数据，以及如何持续优化，每个点都讲得很透彻，并为其对接了非常多的美食达人探店，帮助店铺提升抖音热度。

如果说短视频是帮助餐饮商家在抖音进行用户种草的话，直播则可以更直接地进行销售转化。肥肥虾庄的会员系统拥有 30 万用户，抖音企业号提供了新思路，活动预热海报内容发布给会员后，当天抖音号涨粉 2 000。

在增强直播效果方面，肥肥虾庄完善了抖音号"基础设施"店铺装修，包括抖音门店详情页描述，商家页面上线优惠套餐，完成抖音号门店认领，让用户方便找到门店位置、套餐内容的介绍视频、套餐使用方法指导视频等。在套餐设置方面，可以设置双人餐、3~4 人餐组合，并给予一定优惠，以满足不同顾客的需求。同时，也可以拿出一个单价较低的爆款菜品进行引流。任何时间段进入直播间的观众，都可以一目了然地看到各种套餐并选择自己所需要的点击购买，再配合主播的精彩讲解，很容易促成订单转化。

通过提升热度、启动私域流量以及直播"基础设施"建设三大步，肥肥虾庄抖音平台稳定月销售已超百万元，目前仍在以 30% 的速度增长。

肥肥虾庄通过打造自己的私域流量，与平台之间形成良性的共生共赢关系，进而提升品牌的知名度、美誉度，以及客流转化率，并最终达成业绩的增长。

（一）线上推广

一般来讲，线上更注重知名度，注重新客户的获取、订单的获取。

1. 搜索引擎营销

搜索引擎营销（search engine marketing，SEM），顾名思义，就是利用搜索引擎来进行网络营销和推广。凡是使用搜索引擎，查询的全部结果都可以归类于 SEM 的范围之中。

搜索引擎可以帮助用户快速搜索到他们想要找的东西，搜索引擎又可以帮助企业找到目标客户。

SEM 有两个主要支柱：搜索引擎优化和付费搜索广告，如表 11.2 所示。

敲黑板

客户资源是产品走出去的第一步，搜索推广可以帮助我们在庞大的市场里快速找到客户。国内三大搜索引擎是百度搜索、360 搜索、搜狗搜索。

表 11.2　搜索引擎营销的两个支柱

搜索引擎优化（SEO）	通过分析搜索引擎的排名规律对网站进行有针对性的优化，提高网站在搜索引擎中的自然排名，吸引更多的用户访问网站
付费搜索广告（PPC）	这是网络广告的一种形式，广告的费用是按照点击次数来计算的，通过付费，竞价结果出现在搜索结果靠前的位置，容易引起用户的关注和点击

视野拓展 11.4

搜索引擎优化

在深圳卖品牌白酒，可以在百度、搜狗直接投放关键词：深圳五粮液、深圳五粮液货到付款、深圳五粮液团购、深圳茅台送货上门等关键词，让有直接购买需求的人直接找到。搜索引擎又是一个很重要的目标客户群入口。当对方进入网站后，通过一个有效的鱼饵。如设计一份报告（电子书）《买酒送礼的学问——买酒送礼必看内容》，放在网站上一个醒目的地方，提示客户联系客服可直接免费获取。这样，就轻而易举地获取了客户的资料，同时还可以了解客户购买的动机和真实的需求，为下一步成交奠定基础。

在网民流量被百度及一些大型门户网站垄断的时期，想要获得流量，就要依附这些平台的导流，所以，那时候 SEO 变得非常火，因为通过代码的调整就可以利用搜索引擎的规则提高网站在有关搜索引擎内的自然排名，从而带来流量，这里做得比较出色的就有今天还在的 58 同城等对搜索引擎极度友好的网站。

2. 应用商店优化

应用商店优化（app store optimization，ASO）就是提升某个 APP 在各类 APP 应用商店或市场排行榜和搜索结果排名的过程。类似移动 APP 的搜索引擎优化。如精准选取关键词、提升关键词覆盖数量、优化视频预览等，可帮助开发者提升 APP 在应用商店的曝光率，让用户更容易地通过关键词搜索到 APP，从而带来流量与下载转化率，获取更多用户。

（二）线下推广

线下推广（地推）是比较传统的推广方式，阿里、携程等互联网公司，早期的推广都是通过地推来进行的。面对平台用户，只有通过最直接的交流、最真诚的互动，才能为他们答疑解惑、推广产品、宣传品牌，更有效地留住用户。

比如，针对货运司机的货运 APP，这类人不活跃于互联网上，不易线上推广，而通过线下地推的话，就可以很精准地找到货车司机做推广。

例如，电商、教育等行业的企业均会利用线上投放或地推等方式，进行表单收集、产品注册，获得大量客户手机号码。为了让用户和品牌之间长期保持良性互动，最终转化为客户，员工需要将这些客户添加为微信好友，然而人工操作费时费力，效率低。而利用 AI 融合自运营平台，可一键录入/导入手机号，实现自动添加好友，让初次见面的陌生人快速批量地转变为随时可沟通的潜在客户。

敲黑板

"出圈"作为一个网络流行词汇，意为某个明星、某个事件走红的热度不仅在自己固定粉丝圈中传播，更是被更多圈子外的路人所知晓。

（三）异业合作

金融业服务不再局限于被动等待客户上门，而是跳出金融场景的桎梏，主动走进日常生活场景，为客户提供便捷、高效的金融服务。

在线上获客的流量逻辑之下，聚焦互联网平台流量，通过业务嵌入、平台合作的形态将流量转化为金融业客户流量的方式成为服务出圈的主流。

1. 市场合作

此类合作以共同服务市场为核心，集中品牌公关和市场营销两个方面，品牌公关主要是基于框架合作的形式实现双方在品牌价值上的提升，市场营销主要是在各自平台开展服务的相互引流。

不难看出，此类跨界合作进一步整合银行、流量平台和商户资源，全方位洞察各类客群需求，实现流量渗透，从线下商超到文化 IP，从吃穿住行到购物娱乐，全方位地实现数字化营销。例如：作为"零售之王"的招商银行，相继与京东合作推出了小白信用联名卡，与腾讯推出了QQ 会员招行联名卡；中信与淘宝合作推出了中信银行淘宝联名卡等。

 案例透析 11.3

银行与互联网巨头的联手

2017 年一年来，以前形同陌路的传统银行巨头与互联网巨头握手言和。互联网公司纷纷选择与银行联姻。

2017 年 3 月 28 日，中国建设银行与阿里巴巴、蚂蚁金服宣布战略合作，启动了区块链技术的研究，双方共同推进建行信用卡线上开卡业务，以及线下线上渠道业务合作、电子支付业务合作，打通信用体系。

2017 年 6 月 16 日，京东金融与工商银行正式联手，双方在金融科技、零售银行、消费金融、企业信贷、校园生态、资产管理、个人联名账户乃至电商物流等方面展开全面合作。同时还打通线上线下。很快，人们在工行的网点看到京东的身影，以及京东与工行一起发行的银行卡和金融产品。

2017 年 6 月 20 日，百度与中国农业银行达成战略合作，合作领域主要是金融科技、金融产品和渠道用户，双方还组建联合实验室、推出农行金融大脑，在智能获客、大数据风控、生物特征识别、智能客服、区块链等方面做进一步探索。

2017 年 9 月 22 日，中国银行宣布"中国银行—腾讯金融科技联合实验室"挂牌成立。中国银行与腾讯集团的实验室重点基于云计算、大数据、区块链和人工智能等方面开展深度合作，共建普惠金融、云上金融、智能金融和科技金融。

从互联网金融颠覆银行的雄心，到银行纷纷建立自己的网络银行来回击，几个回合之后，最后大家还是张开双手强势拥抱。

启发思考：为什么金融科技与金融业务合作？如何合作？

2. 业务合作

此类合作以技术、数据、产品等更深层次的合作，共同开拓新的互联网业务或金融业务服务模式与服务内容，共同获取新市场。

例如，在开展线上信贷业务方面，金融科技公司先将其掌握到的具有贷款需求的客户，通过初步风险把控推荐给银行，然后再提供给银行一系列金融科技管理工具，支持银行进行资产的安全监管，最终实现场景与金融服务的无缝衔接。

3. 流量合作

在互联网平台逐步开放的今天，金融业利用互联网平台的开放性，将金融业务以 API（应用程序编程接口）的形式嵌入社交平台、合作伙伴的场景当中，为客户提供无处不在的金融服务。

例如，金易联与工商银行合作的"工行在线"项目，可在微信生态下的各个流量入口接入，客户可随时随地在社交平台获得服务：工行在线植入微信推

微课堂　数字营销

送文章，微信小程序搜索工行在线。同时金易联还为机构提供跨社交平台导流的技术能力，连接微信、百度、头条等多个社交平台，利用社交流量，为传统金融机构带来全渠道的拓客机遇。

值得注意的是，现阶段流量较大的互联网平台已经被较多的银行围着竞争，用户的质量难以辨别，由于获客都需要投入大量的营销资源，跟大型平台的合作需要让出较多的资源，在合作场景化获客时更需要从行业端、重点平台客户切入。

二、流量转化模型

不同企业有着不同的服务，不同的服务对应不同的人群，不同的人群对应不同的需求，不同的需求采用不同的转化和设计方案。

企业在流量运营的探索上从未止步，流量运营方式的演进主要以三种模型体现。

（一）漏斗模型（倒三角形）

通常情况下，用户在早期流失现象非常严重，所以需要让用户快速容易地体验到产品的价值。一旦用户发现产品对自己有价值，继续使用和探索产品新功能的概率就会增大很多。

流量转化分析常用的工具是转化漏斗（funnel）。它的意思是 100 个人路过你的网站，你能够把几个人变成忠实顾客。传统商业（尤其是电子商务）往往采用流量漏斗模型，在这个模型下，工作重心会放在引流和转化上。京东、淘宝用的就是用户转化漏斗：在外面做广告吸引用户点击→把用户带进去→让用户多看商品→用户购买→运营部门再想方设法让用户再购买……

例如，从数据中得到 100 个展现量①有 3 个访问，100 个访问中有 8 次点击，100 次点击中有 3 次咨询，那么就大致可以预估出每日至少所需的展现量。

在分析用户行为数据的过程中，我们不仅要看最终的转化率，而且要关心转化的每一步的转化率。从图 11.2 中我们可以看到：①新用户在注册流中不断流失，最终形成一个类似漏斗的形状；②复购之前的转化率都较高，但在投资的流程中，1~5 次的节点转化率急剧降低至 10%，这里就是需要改进的地方。所以需要提高用户复购转化率，其实就是提高用户的黏性和忠诚度。

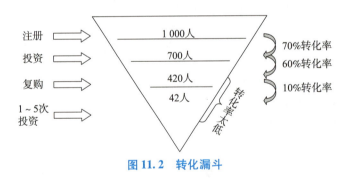

图 11.2　转化漏斗

例如，2009 年，twitter（推特）的用户流失率达到了 75%，时任增长团队的产品负责人 Josh Elman（乔什·埃尔曼）做了一件有趣的逆向思维的事情，他并没有去研究那 75% 的用户是为什么走的，而是深入地研究了剩下的 25% 的用户为什么留下来。结果他发现这 25% 的用户关注的用户数都在 30 以上，所以他们重新设计了产品，在用户注册后再推荐关注等，以此来提高新用户的关注数量，并最终提升了留存率。

在漏斗模型这个阶段，CRM（客户关系管理）非常流行，企业对客户只进行管理而不培育。流量越来越集中，也就自然会越来越贵。漏斗模型的缺点是对外界流量成本涨跌很敏感。其特点如表 11.3 所示。

---

　① 用户通过自己搜索的词与你设置的词进行匹配，无论是否点击，只要展现一次就算一次展现量。

表 11.3 漏斗模型的特点

关键	引流、转化
指标	获客成本、投资回报率
优点	可控性
缺点	流量采购成本取决于市场
适用	流量红利期、高毛利品类

（二）沙漏模型（X 型）

一方面，随着移动互联网的发展，用户把大部分时间消耗在社交媒体（如微信）上，另一方面，流量价格逐步上涨，于是，很多人就转换了思路——无须买广告，直接让用户在微信上传播裂变岂不更好，这时沙漏模型就流行起来。

沙漏模型的首要工作目标从引流转化变成了裂变。如拼多多、荔枝微课的"邀请 3 个好友就免费听课"就是沙漏模型，如图 11.3 所示。

这时，在微信环境下运营的工具——SCRM（的社会化客户关系管理）非常流行，沙漏模型的优点是性价比高；缺点是需要嗅觉敏锐、执行力强、创意新的团队才能做到高可控性。其特点如表 11.4 所示。

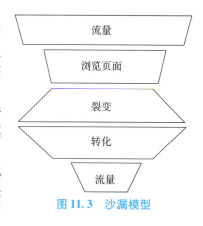

图 11.3 沙漏模型

表 11.4 沙漏模型的特点

关键	裂变
指标	裂变指数
优点	指数级增长的可能性
缺点	创新设计要求高、低可控性
适用	分享红利期、社交货币品类

（三）流量池模型

随着流量费用进一步提高，社交网络用户产生分享疲劳，越来越多的人开始使用第三个模型——流量池模型，如图 11.4 所示。

流量池模型不再是寻找如何去找一个新的流量池的答案，而是把用户放入自己的池子里，维护好关系，便于以后可以低成本随时触达。从而解决以下问题：

（1）如何有效转化流量？

（2）如何通过运营手段，让流量的转化更加可持续？

（3）如何构建私域流量池？

流量池模型的优点是掌握用户，不用每次都给平台或其他渠道交费；缺点是很难实现流量再生，其特点如表 11.5 所示。

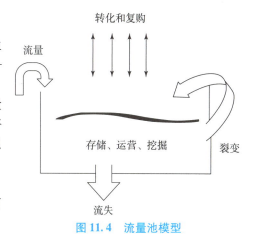

图 11.4 流量池模型

表 11.5   流量池模型的特点

关键	关系
指标	规模、复购率
优点	低流量采买成本、高转化和复购率
缺点	内容和运营能力要求高
适用	高用户终身价值、高信息差品类

视野拓展 11.5

互联网企业流量经营代表模式

以腾讯、蚂蚁金服、字节跳动、拼多多为代表的互联网企业核心产品基本按照 AARRR（用户增长模型，也称海盗模型）（在这个漏斗模型中，被导入的用户会在某个环节流失，剩下的部分用户会持续到下一环节，层层深入，直到完成最终的转化）的思路进行流量经营，但在部分环节上又因为企业定位和产品性质不同，存在一定的差异性。

（1）微信、QQ 的"流量输出"模式。

腾讯的流量经营是以社交工具的高频使用需求为基础，不断提升社交工具本身的服务能力和体验，以此实现流量的获取、促活和沉淀。在此基础上，持续拓展或投资各类业务场景，并通过微信、QQ 向业务场景导流以获取收益，如腾讯视频会员、王者荣耀的皮肤、社交电商平台京喜等都是创收项目。总之，腾讯的流量经营是输出型模式，由核心产品向周边业务导流，再由周边业务实现流量变现。

（2）支付宝的"流量聚合"模式。

与微信、QQ 等社交工具不同，支付宝本身并不具备引流能力，它依靠淘宝积累了原始的种子用户。2004 年支付宝从淘宝拆分独立后，通过功能拓展和技术创新实现了服务能力延伸和用户积累，创新二维码、推出余额宝等都为支付宝带来了巨大的用户流量。因此，蚂蚁金服的流量经营是聚合型模式，围绕支付这一核心应用，不断拓展周边服务能力来做大做强支付宝 APP，实现外部流量的引入，并直接依托支付宝平台的各种业务实现流量变现。

（3）抖音的"流量广告"模式。

在庞大的流量基础上，抖音主要通过商务广告、流量投放收费、直播打赏提成等方式赚取收益。就目前来看，抖音的流量经营更加侧重于对流量广告价值的转化，这种流量经营区别于微信、QQ 和支付宝的经营模式。抖音的变现模式是直接销售流量，依靠流量池为商户创造广告价值，或为网红带来音浪收入，在此基础上进行费用提取和分成，变现的模式更加直接和快捷。

（4）拼多多的"流量裂变"模式。

从流量经营的视角来看，拼多多充分借助了微信这个巨大的流量池，以团购的形式实现裂变拉新，得以迅速扩张用户规模。拼多多最大的特色在于它建立了获取与裂变之间的紧密关联，借助微信的熟人圈实现从微信渠道向自有渠道的引流。有了庞大的流量基础，拼多多主要通过竞价排名、佣金抽取、广告投放等方式实现流量变现。

案例透析 11.4

A 银行有每月来一次取退休工资的老人，有定期来存款的小生意人，有受邀来参加投资理财课的白领宝妈，有办理 ETC 的车主……A 银行目前的存款状况是对公存款稳步增长，对私存款也有显著提升。目前的营销手段主要靠赠送礼品、提高利率等老套的营销模式，耗费了大量的人力财力，但换来的用户黏性不高。由此带来的恶性循环是：存款到期时如果其他行有更好的礼品、更高的利率，就会产生客户的流失。

启发思考：请问银行如何解决现在的问题？

 案例透析 11.5

A 银行对公长尾客户数量庞大（其中有许多开设对公账户的中小企业老板，有许多处理对公账户业务的会计），且基本以客户性质进行分类，分散在不同的对公部门进行经营管理，但银行的客户管理部门更多关注创造高价值的头部客户，并由集约化团队经营，产品管理部门关注各自产品的覆盖度和签约率，鲜有银行设立或指定一个独立部门以对公长尾客户为维度、以客户综合需求为出发点搭建管理体系。无对应牵头部门、管理职责不清、考核导向不明等因素，导致营业网点对对公长尾客户的经营乏力，无法发挥其规模效益，使得长尾客户处于无人问津的状态。

启发思考：请为 A 银行制定对对公长尾客户的引流计划。

第三节　数字营销场景搭建

数字经济的飞速发展和人们生活方式的转变推动了金融服务业数字化转型的进程，以新建、扩建物理网点的方式辐射客户的局限性已经越来越大，传统的"摆摊设点"的营销方式的效率越来越低，而以场景化金融为主要手段的数字化营销方式，能有效弥补其不足，通过搭建场景，将金融嵌入衣、食、住、行的日常生活中，从而提升金融业的获客、活客能力，增加客户的黏性。

视野拓展 11.6

三只松鼠借助营销数字化工具扩张

三只松鼠将线上消费者往线下引导的关键在于打通线上消费者和终端门店的连接，实现线上线下一体化营销。

一直以来，三只松鼠总销量的八成来自京东和天猫的电商渠道，如此过度依赖电商带来的致命问题是，流量费用越来越高，品牌获客越来越艰难。财务数据显示，三只松鼠 2020 年上半年的推广费及平台服务费为 3.98 亿元，2019 年同期为 2.64 亿元，同比增长 50.8%，整体销售费用为 10 亿元，同比增长 7.89%。高额的平台服务费蚕食了三只松鼠的利润。

要想实现利润增长目标，关键在于加快品牌布局线下门店的步伐。而加快布局线下门店最有效的捷径之一，就是尽快完成营销数字化的转型，通过数字化工具一物一码 + 社交云店打通线上与线下的连接，借用品牌线上消费者的力量弥补线下渠道的不足，完成线下渠道的扩张，最终实现 BC 一体化（即零售店与用户一体化运营）。

（1）用一物一码完成流量获取。

一物一码让产品在用户购买后在线化，是品牌与用户、渠道互动和营销的入口，是精准用户数据资产的核心来源。

对三只松鼠来说，基于一物一码技术，品牌可以为每一包产品赋予独一无二的二维码。配合创建的扫码领奖等活动，消费者通过扫码领取奖品后，系统自动引导消费者关注品牌公众号或小程序。

三只松鼠通过一物一码，把产品转化成一个个与消费者形成关系的触点，把产品当成互联网 + 的流量入口；不仅可以把终端路线化成"蜂巢"，让企业更好地了解产品走向，还能对产品本身赋予营销功能，减少中间环节费用的投入。

在一物一码扫码领红包的营销活动中，在消费者扫描二维码领取现金红包奖励的同时，系统会获取消费者的实时数据，如扫码地区、扫码时间、购买途径、购买人性别及爱好等。

（2）用社交云店完成流量复用。

在消费者领取现金红包奖励后，系统还会向消费者推送基于社交云店的商品兑换券、现金抵用券等；三只松鼠可以为该二次推送的商品兑换券、现金抵用券设置一定的使用限制，基于获取到的消费者实时数据，三只松鼠可要求消费者到附近的指定门店才能生效，以达到将线上流量吸引到线下门店，帮助三只松鼠实现线下渠道扩张的目的。

随着线上流量往线下的导流，线下门店会形成人群络绎不绝的情景，这自然会吸引到有意向的零食创业者加盟品牌；随着加盟品牌的门店越来越多，又会进一步营造出线下渠道火爆的情景，进一步提高对消费者的吸引力。

仅需一物一码＋社交云店构成的小小助力，即可构成一个正向的循环，迅速壮大三只松鼠线下渠道的规模，解决品牌线下渠道布局羸弱的困境。

一、场景金融的特征

在现在互联网时代，能够与客户接触到的场景越来越多，触点变多了，但也同时变得零散了。所以，要想获得更多的新客户，就需要建立更多触点或场景。

建好触点或场景，就有可能把客户连接起来。场景化金融就是把复杂的流程和产品进行再造，将金融需求与各种场景进行融合，实现信息流的场景化、动态化，让风险定价变得更加精确，使现金流处于可视或可控状态。通俗地说，场景化金融就是将冷冰冰的金融有温度地融入2C（商家对客户）的日常吃穿住行和2B（商家对商家）的一些生产经营活动之中。

（一）场景金融依赖于大数据

场景金融的产生与发展是金融业适应大数据时代的合理化与创新化发展。

1. 庞大数据库的存在是场景化金融产生的前提

只有具备大量的、覆盖面足够广的数据，才能够发现用户的需求所在，获取高额利润。

2. 场景金融为营销策略工作提供数据和技术支持

事实上，人们已经进入场景时代，对于任何产品来说，发生在每个人身上的任何一个行为动作，都可能是一个使用场景或者体验场景。

正是场景金融的发展，才使大量的金融数据得以有效利用，避免了资源浪费的现象产生，提高了金融服务效率。

智能手机的广泛使用使得复杂的手机应用功能已经充分融入每个人的生活当中，各行各业都开始意识到场景的重要性，开始积极利用各种生活场景提供更具特色和有针对性的产品或服务来提升客户体验，进一步推动了移动互联网与金融服务的深度融合。例如，对于银行而言，购车的客户对于银行的需求局限于车贷方面，但是客户的期望可能是"拥有梦想的第一辆车"

这时银行可以基于客户的这个梦想，在购买车、驾驶车、装饰车、分享车、置换车等多个客户旅程中进行布局，并为客户提供新的服务方式，将一整套金融方案有效地嵌入"车生活"的客户场景中。

视野拓展 11.7

用户画像

在大数据弥漫的今天，我们仿佛看见眼前影影绰绰的人都是客户，但当伸手去抓时，却发现寥寥无几，让我们的客户变成镜花水月的主要原因，在于对客户的把握不够精准。

例如，你是希望男性或女性更青睐你的产品？产品是为年轻人还是中青年打造的？什么职业的客户更对你产品的路子……

当我们讨论产品、需求、场景、用户体验的时候，往往需要将焦点聚集在某类人上，用户角色便是一种抽象的方法策略，是目标用户的集合，而用户画像则是用户信息标签化的总集。

用户画像的核心工作就是为用户打标签，也是通过一系列的标签把用户呈现给业务人员，首先要知道目前我的客户是什么样的群体。接下来，使用最古老的手段——营销获客。

从粗放式到精细化，用户画像将用户群体切割成更细的粒度，辅以短信、活动、流量等手段，驱以关怀、挽回、激励等策略，古老的营销套路因为基于大数据的用户画像，变得精彩异常。

假设，一位老人在某搜索引擎上搜索"健康险"，B 保险公司出现在首位，老人点击进入浏览了该公司的各种保险品种，并在"老年健康险"的页面停留最久，填写注册了自己的手机号，但在输入身份证号的时候放弃了。

与此同时，这位老人的行为已被 B 保险公司所使用的数据公司提供的平台监测到，并通过分析为老人打了一个标签，也就是所谓的用户分群。通过特殊标签打包分析后，平台就会给包括这位老人在内的同一标签用户推送"老年健康险"优惠券，这就是精准推送。

上述过程就可以被看作是数字化营销的一个应用场景。

（二）优化客户使用的便利性

数字金融作为互联网技术与金融的有机结合体，依托于大数据和云计算，在互联网平台上形成功能化金融新业态，主要体现为金融产品的数字化。这对于互联网企业来说是一大优势，而传统银行在这方面的发展速度则很难与互联网企业相竞争，因此，将互联网企业的优势与传统银行的优势进行结合，会使传统银行在获客上打破物理网点的地理限制。

场景金融将原本似乎离用户很遥远的金融渗透到了人们的日常生活中，如二维码、指纹、虹膜、无感支付等消费支付方式的极大便利性，使用户得到了极大的满足。现在普遍比较受年轻一代欢迎的余额宝就是一个很好的例子，其帮助客户有效解决了小额理财的场景需求，客户不仅保留了与使用现金一样的便利性，还收获了比银行活期存款更高的收益。

（三）扩大客户获取的覆盖面

面对大数据、互联网金融企业的冲击，金融业搭建的金融服务场景的方式或形式会向多样化、多元化发展。

各种属性、多种类型的主体联系绑定在一起，通过建设场景，营造一个开放型金融环境，将金融产品与服务嵌入到各个合作伙伴的渠道平台上，实现快速的服务点拓展，既满足了用户的金融服务需求，又实现了金融数字化转型发展的目标，也为金融产品和服务设计的多样性提供了可能。

（四）增强客户结构的稳定性

发展场景金融就是为客户提供从生活需求到金融解决方案的闭环服务，形成供需的紧密对接和相互促进，增强客户黏性。一方面，是依托现有对公资源做多应用场景，打造品牌，吸引个人客户；另一方面，是依托现有个人手机用户的庞大基础吸引公司类客户，做多应用场景。再利用场景逐步培养客户习惯，进而建立一个完整的金融生态，以达到有效增强客户黏性的作用，提高客户忠诚度。

二、流量巨头的 C 端场景化金融

基于 C 端（消费者、个人用户端）的场景化金融我们可以列举出几十种，如旅游场景、运动场景、医疗场景、出行场景、社交场景、教育场景、购物场景、租房场景、理财场景、游戏场景、休闲场景、家装场景、汽修场景、缴费场景……

流量巨头的场景化金融如下：

（一）阿里的场景化金融

阿里的场景化金融如图 11.5 所示。

图 11.5　阿里的场景化金融

1. 流量优势

阿里具有多维度行为数据，阿里从电商到出行再到支付等这些大众化、标准化的需求切入，一步一步地拓展了它的场景空间。

2. 计算优势

阿里具有数据挖掘和云计算能力，阿里在中国云计算市场具有强大的领先优势，据此布局了银行、保险、基金、征信、第三方牌照，等等。

（二）腾讯的场景化金融

腾讯的场景化金融如图11.6所示。

图 11.6　腾讯的场景化金融

腾讯基于微信、QQ的社交化场景，产生了高频的、巨大的流量。同时它也切入了非常多标准化、普适化的场景。

（三）百度的场景化金融

百度基于其搜索场景，产生了巨大的高频流量，其与搜索、兴趣爱好、地点相关的行为，有利于精准获客。百度地图对商户的渗透率也越来越高。

百度的场景化金融如图11.7所示。

图 11.7　百度的场景化金融

三、金融业 C 端场景化金融和 B 端新型场景化金融

(一) 金融业 C 端场景化金融

数字化金融营销的价值在于深挖用户数据，通过前端场景介入，有效降低信息的不对称性，提高风险定价的精准性。而那些传统的只是销售渠道的价值则会下降，直销方式会更难，购买流量会很贵。只有专业性、触达场景、了解用户，才具备长期的价值。金融业 C 端场景化金融的逻辑如图 11.8 所示。

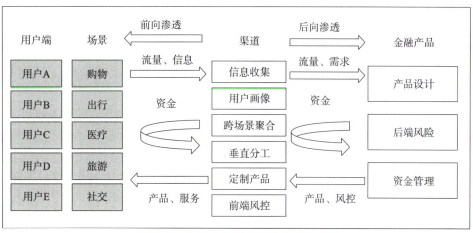

图 11.8 金融业 C 端场景化金融的逻辑

(二) 金融业 B 端新型场景化金融

传统的供应链金融是上下游企业间基于资金借入方经营数据和资信状况的深入掌握而发生的一种资金融通行为。虽然也是一种场景化的金融，但往往强调的是商业银行和核心企业的作用，而基于大数据的供应链金融可以视作一个新型的 B 端场景化的金融。金融业 B 端新型场景化金融的逻辑如图 11.9 所示。

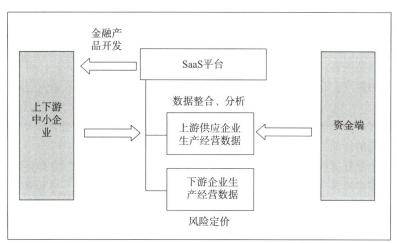

图 11.9 金融业 B 端新型场景化金融的逻辑

新型场景化金融通过 SaaS 平台、软件深度获取行业经营数据，进而切入资金融通领域。

1. 数字化金融可以视作一个新型的 B 端场景化的金融

SaaS 平台处于信息流的优势地位，其准确掌握产业链上下游企业的生产经营状况，通过数据分析、流量设计，有效实现风控，弥补了一些传统供应链金融无法触达的空白，可以设计一些相关的金融产品，能够提升整个行业的周转周期、资金利用效率，同时也具备相应丰厚的利润空间。

视野拓展 11.8

SaaS 平台

软件即服务（software - as - a - service，SaaS），即通过网络提供软件服务，SaaS 平台供应商将应用软件统一部署在自己的服务器上，客户可以根据工作实际需求，通过互联网向厂商定购所需的应用软件服务，按定购的服务多少和时间长短向厂商支付费用，并通过互联网获得 SaaS 平台供应商提供的服务。SaaS 应用软件有免费、付费和增值三种模式，付费通常为全包费用。

2. 新型场景化金融可以为多方创造共同的价值

对于中小型企业来说，可以通过移动化的社交及大数据整合的应用，在企业供应链生产关系中提高他们的融资可能性。

对于银行来说，可以通过移动互联网在银行、中小企业的信贷审核过程中的运用，提升银行获取、开发这些中小企业金融资产的一些开拓能力，同时也实现对这些中小企业贷款的风控能力。

对于中介这样一个信息撮合平台，通过形成融资产品的搜索、撮合、排名机制，可以构建出一个多样化、双向匹配的交易市场，从中获取一些信息服务费用以及后续可以挖掘的增值服务的收益。

四、搭建金融场景的方法

（一）激活低频场景

金融场景本身属于低频场景，相比社交、电商、支付、外卖、地图甚至 12306 等每日或每月的刚性需求 APP，用户黏度和活跃度较低。因此，如何用较低的成本洞察客户人群，并把其特征准确分析出来，在不同渠道上进行传递，是金融机构数字化在客户运营中的核心能力之一。

1. 找到精准客户并提升转化效果

通过客户行为分析，去捕捉客户的喜好情况甚至是地理位置。比如，收到你的产品推送和服务短信，有点开浏览的客户；有已下载企业相关 APP 并留存、活跃的客户；有正在寻找你公司相关产品和服务的客户；有愿意向朋友圈推荐你企业服务的客户；有主动向企业提出改进建议的客户。

运营人员对客户的属性、行为、订单等条件叠加、组合后，再执行营销策略，对指定的目标客户进行精准化营销活动。

当然，当避免重复打扰已经明确拒绝了你的客户，尽量向对企业内容有兴趣的客户发起互动。所以，企业需要对各个渠道的推广效果和客户转化情况都了如指掌，才能策划出有效转化的营销活动，触达客户，并提升转化率。

2. 针对不同渠道采取不同的营销手法

通过数字化营销策略，营销活动可以触达全渠道，并且通过用户行为的差异变化，判断在不同渠道上该做怎样的营销手法，在产品与用户交互的蜜月期内做激活转化。

（1）给用户一个首次办理业务的福利活动 APP 推送，然后可以判断用户是否打开了你的推送，如果用户没有打开，系统会在两天后给用户多做一次推送，再判断用户有没有打开。

（2）当多次触达，用户都没打开时，可以再通过短信、微信等渠道去触达。全部渠道触达后，用户如果在微信上打开了活动，那系统就给他打一个标签，比如界定为用户就是对微信推送敏感度高的，就把他归到"微信习惯用户"组上。然后，在下次做活动时，首选用微信渠道来触达激活这类用户。

（3）如果用户对本次策略中的活动都没有兴趣打开，就可以把这部分用户打上"流失用户"的标签，再把用户送到另一条"登录促活"的自动化策略中，尝试再次激活。

例如，农业银行围绕乡镇金融客户的农业生产需求，结合现有的农行惠农金融产品，为农村客户群体提供"整村授信推进""惠农 e 贷""商铺贷"等互联网三农贷款线上服务场景，有效满足农业农村发展中生产、销售、运输、结算等环节的金融服务需求，通过搭建金融场景，抓住三农客户群体。

（二）借力高频场景

金融场景本身是一个相对低频的场景。所以，与其花费精力成本在如何将金融场景变成用户高频使用的场景，不如转变一下思维，突破金融产品的边界——在高频场景中植入金融场景——借力高频场景。

比如，人们外出时手机没电是很常见的事情，那么充电宝就是一个可以借力的高频场景；再比如，点外卖已成为人们的一种习惯，餐饮店就是一个可以借力的高频场景……金融机构也一样，谁能有限合理利用与之相匹配的高频场景，谁就能够在用户争夺战中占据优势。借力高频场景的方法如下：

1. 场景思维赋能产品或服务

再好的产品也需要经过实际场景的考验，而拓展高频场景，通过场景思维来赋能的产品，可以提升产品的受欢迎程度。

例如，"停车难"问题一直困扰着社会公众，某大型商业银行精准抓住这一痛点，与高德地图合作，开放了银行在某一线城市 200 多家网点的停车场，免费给社会公众使用。当公众要停车的时候，就会想到用高德地图找免费停车场，该银行也自然而然得到曝光，并在锁定"有车一族"之后，顺水推舟推广他们的 ETC 信用卡。据悉，此卡一年之内顺利推出 15 万张。

所以，挖掘高频场景，通过用户熟悉的场景触达，更容易拿下用户、俘获用户。

2. 整合生活服务、购物等高频场景

在吃喝玩乐、衣食住行等生活服务领域有很多场景，金融机构要善于整合生活服务、购物等场景，巧妙切入营销。

视野拓展 11.9

招商银行推出金融与生活的双 APP 线上业务模式

招商银行在推出招行金融手机应用的同时，又打造了掌上生活手机应用，这是招行宣布全面进入应用场景金融时代、推进零售金融数字化转型的重要布局。招行金融手机应用侧重金融自场景，提供包括账户收支管理、支付结算、理财、贷款等金融场景以及与城市便民生活等生活场景相结合的综合金融消费服务，实现以"金融为内核，生活为外延"的线上服务场景，创新性地打造"品质生活"，积极布局出行、消费、旅游等生活场景，让客户可以在招行"场景内"实现大部分的金融和生活服务。

招商银行旗下的掌上生活原本主要是为信用卡用户推出，旨在向用户提供便利生活的金融服务，但与招行 APP 形成了双子星战略，前者侧重于生活场景消费，整合了很多生活场景，会提供折扣券、电影票，买火车票还能领优惠券；后者以移动支付工具属性为主，用内容来带动理财、投资等金融业务。后者用现有用户优势扶持前者快速扩张，而前者长大后则借流量和商家优势来反哺后者，促进基础银行业务的成长。

3. 与外部生态合作冲击高频场景

对于绝大部分金融机构而言，仅靠自身的力量很难在互联网端做到更精准的营销投放、多种资源整合及场景应用等。

所以，与专门的数字化营销机构合作，其大数据技术、AI 技术、智能投放等，可以给传统金融机构数字化转型提供很大的支撑，尤其在拓客、活客方面，能够极大地提升用户体验，改进金融产品使用效率。

在挖掘高频场景过程中需要注意以下几点：

（1）诸如微信、抖音等头部流量平台费用高、"水分"多；

（2）即便在头部平台投放，也容易被淹没在各类信息里。

所以，金融业有必要自己去挖掘高频场景，而且在这些场景中，注意力必须有效释放，才有可能关注到产品或服务。

光大银行信用卡中心正是洞悉到了这一点，与抖音合作推出了一张以"刷出美好生活"为主题的联名信用卡。据了解，这张"宝藏卡"几乎可以承包大家所有的吃喝玩乐，打卡抖音美食，可谓"一卡在手，天下我有"。

光大银行为了推广这张信用卡，可谓费尽心思，先是创造了有趣的贴纸和专属的背景音乐："我有一堆信用卡，我从来也不刷，只到有天兴高采烈，办了抖音卡……"用此旋律吸引用户。

此外，光大银行信用卡还发起了一个"这是什么宝藏卡"的挑战赛，使参与挑战赛的视频最终累计播放量超过 27 亿。

教学互动 11.5

问：举例说明金融行业如何搭建场景？

答：金融机构可以通过商城形式围绕年轻消费群体的多元化需求引进其喜好品牌，如华为、苹果、小米等 3C 产品以及音乐、视频 APP 会员等，从而实现将金融产品可提供的丰富金融服务覆盖到年轻用户的全方位生活应用场景，打造无界的年轻化金融生态。另外，可开展不同场景用户的专属活动，推出新人礼包、生日特权、分期返现券等活动，将各环节层层串联，提升金融服务体验与实际转化效果。

视野拓展 11.10

银行的战略合作

中国建设银行与云南省政府共建了网上政府服务平台。云南省政府办公厅与中国建设银行在昆明签署《云南省"互联网＋政务服务"建设合作协议》，对已建成运行的全省网上政务服务平台进行迭代升级。

全面提升网上政务服务能力，为广大企业和群众办事提供多渠道、全天候、全业务的优质服务，最大程度地利企便民，也吸引了大批企业和用户。

综合练习题

一、概念识记

1. 流量

2. 流量池

3. 公域流量

4. 私域流量

5. 裂变

6. 漏斗模型

7. 沙漏模型

8. 流量池模型

二、单选题

1. 以下选项不属于私域流量的是（　　）。

A. 微信朋友圈　　　　B. 微信群　　　　　C. QQ 群　　　　　D. 电商平台

2. 精准营销是在精准定位的基础上，依托现代信息技术手段建立（　　）的顾客沟通服务体系，实现企业可度量的低成本扩张之路。

A. 专业化　　　　　　B. 大众化　　　　　C. 个性化　　　　　D. 普及化

3. 以下说法错误的是（　　）。

A. 流量 = 客户量　　　　　　　　　B. 引流的最佳方式是用刚需引导

C. 引流过来的用户不是放任不管　　　D. 私域流量是借助个人平台直接获取用户

4. 以下有关私域流量的说法错误的是（　　）。

A. 较为可控　　　　　B. 可反复触达　　　C. 可深入服务　　　D. 获取成本高

5. 甲和乙都是做装修服务的，但是甲的服务是为客户量身定做，且能最大程度地满足客户的需求，而乙则是店大欺客，大多数都是公版，客户最后选择甲。这是客户的（　　）。

A. 认同感　　　　　　B. 熟悉感　　　　　C. 信任感　　　　　D. 附加值

6. 支付宝在现有的账户和支付流程中嵌入余额宝产品，确保客户在原有的便捷体验下获得更丰富的产品和服务，是（　　）的代表。

A. 服务整合　　　　　B. 个性化服务　　　C. 引导用户成长　　D. 口碑式营销

7. 拥有搜索引擎、大数据、社交网络和云计算，可以将碎片化信息进行整合，利用大数据技术从中挖掘商机，这说明了数字化营销具有（　　）优势。

A. 透明度高　　　　　B. 参与广泛　　　　C. 中间成本低　　　D. 信息处理效率高

8. 首次投资赠送体验金，投得越多送得越多。此策略可以实现（　　）。

A. 个性化服务　　　　B. 开发新产品　　　C. 引导用户成长　　D. 用户的高留存率

9. 以下（　　）不属于漏斗模型的元素。

A. 时间　　　　　　　B. 节点　　　　　　C. 流量　　　　　　D. 营销

10. 通过数据分析，阿里小贷可以把利率做到 18%、坏账低于 1%，余额宝通过数据分析可以做到 T + 0、期限错配，这说明数字化营销具有（　　）的优势。

A. 透明度高　　　　　B. 参与广泛　　　　C. 中间成本低　　　D. 信息处理效率高

三、多选题

1. 数据可以通过以下哪些用户特性精准匹配目标客户？（　　）

A. 指定年龄阶段（判断经济能力）

B. 接收了某个金融产品的通知类短信的用户

C. 安装了某个金融理财 APP 的用户

D. 接收了某个金融类 APP 注册通知短信的用户

2. 精准营销可以实现以下哪些精准？（　　）

A. 精准选择地区投放　　　　　　　　B. 精准定位人群性别

C. 精准定向人群兴趣、年龄、行业　　　D. 灵活设置投放时间、预算

3. 通过对消费者的（　　）等进行数据分析后做出精准而个性化的判断，能够得到更为精准的目标消费者画像并洞察消费者的真实需求。

A. 行为习惯　　　　　B. 年龄　　　　　　C. 教育程度　　　　D. 消费习惯

E. 社交特征

4. （　　　）给我们提供了广泛的流量获取场所。

    A. 电商   B. 社交软件   C. 搜索引擎优化   D. 自媒体

    E. 短视频

5. 一般的平台由（　　　）几个部分构成。

    A. 首页   B. 项目详情页   C. 用户体验页面   D. 用户交互类页面

6. 投资者体验包括页面感官和（　　　）等行为内容。

    A. 产品种类   B. 注册（投资）流程

    C. 技术保障   D. 客服应答

7. 好的用户体验主要表现为页面直观、操作界面设计人性化、操作简单、快捷无障碍和（　　　）等基本内容。

    A. 运行顺畅不卡顿   B. 优化及时、缺陷少

    C. 救助及时、响应迅速   D. 解决问题快

8. 以下（　　　）属于私域流量的特点。

    A. 长期使用   B. 免费   C. 反复触达   D. 短期使用

9. 以下（　　　）属于公共区域的流量。

    A. 淘宝   B. 拼多多   C. 抖音   D. 快手

10. 提高用户留存率常见的方法有触达用户和（　　　）。

    A. 每日签到   B. 积分体系   C. 会员体系   D. 优化产品和服务

四、判断题

1. 每个人使用手机的互联网行为都会在运营商的数据库里留下痕迹。（　　　）

2. 联通、电信、移动三大运营商联合出台的大数据，都是经过工信部和网信部的审核监控的，所以很正规，是合法的。（　　　）

3. 流量裂变是建立在有一定基础数量之后的一次引流。（　　　）

4. 私域流量是指以个人为主体所连接到人的关系数量或者是访问量。（　　　）

5. 精准营销真正要做的就是了解客户：客户到底是什么样的、是谁、需要什么产品、有什么产品偏好、喜欢哪些产品组合。（　　　）

6. 公域流量是公共的，比如你去网吧上网，网吧老板有权决定你的去留，此时你和电脑之间就是公域流量。（　　　）

7. 很多金融机构用 App 就可以分析用户在寻找什么产品、用户在找到一款产品并真正实现交易的过程中会浏览哪些页面、在哪个页面停留多长时间、交易中断是什么原因造成的等，而分析结果可以用于提升运营效果。（　　　）

8. 留存度可以反映出一个产品对于用户的吸引力，流量就是客户量。（　　　）

9. 有了流量，就可以利用流量做转化，最终达到盈利的目的。（　　　）

10. 用户引流过来后可以放任不管。（　　　）

五、简答题

有一家东北大饼店，旁边很多上班族早上都去买大饼，排队的人常常约有 10 米，东北大饼店旁边有一个包子铺，里面摆放杂乱，生意冷清。

转变发生在一年春节，2022 年春节，大饼店老板回东北过年，之前没任何提示。年后回来的上班族第一周是期待，第二周是疑惑，第三周彻底失落。一个月后，东北大饼店重新开门，但已经没有人去买他的饼了。即使上班族再忙，也不会向那个店走去。旁边的包子铺，生意仍旧萧条。

不久以后，东北大饼店垮了，由一家专业的包子店接替，旁边的包子铺也完全失去了生意。

问：如何形成客户黏性？

六、分析题

A 商业银行网点有 20 名员工，对公客户服务团队 4 人（含柜员操作岗），在没有强大的数据系统、智能化的服务平台、批量化营销手段做支撑的情况下，对公客户服务团队面对成千上万的长尾客户，只能望洋兴叹。由于柜面操作复杂、业务流程长，网点疲于完成各类产品营销任务，只能在客户首次办理业务时多签约如企业网银、结算卡、密码器、代发工资、自助对账等基础产品，极少有人主动了解和跟踪客户是否真正使用产品、产品满意度如何、是否有其他个性化需求等，也存在客户问题响应滞后的情况。网点无暇建立专业的服务团队，也未建立健全的客户回访及服务响应机制，导致银企关系不密切，客户黏性不高，一旦市场上出现更好的产品，A 银行产品极易被取代。

请问：A 银行如何改变此局面？

主要参考文献

1. 著作类：

[1] 郭颂平. 保险营销 [M]. 北京：高等教育出版社，2003.
[2] 夏英. 市场营销案例 [M]. 北京：机械工业出版社，2004.
[3] 岳忠宪. 商业银行经营管理 [M]. 北京：中国财政经济出版社，2006.
[4] 韩瑾. 商业银行经营管理 [M]. 杭州：浙江大学出版社，2007.
[5] 王红梅. 商业银行业务与经营 [M]. 北京：中国金融出版社，2006.
[6] 邢天才. 商业银行经营管理 [M]. 大连：东北财经大学出版社，2004.
[7] 王培忠. 市场营销学案例教程 [M]. 北京：经济科学出版社，2002.
[8] 陈静. 商业银行业务与管理 [M]. 北京：北京交通大学出版社，2011.
[9] 戴国强. 商业银行经营管理学 [M]. 北京：高平等教育出版社，2011.
[10] 庄毓敏. 商业银行业务与管理 [M]. 北京：中国人民大学出版社，1999.
[11] 王淑敏. 商业银行经营管理 [M]. 北京：北京交通大学出版社，2004.
[12] 陆静. 商业银行业务与管理 [M]. 北京：清华大学出版社，2011.
[13] 刘毅. 商业银行经营管理学 [M]. 北京：机械工业学出版社，2006.
[14] 李琰. 商业银行经营管理 [M]. 北京：清华大学出版社，2011.

2. 期刊类：

[1] 王德静. 浅谈增强国有商业银行的竞争力 [J]. 金融研究. 2008，7－14.
[2] 胡家源. 银行大时代 [J]. 南风窗. 2007，5－30.
[3] 连平. 银行业巨变 [J]. 中国经济报告. 2008，11－19.
[4] 谢平. 中国入世三年来金融改革的最新进展 [J]. 金融四十人论坛. 2009，2－5.
[5] 周小川. 存款利率放开可能最近一两年就能实现 [J]. http://wallstreetcn.com/ node/80214 [2014－03－19].
[6] 白文静. 瓦努阿图獠牙能当钱 [D]. 环球时报，2006－7－26.
[7] 顾旋. 论我国商业银行的市场营销战略 [D]. 南京：南京大学，1999.
[8] 黄达. 金融学 [M]. 北京：中国人民大学出版社，2003.
[9] 周建松. 货币金融学概论 [M]. 北京：中国金融出版社，2010.
[10] 浓国兵. 国际金融 [M]. 上海：上海财经大学出版社，2004.
[11] 浓禹钧. 花旗和旅行者合并之旅 [N]. 国际金融报，2000－09－07.
[12] 夏青，刘明康. 商业银行创新小企业金融服务模式 [N]. 中国证券，2011－03－17.
[13] 谢飞君. "第一股民"杨百万的财富传奇 [N]. 大河报，2008－4－4.
[14] 严行方. 每天学点金融学 [M]. 北京：金城出版社，2009.
[15] 杨丽生. 货币趣闻"拾遗" [N]. 财会信报，2013－06－24.
[16] 姚长辉. 货币银行学 [M]. 北京：北京大学出版社，2007.
[17] 于萍. 房价上涨的背后推手 [N]. 中国证券报，2010－04－21.
[18] 张庭宾. 强大的黄金储备可为人民币兜底 [N]. 第一财经日报，2014－2－18.